VIRUS IS ROGUE?

Samurai professor's virology lecture

ウイルスは悪者か

お侍先生のウイルス学講義

AYATO TAKADA

高田礼人

もくじ

第2部 人類はいかにしてエボラウイルスの脅威と向き合うか 97

第3部 厄介なる流行りもの、インフルエンザウイルス 215

プロローグ

エボラウイルスを探す旅

アフリカの森にコウモリを求めて

2006年12月、私はアフリカ南部の国・ザンビアのとある森へ向かっていた。目的地は、ザンビアの首都ルサカから520キロメートルほど、車で約8時間の「カサンカ国立公園」だ。ザンビアは周囲を8つの国に囲まれた内陸国である。目指す森は、隣国コンゴ民主共和国（旧・ザイール）との国境にほど近い。ちなみにザンビアは、日本から1万3000キロメートル近く離れている。直行便はなく、数回の乗り継ぎをして飛行時間だけで20時間近く、乗り継ぎの時間も含めれば丸1日以上かかる。

これほど長い時間をかけ、はるばるザンビアの森を目指す目的は、ヒトに感染すると「エボラ出血熱」を引き起こす、エボラウイルスをこの手で捕まえるためである（エボラ出血熱はエボラウイルス病ともいう）。エボラウイルスは、種によっては50〜90％もの高い確率でヒトを死に至らしめる、きわめて致死性が高く危険なウイルスだ。

私は、北海道大学に籍を置くウイルス研究者だ。主な研究対象は、エボラウイルスとインフルエンザウイルスである。このときのザンビア行きは、2005年にスタートした文部科学省の研究プロジェクトの一環で実現した。北大の研究チームとザンビア大学獣医学部とが共同で、エボラウイルスの「自然宿主」探しと生態解明に挑むプロジェクトである。

エボラウイルスの電子顕微鏡写真

エボラウイルスは、2006年当時で4つの異なる種が確認されていた（2018年時点では5つの種。ヒトに対して病原性が確認されていないものもある）。また、エボラウイルスと近縁なマールブルグウイルスも、「マールブルグ出血熱」という致死性の高い病気を引き起こす（マールブルグ出血熱はマールブルグウイルス病ともいう）。

これらエボラウイルスとマールブルグウイルスは、糸状の形態や発症した際の症状がよく似ており、「フィロウイルス科」という同じウイルスファミリーに属する。「フィロ」はラテン語の「filo（糸状）」に由来し、特徴的な形からその名が付けられた（写真。電球のフィラメント（filament）の「fila」も同じ語源である。エボラ出血熱とマールブルグ出血熱は、あわせて「フィロウイルス感染症」と総称され、主にサハラ砂漠以南のアフリカ大陸で、しばしば「アウトブレイク（突発的な流行）」が発生している。

2013年終わりから2016年にかけて、西アフリカ諸国でエボラ出血熱が大流行したことを覚えている人も多いだろう。WHO（世界保健機関／World Health Organization）の発表では、2万8000人を超える人がエボラウイルスに感染し、そのうち1万1000人を超える患者が命を落とし

9

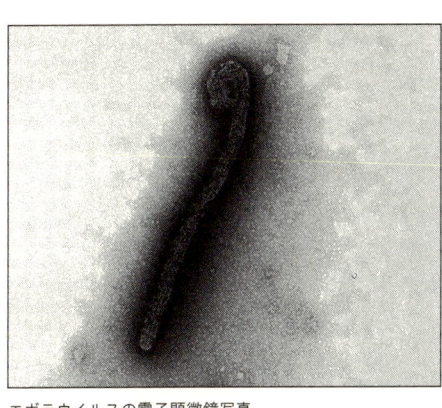

た。

このときの大流行は、それまでエボラ出血熱の発生報告がほとんどなかった西アフリカで起きたことがまず驚きだった。だがそれ以上に、感染の広がりを抑えきれず、米国や欧州諸国でも感染が報告され、エボラ出血熱の「パンデミック（世界的大流行）」が起こると恐れられた。その最悪の事態は、医療従事者たちの文字通り命を懸けた奮闘によって、どうにか回避することができたのだが（患者の血液や体液と接触しかねない医療従事者がもっとも感染リスクが高い）、そのことは2006年当時の私は知るよしもない。

話をザンビアの森に戻そう。目に見えない小さなウイルスを、直接捕まえることはできない。ウイルスは生物の体内に存在している。ウイルスを捕まえるには、ウイルスが生息していると思しき生物を捕獲し、検査によってその証拠を掴むしかない。

狙いを定めたのはコウモリである。私はコウモリを捕まえるために、ザンビアの森に向かった。

エボラウイルスはすぐ目と鼻の先に……

2005年12月、米国の科学誌「ネイチャー」に、果物を主食とするオオコウモリ（フルーツバット）が、エボラウイルスの「自然宿主」ではないかとする論文が掲載された。

「自然宿主」とは、ウイルス感染症、なかでもヒトと動物に共通して感染する「人獣共通感染症」を理解するうえで重要なキーワードだ。ここではひとまず、「ヒトに対して病原性や致死性を示すウイルスに感染しても、重い病気を発症することも死に至ることもない自然界の動物」と理解しておいてほしい。この自然宿主が、ヒトにウイルスを感染させるキャリア（運び屋）になるのだ。エボラ出血熱も、ウイルスによる人獣共通感染症である。

「ネイチャー」誌で報告されていたのは、次のような内容である。

２００１年から２００３年にかけて、アフリカ中部のガボンやコンゴ共和国でエボラ出血熱の流行が起きた。その同時期に、同じ地域で捕獲したオオコウモリ数種から、エボラウイルスに感染したことを示す証拠が発見された。ただし、エボラウイルスそのものが見つかったわけではない。ウイルス遺伝子の断片や、エボラウイルスに対する「抗体」が見つかったのである。

「抗体」とは、体内に侵入してきた異物（主には細菌やウイルスなどの病原体）を排除するための武器である。異なる病原体に対しては異なる抗体がつくられ、抗体が一度つくられると体内に長く残り続ける。そのため抗体の存在は、過去に特定の病原体に感染したことを示す証拠となる。遺伝子と抗体の発見により、オオコウモリがエボラウイルスの自然宿主であるとする説が有力視されるようになっていた。

「ネイチャー」の論文後も、エボラウイルスに対する抗体の発見例が相次いで報告された。また、２００７年から２００８年にかけては、ウガンダのオオコウモリからマールブルグウイルスそのものが分離された（もちろん２００６年当時の私は知らない）。こうした理由から、オオコウモリは現在でもフィロウイルスの自然宿主の有力候補のひとつである。

ザンビアでは、２００６年時点でも本書の執筆時点（２０１８年）でも、エボラ出血熱の発生報告はない。

だが、隣国のコンゴ民主共和国では、エボラ出血熱のアウトブレイクがたびたび報告されている。１９７６年６月から11月にかけて、世界で初めてエボラ出血熱のアウトブレイクが起きたのも、コンゴ民主共和国（当時の国名はザイール）とその北隣の国・南スーダン共和国（当時の国名はスーダン共和国。２０１１年７月、スーダン共和国南部が南スーダン共和国として独立した）だった。このときの感染者は、コンゴ民主共和国が３１８人、南スーダン共和国が２８４人、あわせて４３１人が命を落とした（前者が２８０人、後者が１５１人）。

１９９５年１月にコンゴ民主共和国で発生したアウトブレイクでも、３１５人が感染、２５４人が亡くなった（このときも国名はザイール。１９９７年にコンゴ民主共和国と名前を変えた）。１９９８年から２０００年にかけては同国でマールブルグ出血熱が発生し、１５４人が感染、１２８人が犠牲になっている。

２００７年以降も、コンゴ民主共和国ではエボラ出血熱のアウトブレイクが何度も発生している。なお、エボラ出血熱の発生報告件数は、コンゴ民主共和国が中央アフリカの国々のなかでもっとも多い。２０１８年にも５月と８月にアウトブレイクが起き、これで同国でのエボラ出血熱の

図0-1　アフリカにおけるフィロウイルス感染症の発生

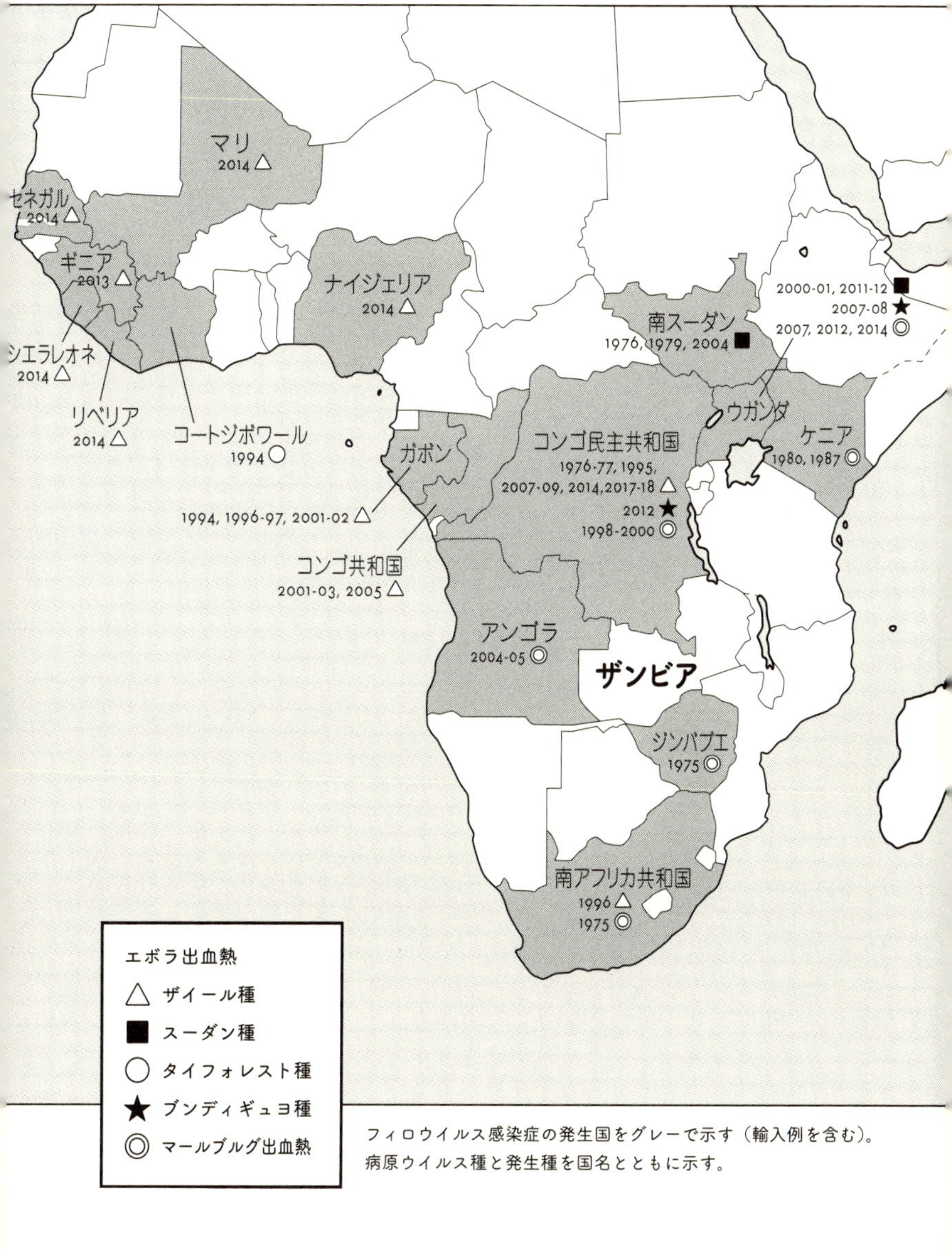

フィロウイルス感染症の発生国をグレーで示す（輸入例を含む）。
病原ウイルス種と発生種を国名とともに示す。

流行は10度となった。ほとんどすべての流行で2桁以上の犠牲者が出ている。

ザンビアは、そのコンゴ民主共和国と国境を接している。私が訪ねたカサンカ国立公園からコンゴ民主共和国との国境までは30キロメートルほどしかない。また、ザンビアの西隣のアンゴラでも、2004年から2005年にかけて、マールブルグ出血熱の流行報告がなされている。このときは374人が感染して329人が死亡した。

感染症に国境はない。ヒトが媒介する感染症でも、その侵入を完全に防ぐのは困難だ。ましてや、自然宿主である動物が病原体を運ぶ人獣共通感染症の場合はなおさらだ。

しかも、ザンビアをはじめとしたアフリカ各国では、医療や電力・通信などのインフラが未整備である。首都から遠く離れた村で、国境を越えて自然宿主がウイルスを持ち込み、人知れずヒトに感染、発症・死亡に至るケースがあっても不思議ではない。

大群のコウモリを前にして

12月はザンビアの雨季の始まりだ。近年日本で多発しているゲリラ豪雨のように、ときおり激しい雨が降る。カサンカ国立公園に来る道中も、晴れてはいたが、遠く地平線を眺めると大きな入道雲がいくつも見えた。

この時期、カサンカ国立公園には、空を覆い尽くさんばかりの大群のオオコウモリが飛来する。その数1000万頭とも言われる。研究報告によれば、そのオオコウモリはストローオオコウモリ（*Eidolon helvum*）と呼ばれる種で、隣国コンゴ民主共和国からやってくるとのことだ。この種のオオコウモリは渡り鳥のように、アフリカ大陸を移動しながら生息している。

エボラ出血熱の多発地帯から、自然宿主である可能性が示唆されたオオコウモリがやってくる――。

それを思うと、道中で気持ちが自然と沸き立ってくる。

自然宿主を突き止めることは、ウイルスの分布域や伝播経路を明らかにするために、きわめて重要な意味を持つ。「ネイチャー」誌の論文は、あくまでオオコウモリが自然宿主である可能性を示したに過ぎない。それを確実に証明するには、オオコウモリからウイルス自体を分離し、群れのなかで継続的にウイルスが保持されていることを示す必要がある。

実は、ザンビアに来たのはこのときが2度目だ。2006年1月にも、カサンカ国立公園を訪ねていたが、目当てのオオコウモリは既に飛び去っていた。

なんとしても、自分の手で、エボラウイルスの居場所を突き止めてみせる――。

そのための、満を持しての再来だった。自分が感染するかもしれないという恐怖など、まるで感じていなかった。

オオコウモリは夜行性だ。昼間は木の枝に鈴なりにぶら下がって休んでいる。

ザンビアは、南半球の低緯度（南緯8〜18度）にある。緯度で見れば熱帯地域に属するが、国土全体が標高700〜2000メートルの高地にあり、気候は涼しく過ごしやすい。12月は、南半球で日照時間がもっとも長くなる時期でもあるが、日中でも最高気温が30度を超えるのは稀だ。さらに、内陸国であるため一日の寒暖差が大きく、日が沈むと20度を下回る。海が太陽熱を蓄えているのだということを、ザンビアに来て肌で実感していた。日が傾いてくると、肌寒ささえ感じられるようになってきた。

次第に、オオコウモリたちが活動的になってきた。ほどなく、夕焼けの空を埋め尽くさんばかりの、大群のオオコウモリが飛び立ち始める。

あのなかに、エボラウイルスに感染したオオコウモリがいるかもしれない――。

期待感が、いやがうえにも高まってくる。

いよいよコウモリ捕獲作戦決行のときである。

コウモリはさまざまな人獣共通感染症ウイルスの自然宿主だと考えられている。エボラウイルス以外にも、どんな微生物が潜んでいるか分からない。未知の感染症の病原体がいる可能性もある。感染を防ぐため、白い防護服に身を包んでマスクをし、ゴム手袋を二重に嵌め、コウモリの捕獲に当たる。

とはいえ、ウイルスに感染するかどうかは確率の問題だ。自然宿主と接触したとしても、目の

オオコウモリを捕まえるときは網を使う

緊迫の野営での採血

　銃を打ち、網を使い、オオコウモリを5〜6人がかりで捕まえる。

　森の中を走り回っていると、幼いころに野山を駆け回り、虫や魚を捕っていたことを思い出す。小学生のときに、『原生林のコウモリ』

前の個体がウイルスを持っているとは限らない。ウイルスを持っていたとしても、こちらに防御の備えがあれば、むやみやたらと恐れる必要はない。エボラウイルスの場合、ウイルスに直接触れさえしなければ、感染することはほとんどない。感染様式についての知識と十分な備えとがあればこそ、今回の捕獲作戦でも恐怖を感じずにいられるのだ。

17

（遠藤公男著、垂井日之出印刷所出版事業部他）を読んで感動したことも思い出した。木々に分け入り、コウモリの種の判定に勤しむ著者の姿は、「研究者とはかくあるもの」という印象を私に強く植え付けた。この本は、私が研究者を目指した原点のひとつであったのかもしれない。そして、自分がいままさにコウモリを捕まえようとしていることに、奇縁も感じていた。

この日、107頭のオオコウモリを捕獲した。すべて、オオコウモリ科のストローオオコウモリである。先の「ネイチャー」誌で報告されていた種とは異なるが、コンゴ民主共和国から大量に飛来している点、密度の高い集団で生活している点で、エボラウイルスを保持している可能性は十分にある。自然と期待は高まっていた。

捕獲後、野営のラボをこしらえ、現場で麻酔し採血をする。エーテル（ジエチルエーテル）を入れた密閉容器にオオコウモリを1〜2分閉じ込めると、オオコウモリは意識を失う。その状態で、心臓から注射針で血を抜き取る。

麻酔をするのは、動物愛護上の理由と、ウイルスを持っているかもしれないオオコウモリに噛まれたり爪で引っかかれたりしたら、そこからウイルスに感染するリスクがあるからだ。万一、採血中にオオコウモリが目覚めたときのために、利き手でない方の手に二重のゴム手袋のうえから分厚い革手袋を嵌め、顔を押さえる。もちろん、注射針を持つ利き手にも、ゴム手袋を二重に嵌めている。

採血が終わると、捕獲したオオコウモリを首都ルサカに持ち帰り、ザンビア大学獣医学部のラボを借りて解剖し、臓器を取り分ける。心臓から採血したオオコウモリは、しばらくすると失血死する。約8時間もの道中、死んだオオコウモリの状態が悪くならないよう、クーラーボックスに入れ、腐敗の進行を少しでも遅らせる。捕獲や採血、解剖のための許可は、ザンビア政府の野生動物保護局から事前に取得している。

その後、血液や臓器にエボラウイルスが潜んでいないかを調べたが、残念ながら（ザンビアへの感染リスクを考えれば幸いにも）、ウイルスそのものは見つからなかった。しかし、そのなかの一部に抗体を持つものが見つかった。先に触れたように、抗体の存在は、かつてエボラウイルスに感染していたことを示す。

最初のサンプリングとしては、まずまずの成果である。ウイルスそのものの発見には至らなかったが、その手がかりとなる抗体は発見できた。

しかも、1000万頭とも言われるうちのわずか107頭である。群れのなかにウイルスが広がっていたとしても、たまたまそのときウイルスに感染していない個体を捕まえた可能性もある。エボラウイルスの自然宿主発見に向け、期待はさらに膨らんでいた。

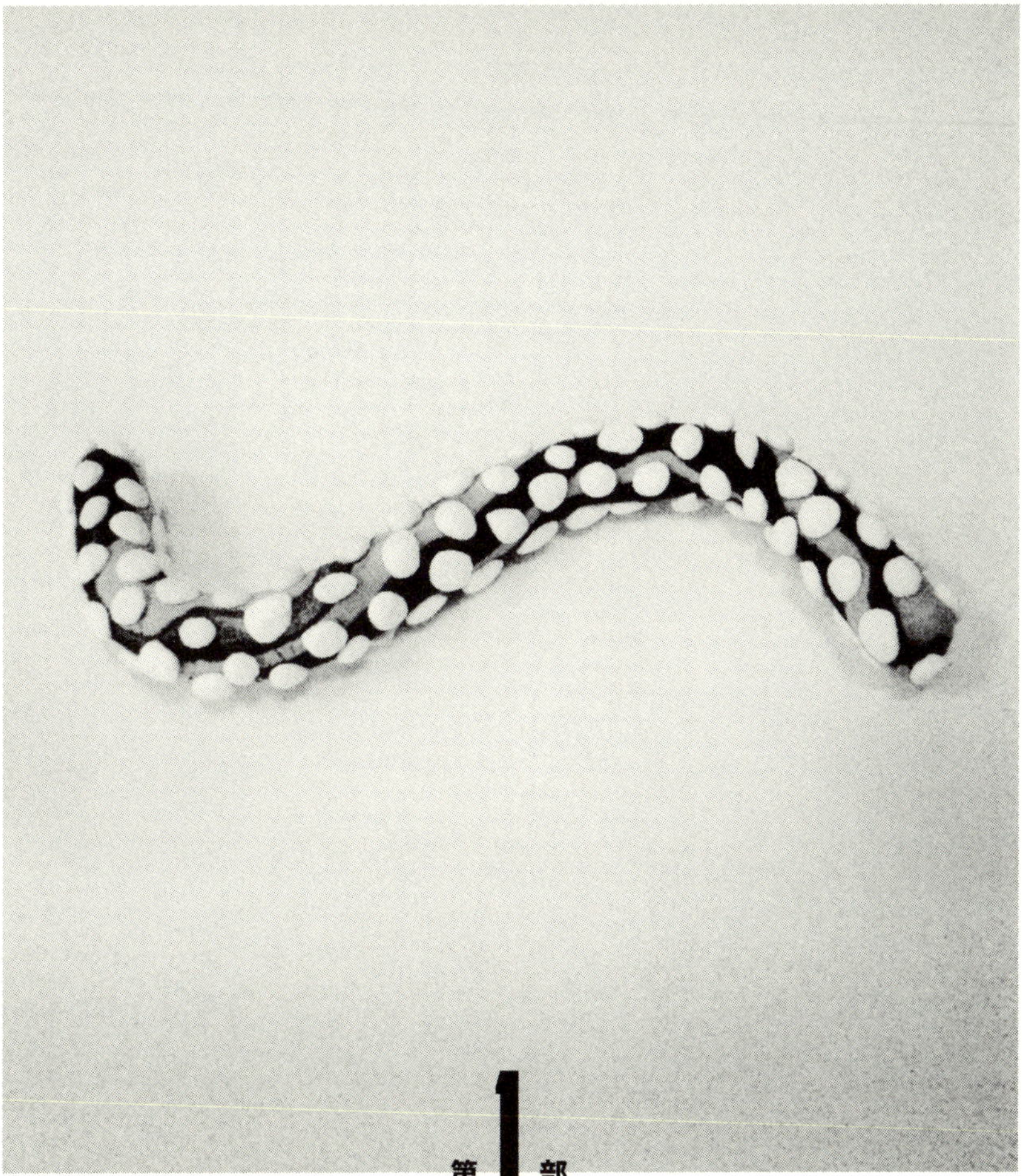

第1部

ウイルスとは何者なのか

1章 ウイルスという「曖昧な存在」

すべての始まり——1989年 札幌

「このあと、ちょっとブタの飼育を手伝ってくれないかな」

時は1989年、私が北海道大学獣医学部3年生のころのことだ。「微生物学実習」の授業のあと、担当教員をされていた喜田宏先生（当時は助教授）が、おもむろに声をかけてきた。

「ブタの飼育、ですか……？」

「いま、インフルエンザウイルスの感染実験をしていてね。インフルエンザウイルスに多くの『亜型《あがた》』があると、講義で説明したのを覚えているだろう？　そのうちどれがブタに感染するかを調べているんだ」

インフルエンザウイルスは、ヒトだけでなく多くの動物に感染する。代表的なのは鳥類と、ブタやウマなどの哺乳類だ。プロローグでも触れたように、ヒトとヒト以外の動物に共通して感染する病原体による疾病を「人獣共通感染症」と呼ぶ。インフルエンザはその典型例だ。なお、「病原体」とは病気を引き起こす微生物のことを指す。

ヒトに感染するインフルエンザウイルスには、A型・B型・C型という3つの型がある。

このうちもっとも警戒すべきであり、もっとも研究が進んでいるのがA型インフルエンザウイルスだ。ヒトと幅広い動物種への感染が確認されている人獣共通感染症であり、感染力や病原性の点でも他のふたつに比べて高い。B型はほぼヒトだけで感染が確認されており、感染力や病原性はA型に次いで高い。日本で毎年冬に流行し、ワクチン（予防接種）の対象とされているのはA型・B型のふたつだ。C型の感染力や病原性はさほど高くはない。

インフルエンザウイルスのなかでもっとも厄介なA型ウイルスは、その下に「亜型」と呼ばれる複数のサブタイプがある。

ときおり、「新型インフルエンザ」という言葉がテレビや新聞を賑わしているのを聞いたことがあるだろう。これは何が「新しい」のかというと、従来ヒトの間で流行しているウイルスとは異なる、新しいウイルスがヒトの世界に入ってきたということである。特に、亜型が違うというのが主な要因となる。その「新型」がパンデミック（世界的流行）を起こすと、「新型インフルエンザウイルス」と呼ばれる。

先にタネ明かしをしてしまうと、「新型」の出現には、ブタが一役買っていることがいまでは明らかにされている。それは1989年当時、まだ仮説の段階に過ぎなかったが、喜田先生はその仮説を実証し、ブタで「新型」が生まれるメカニズムに迫るため、ブタへの感染実験に取り組んでいた（という詳しい背景はあとになって知ったことである）。

「そのためにたくさんのブタが必要なんだ」

と、喜田先生は話を続ける。

「動物飼育もウイルス研究の大切な要素なんだよ。もしこのあと時間があるなら、ぜひよろしく頼むよ」

これが直接のきっかけとなり、私は喜田先生が所属されていた研究室、「微生物学教室」に通うようになった。四半世紀にわたる私のウイルス研究の始まりである。

当の私は、声をかけてくださった喜田先生が生涯の恩師になることなど、つゆとも知らない。

そして、ウイルスがどういう存在であるかも、いまから思えばまるで理解できていなかった。

生物と無生物のはざまで……

ウイルスとは何か——。

この問いに正しく答えることはなかなか簡単ではない。

インフルエンザの流行が毎年決まって発生し、エボラ出血熱のアウトブレイク（突発的な流行）がメディアを賑わすことはあっても、それらの感染症を引き起こすウイルスについてきちんと理解できている人はそう多くはないはずだ。それもそのはず、いまの学校教育では、ウイルスについて中学や高校で教わる機会が限られているからだ。

私自身、中学や高校の授業でウイルスについて学んだ記憶はほとんどない。野山を駆け回って育ち、いっぱしの生き物好きだった私でさえこの有り様である。

私がウイルスについて高校で教わった記憶があるのは、次のふたつのウイルスのみだ。タバコの葉に感染し、モザイク状の斑点（タバコモザイク病）を生じさせる「タバコモザイクウイルス」と、細菌に感染して死滅させる「バクテリオファージ」だ。

前者は、19世紀終わり（1892年）に歴史上初めて発見されたウイルスである。後者は20世紀初頭に発見され、遺伝子を解析して人工的に操作する遺伝子工学や分子生物学の技法の発展につながった。

いずれも、生物学の研究で大きな役割を果たしたウイルスだ。そのため、私が高校生だった1980年代後半時点でも、このふたつのウイルスの名は、教科書にも記載されていたと記憶している。「微生物学教室」に所属することになった私にとっても、ウイルスについて持ち合わせていた知識はこの程度である。

この状況は、それから30年以上が経ったいまも大きくは変わっていないようだ。現在の中学校・理科や高校・生物の教科書を開いてみても、「ウイルスとは何か」を詳細に説明する記述は見当たらない。大学の医学部ないしは獣医学部で、感染症について学ぶ学生でもなければ、ウイルスの定義を学校で教わる機会は限られている。むしろ、「情報」の授業でコンピュータウイルスについて学んだことがあるという人の方が多いのかもしれない。

では、ウイルスはなぜいまも学校教育の対象にならないのだろうか。

それはおそらく、ウイルスが扱いの難しい厄介な存在だからである。

ウイルスとは、生物と無生物の中間に位置するきわめて「曖昧な存在」である。生物のようであり無生物のようでもある。

ウイルスのことを学べば学ぶほど、知れば知るほど、「ウイルスとは何か」に端的に答える難しさを感じるようになってきた。その、どこまで行っても捕まえきれない感じが、私をウイルス研究に駆り立てるのかもしれない。

ウイルスの「生物的な」側面

ここで、ウイルスについての話を進める前に、「生物とは何か」を整理しておこう。

実は、この「生物とは何か」という問いも、容易には答えづらい厄介なものである。とはいえ、生物学に関わる人たちの間で広く受け入れられている「生物の定義」は存在する。それが次の「生物の3要件」である。

(1)自己と外界との「境界」がある。
(2)自己を「複製」して増殖する。
(3)自身で「代謝」を行い、生命維持や増殖に必要なエネルギーをつくり出す。

これら(1)～(3)の要件をすべて満たすのは、単一の細胞で生きる単細胞生物か、複数の細胞からなる多細胞生物のどちらかである。すなわち「生物」とは、(1)「細胞」によって構成され、(2)「自己複製」と(3)「代謝」を行うものと定義することができる。

生物は、細胞のあり方によって大きくふたつに分類される。細胞の中に「核」を持つ「真核生物」と、核のない「原核生物」である。

真核生物には、私たちヒトをはじめとする動物や植物など、肉眼で見ることのできる身近な生物が分類される。後者の原核生物には、ウイルスとよく混同されがちな「細菌（真正細菌）」や第3のドメインとして分類されるようになった「古細菌（アーキア）」などが含まれる。

「核」の中には、増殖の際に自己複製される「遺伝情報」の物質的実体として、DNA（デオキシリボ核酸）が含まれる。核を持たない原核生物では、DNAが細胞内にバラバラに存在し、自己複製の際にDNAが集まってくる。

以下では、それぞれの要件について生物とウイルスを比較しながら見ていこう。

まず(1)の「境界」についてである。

生物の場合、すなわち細胞の場合、自己と外界との隔たりをつくるのは「細胞膜」である。植物やある種の細菌類は、この膜の外側にさらに「細胞壁」を持つ。

ウイルスも、細胞と似たような境界を持つ。ウイルスにとっての細胞膜に相当するのが「カプシド」と呼ばれるタンパク質である。また、「エンベロープ」と呼ばれる膜構造を、カプシドの外側に持つものもいる(図1-1)。

前者を「ノンエンベロープウイルス」といい、後者を「エンベロープウイルス」と呼ぶ。つまり、エンベロープウイルスは、細胞膜と細胞壁の関係のように二重構造でウイルスの遺伝子を守っている。私が研究しているエボラウイルスやインフルエンザウイルスは、いずれも後者である。

カプシドは、タンパク質の物理的・化学的な性質上、正二十面体もしくは螺旋状の形態をとることが多い。対してエンベロープは、ウイルスが感染した細胞の膜と同じ成分を含んでいる。それというのも、ウイルスが細胞から借用したものだからだ。

これらの点から、ウイルスは生物の要件(1)を十分に満たしているといえる。

あわせて、ウイルスの大きさも押さえておこう。

一般的なウイルス粒子の大きさはナノメートル単位である(1ナノメートルは1メートルの10億分の1)。インフルエンザウイルスは直径80~120ナノメートルほどの球形、エボラウイルスは紐状の形

図1-1 ウイルスの基本構造

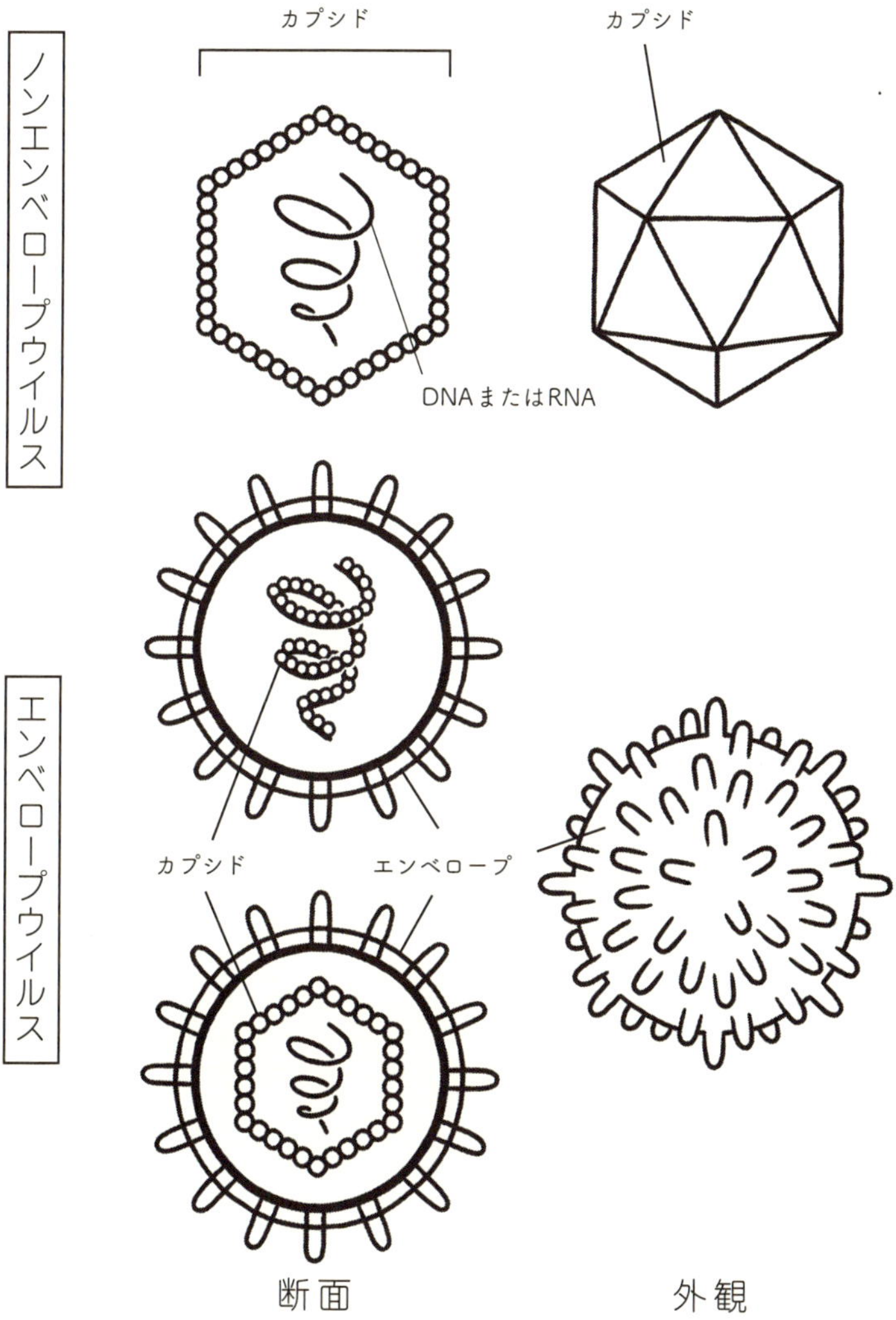

をしており、粒径は80～100ナノメートル、長さはまちまちで700～1500ナノメートル（1・5マイクロメートル）ほどである。ほとんどのウイルスは、肉眼はもちろんのこと、光学顕微鏡でも見ることができない。その姿を見るには電子顕微鏡が必要になる。

なお、ウイルスと混同されがちな細菌は、マイクロメートル単位の大きさだ（1マイクロメートルは1メートルの100万分の1）。一般的なウイルスの数倍～数十倍ほどの大きさがあり、光学顕微鏡でも見ることができる。

続いて、要件(2)の「複製」についてである。

ウイルスがカプシドやエンベロープに包んで守るのは、「自己複製」の際に必要な「遺伝情報」だ。生物の細胞が持つ遺伝情報は必ずDNA（デオキシリボ核酸）だが、ウイルスは遺伝情報としてDNAかRNA（リボ核酸）かのいずれかを持ち、その違いによって「DNAウイルス」、「RNAウイルス」と区別される。RNAは、DNAと同じく細胞が遺伝情報を伝達する際に重要な役割を果たしており、ウイルスの遺伝情報も細胞のそれと同等と見なすことができる。この点も、「生物」の要件と十分に適合する。

ウイルスを「生物」と見なすかどうか、問題は要件(3)の「代謝」と関わってくる。

ウイルスにも共通する生物の「遺伝暗号」

ここで、物質である核酸（DNA・RNA）がいかにして「遺伝情報」たりうるか、核酸の物質的特徴とあわせて押さえておこう。このあたりは高校の生物の復習なので、知識がある人は読み飛ばしてくれればいい。

核酸とは、糖・リン酸・塩基からなる「ヌクレオチド」が長く連なった化合物だ。このヌクレオチドが、DNAとRNAの基本単位である。糖の部分が「デオキシリボース」ならDNA、「リボース」ならRNAとなる。

ヌクレオチドの塩基は、DNAとRNAとで、それぞれ次の4種類が存在する。

・DNA：A（アデニン）・T（チミン）・G（グアニン）・C（シトシン）
・RNA：A・U（ウラシル）・G・C

DNA・RNAは、ヌクレオチドが連なってできる物質だ。すなわち、DNA・RNAには、連続的に並んだこれら4種の塩基が含まれている。この塩基の並び（塩基配列）こそが、「遺伝情報」の実体である。

この塩基配列がなぜ遺伝情報になりうるかというと、生体形成や生命活動に重要な役割を果たすタンパク質の設計図になっているからだ。

タンパク質は、20種類のアミノ酸が数多く連なった化合物だ。このアミノ酸の配列と、核酸の塩基配列が対応関係にある。20種類のアミノ酸を、4種の塩基の組み合わせで表現しようとすると、3個の塩基が必要になる。この3個1組の塩基配列を「コドン」と呼び、1組の「コドン」がひとつのアミノ酸を指定する。

その対応関係は、**図1-2**に示した「遺伝暗号表」の通りだ。コドンがアミノ酸と紐づく暗号（コード）になっているため、「遺伝暗号」と呼ばれる。

遺伝暗号表は、T（チミン）ではなくU（ウラシル）が使われていることから分かるように、RNAの塩基で書かれている。それは、生物の細胞内では、「DNA↓RNA↓タンパク質」という流れでタンパク質が合成されることに由来する。タンパク質合成に直接関わる暗号という意味で、RNAの塩基で遺伝暗号表が書かれているのだ。

なお、DNAの塩基配列をもとにしてRNAがつくられることを「転写」といい、RNAの情報にもとづいてタンパク質が合成されることを「翻訳」と呼ぶ。

ここで紹介した、DNAからRNAが「転写」され、RNAからタンパク質が「翻訳」される一連の流れは、「セントラルドグマ」と呼ばれる（図1-3）。英国の科学者、フランシス・クリック（1916-2004）が1958年に提唱し、その後、実験的に確かめられてきた分子生物学の基本原理だ。

2文字目

1文字目	U		C		A		G		3文字目
U	UUU	フェニルアラニン	UCU	セリン	UAU	チロシン	UGU	システイン	U
	UUC		UCC		UAC		UGC		C
	UUA	ロイシン	UCA		UAA	終止	UGA	終止	A
	UUG		UCG		UAG		UGG	トリプトファン	G
C	CUU	ロイシン	CCU	プロリン	CAU	ヒスチジン	CGU	アルギニン	U
	CUC		CCC		CAC		CGC		C
	CUA		CCA		CAA	グルタミン	CGA		A
	CUG		CCG		CAG		CGG		G
A	AUU	イソロイシン	ACU	トレオニン	AAU	アスパラギン	AGU	セリン	U
	AUC		ACC		AAC		AGC		C
	AUA		ACA		AAA	リジン	AGA	アルギニン	A
	AUG	メチオニン※	ACG		AAG		AGG		G
G	GUU	バリン	GCU	アラニン	GAU	アスパラギン酸	GGU	グリシン	U
	GUC		GCC		GAC		GGC		C
	GUA		GCA		GAA	グルタミン酸	GGA		A
	GUG		GCG		GAG		GGG		G

※開始コドン

図1-2
遺伝暗号表

クリックは、ジェームズ・ワトソン（米：1928-）と共にDNAの二重螺旋構造を発見し（1953年）、ノーベル生理学・医学賞を受賞（1962年）した人物である。

もう少し用語の説明を続けると、DNAから転写されるRNAのことを「メッセンジャーRNA（mRNA）」と呼ぶ。mRNAは「リボソーム」というタンパク質製造工場に運ばれ、リボソームでは、mRNAの情報に従ってタンパク質が合成（翻訳）される。DNAからリボソームへ遺伝情報を伝える役割を果たしているため、「メッセンジャー」と呼ばれる。

リボソームでのタンパク質合成では、「トランスファーRNA（tRNA）」も重要な働きを担っている。tRNAは、mRNAと結合する塩基配列を持ち、mRNAの配列と対応するアミノ酸を、リボソームに運搬（トランスファー）する。遺伝暗号表は、mRNAの塩基配列とアミノ酸の対応関係を示している。

なお、DNAからmRNAへの転写、mRNAとtRNAの結合には、塩基配列の組み合わせに法則がある。4種の塩基のうち、結合（転写）できる組み合わせが決まっており、その関係を「相補性」という（詳細は2章56ページ）。

図1―2の遺伝暗号表で注意してほしいのが、コドンの塩基配列が決まるとアミノ酸が必ず一意に決まるのに対し、ひとつのアミノ酸をコードするコドンはおおむね複数存在することだ（AUG＝メチオニン、UGG＝トリプトファンのみが例外的に一対一対応である）。これは、20種類のアミノ酸を4種の塩基3個の組み合わせ（＝64通り）で表現するために生じた重複だと考えられている。

図中の「開始コドン」と「終止」についても補足が必要だろう。DNAやRNAの塩基配列はすべてがタンパク質合成に使われるわけではない。どこからどこまでの塩基配列をタンパク質合成に使うかを決めるために、翻訳の「開始」と「終止」を示す合図も必要になるのだ。「開始コドン」は「AUG」の配列で指定される「メチオニン」が兼ねることが多いため、タンパク質のアミノ酸配列では「メチオニン」が先頭にくることが多い。また、「終止コドン」は「UAA」・「UAG」・「UGA」の配列と対応する。

このように、生命の設計図である遺伝情報は、たった4種の文字（塩基）の連なりとして記録

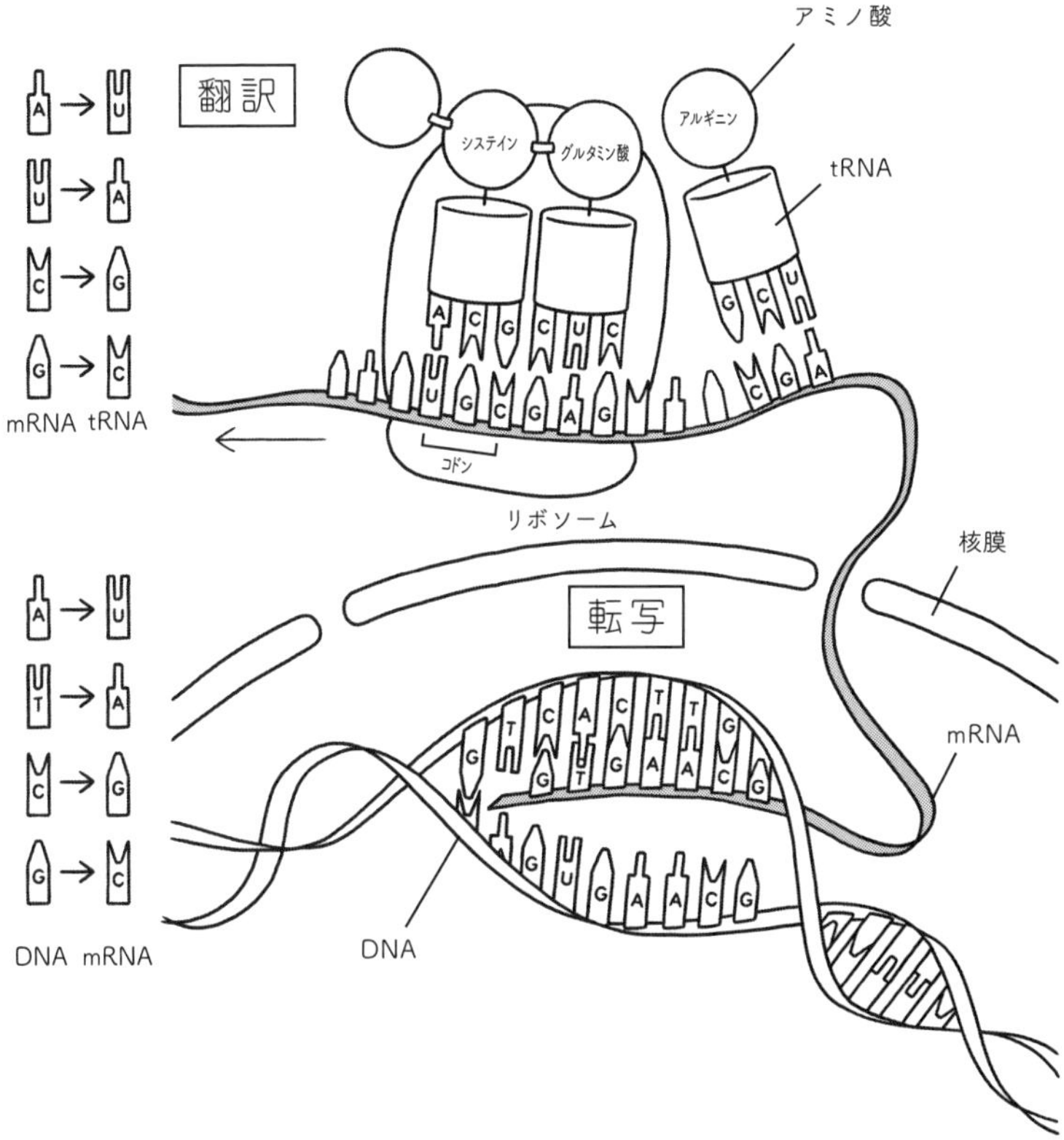

図1-3 セントラルドグマ

されている。この単純な法則がすべての生物に共通し、そこから複雑かつ多種多様な生物が生まれてくるのも驚きだが、ウイルスが生物と同じ遺伝物質を持ち、同じ法則を使っていることに注目してほしい。こういうところからも、ウイルスの「生物」らしさが感じられる。

ウイルスの巧みな「生存戦略」

さて、要件(3)の「代謝」である。この点が、ウイルスを「生物」と見なすかどうかの分かれ目となるのだが、その前に、「代謝」とは何かを見ておこう。

「代謝」とは、生体内の化学反応とエネルギーの変化のことを指す。「光合成」と「呼吸」が、その代表的な反応だ。前者は光のエネルギーを使って二酸化炭素から有機物を合成し（その過程で酸素が生成される）、後者は酸素を使って有機物を分解する（その結果、二酸化炭素がつくられる）。いずれの反応でも、生命活動に必要なエネルギーがつくり出される。

光合成は主に植物に見られる生化学反応だが、あらゆる生物は呼吸によって生命活動のためのエネルギーを得ている。なお、この意味での「呼吸」は、体外から酸素を取り入れて二酸化炭素を放出する「外呼吸」ないし「肺呼吸」とは異なる（関連はある）。両者を区別するため、「細胞呼吸」もしくは「内呼吸」とも呼ばれる。

ウイルス粒子の中では、こうした「代謝」は一切行われない。代謝によってエネルギーを得られなければ、「遺伝情報」はあっても「自己複製」は不可能である（すなわち、要件⑵は半分しか満たしていないとも言える）。

そのためウイルスは、単独で自律的に生きていく（増える）ことはできない。そういう意味で、ウイルスはまったく「無生物的」である。ウイルスが「粒子」と称されるのも、ウイルスの無生物性もしくは物質性を強調してのことなのだろう。

だが、ウイルスは生物に感染し、自身を増殖させて感染症を引き起こすことができる。そのエネルギーは、いったいどこから得ているのだろうか。

答えは、生きている細胞の仕組みをちゃっかり利用するのである。細胞に寄生していると言ってもいい。単体では生きられないウイルスが、生物の細胞内への侵入に成功すると、細胞内の仕組みを活用し、ときには細胞そのものを乗っ取り、自身を増殖させるのだ。

ウイルスは、細胞の外にいるときは生物の要件⑴を満たしているものの、要件⑵も十分には満たすことができない。「自己複製」に必要な「遺伝情報」を持つのみである。生物としては不完全と言わざるを得ない。

だが、ひとたびウイルスが細胞の中に入ると、細胞の仕組みを活用して「自己複製」を始める。その振る舞いは、まさしく「生きて」いるようである。

細胞に「寄生」する生命体――ウイルスの増殖過程

ウイルスが感染に成功した、生きている細胞（あるいはそれらの細胞からなる生物個体）を「宿主」と呼ぶ。インフルエンザウイルスの場合は、ウイルスが感染したヒトや動物が宿主である。

ウイルスは宿主の細胞内で、先に触れた「セントラルドグマ」の仕組みを利用して「自己複製」を行う。ウイルスが細胞に侵入し、自己複製を終えて細胞外に出てくるまでの流れは、大きく次の通りだ（41ページ図1－4）。

ウイルス粒子は、まず宿主の細胞表面に「吸着」する。ウイルスに意思があるわけではなく、その結合は偶発的だ。ウイルス粒子表面のタンパク質が何らかの細胞表面分子に結合すると、ウイルスはそこから細胞内に「侵入」を開始する。侵入プロセスは多様だが、細胞がウイルス粒子を外部から取り入れるべき物質だと判断して、自ら内部に取り込んでしまうケースもある。

細胞内への侵入を果たしたウイルス粒子は、カプシドが解体され（脱殻）、ウイルスの核酸（DNA・RNA）が細胞内に放出される。エンベロープウイルスの場合には、エンベロープと宿主の細胞膜が融合し（膜融合）、ウイルスの核酸やその他の構成タンパク質が細胞内に放出される。すなわち、ウイルス粒子は細胞内で一旦バラバラになる。

その後は、ウイルス自身がもつタンパク質と細胞のメカニズムを利用して自己複製を行う。すなわち、ウイルス自身の核酸に刻まれた遺伝情報を複製させると同時に、その遺伝情報をもとにして、ウイルス固有のタンパク質（正常な宿主細胞ではつくられることない）を細胞に「合成」させる。細胞につくらせた核酸やタンパク質は細胞内で「集合」し、細胞膜を突き破るように細胞外へ「放出」される。エンベロープウイルスのエンベロープが、細胞膜と同じ成分なのはこのためである。細胞外への放出段階のことを「出芽」と呼ぶこともある。

まとめると、「（細胞膜への）吸着」→「（細胞内への）侵入」→「（エンベロープウイルスの場合のみ）膜融合」→「脱殻（カプシドの解体）」→「（ウイルス遺伝子の）複製・（タンパク質の）合成」→「集合」→「出芽（放出）」という流れでウイルスは増殖する（図1‐4も合わせて見ると分かりやすいだろう）。

このように、ウイルスは細胞の仕組みを利用して、あたかも「生きて」いるかのような振る舞いを見せる。言葉を換えれば、ウイルスは細胞に寄生して「生きて」いる。ウイルスの生き方は「究極の依存」であると言える。

生物学者の福岡伸一氏は、その著書『生物と無生物のあいだ』（講談社現代新書）で、生命の条件を、「構成する分子や原子の動的平衡」であると定義づけている。「動的平衡」とは、生物の体内において、エネルギーや物質（分子や原子）は絶えず入れ替わっているものの、生物個体として変化が見られない状況のことを言う。

よく知られるように、たとえばヒトの体内では、1年間でほぼすべての細胞が入れ替わっている。すなわち、1年前の私の肉体と今日の私の肉体は、分子や原子のレベルで見ればほとんど別物だ。しかし、1年前の私と今日の私の間に、総体としてほとんど変化はない。細胞レベルで見ても、細胞内の原子や分子は絶えず入れ替わっている。それでも細胞全体としての形態や性質が変化することはない（1年間の経年変化はあるにせよ）。

福岡氏の定義に従えば、ひとたび細胞外に放出されたウイルス粒子は、なるほど生物とは言えない。「代謝」が起こらない以上、物質の出入りは起こらないし、その間に熱や紫外線、さまざまな化学反応などのストレスを受ければ、ウイルス粒子は崩壊へと向かう。

だが、ウイルスが細胞内にいる間は、ウイルスを構成する核酸やタンパク質などの物質要素は、細胞のそれらと入り混じる形で、まさに「動的平衡」状態にあると言える。

このことに重きを置けば、細胞内での振る舞いこそがウイルスの真の姿であると見ることもできる。すなわち、ウイルスは細胞内では「生きて」いて、細胞外では生き延びるために「仮死状態」をとっているのだと――。

ただし厳密に言うと、ウイルスが細胞内で「生きて」いる最中、ウイルス自身を外界と隔てる「境界」は失われている。ウイルスを構成していた部品はバラバラになっており、生物の要件(1)を満たさなくなっている。これは奇妙な（ウイルス学者にとっては「残念な」とも言えるかもしれない）パラドックスである。

もう一度言おう。ウイルスは、生物と無生物の中間に位置する「曖昧な存在」である。

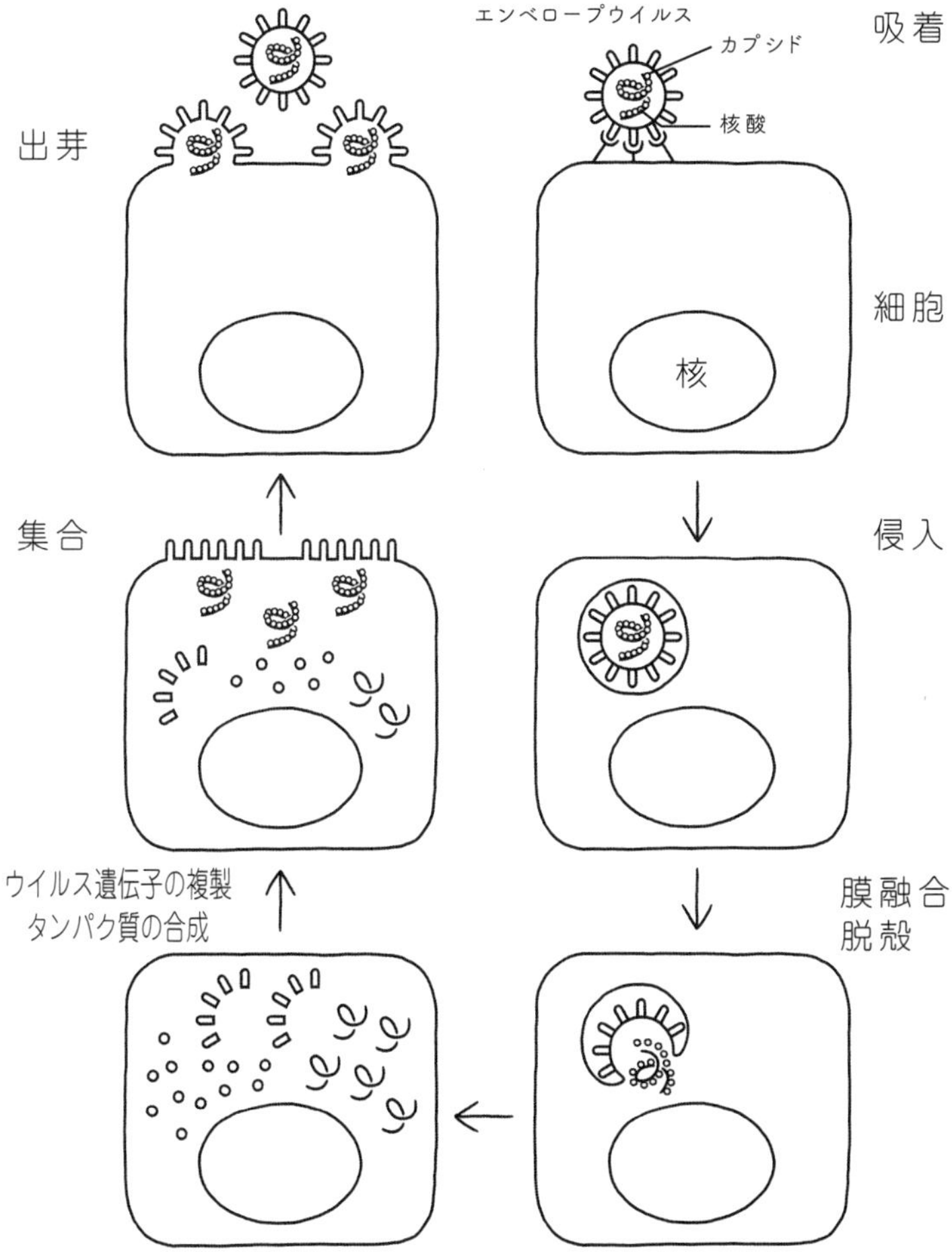

図1-4 ウイルスの増殖過程

ウイルスの生物学的位置づけはいまだ定まらないが、ここではあえて、ウイルスの「生物的な」側面に注目して「生命体」と呼びたい。私なりに「生命体」の定義をあえてするならば、こうなる。

(1)自己と外界との「境界」によって定められる個体が存在する。

(2)「遺伝情報」として核酸（DNA・RNA）を持ち、その塩基配列によって決定されるタンパク質を個体の構成要素の一部としている。

(3)遺伝情報が「複製」され、子孫に伝達される。

これでウイルスは生命体の仲間入りである。

コンピュータウイルスは、プログラムコードという「境界」、プログラムを動かすための「情報」、コンピュータに感染して情報を「複製」させる点でたしかにウイルスとよく似ている。ただし、核酸やタンパク質を持たないため、「生命体」と呼ぶことはできない。

2章 進化する無生物

サイエンスの原動力——2015年 イタリア・シエナ

2015年6月、私はイタリア中部の都市シエナを訪ねていた。シエナは自然豊かなトスカーナ州の中核都市のひとつで、近隣にはフィレンツェ、ピサなどの都市がある。

これらの諸都市の起源は、古代ローマ時代にあるようだ。ピサはローマ帝国滅亡後も都市国家として権勢を保ち、フィレンツェとシエナは中世に再び繁栄して、両都市はトスカーナの覇権を競った。

フィレンツェもシエナも、中世の繁栄期に感染症の大きな被害を経験している。

1348年に発生したペスト（黒死病）の大流行で、両都市で多くの犠牲者が出た。フィレンツェでは町の人口9万人のうち4万人が、シエナでは周辺部も含めた人口9万人のうち8万人が亡くなったとの記録もあるそうだ。この数字には、感染を恐れて郊外に逃れた人も含まれているようで、ペストが猛威をふるっていたことが想像される（論文「大黒死病とヨーロッパ社会の変動」瀬原義生著、「立命館文學」595号）。

シエナの町には、中世当時の建造物が多く残る。トスカーナ州は世界でも有数のワインの産地でもある。「世界一美しい広場」と言われるカンポ広場を囲むリストランテで、パスタやピザを食べながら研究者仲間や学生たちと陽気に飲んだワインは格別な味がした。

と言っても、シエナにグルメツアーで来たわけではない。ペストの流行について調べに来たわけでも、ましてやフィロウイルスの自然宿主探しでコウモリを捕まえに来たわけでもない。目的は、国際的なウイルス学会への参加だ。その学会とは、「Negative Strand Virus Meeting（マイナス鎖RNAウイルスの国際会議：以下、NSV会議）」である。

3〜4年に一度開催され、500人ほどが集まるこの学会に、私は2000年から毎回参加している。シエナの前はスペイン・アンダルシアのグラナダで開催された。グラナダといえば、イベリア半島最後のイスラム王朝の都であり、壮麗なアルハンブラ宮殿が有名である。イベリコ豚の生ハムをつまみにフラメンコを眺めながら赤ワインを堪能した。

ベルギー北西部のブルージュも学会で訪ねた。ブルージュも中世に栄えた港町だ。町にはヴェネチアのように運河が張り巡らされており、「北のヴェネチア」とも呼ばれる。「ブルージュ（Bruges：英仏）」という地名は、運河に架かる「橋（bridge）」に由来するそうだ。なるほど綴りはよく似ている。町には中世の歴史的建造物が多く残されており、その美しい景観から「屋根のない美術館」

とも呼ばれている。

　そして、ベルギーと言えばビールである。北海でとれたムール貝をふんだんに使った白ワイン蒸しを豪快に食べながら、多彩なベルギービールをどれだけ飲んだことか……と、また食べものと酒の話をしてしまった。

　そう、私はとにかく美味いものと酒に目がない。北海道大学獣医学研究院（大学院）で博士号を取得後、私は米国の研究機関に博士研究員（ポスドク）として赴任した。時の巡り合わせで1年後に母校の北大に戻ってくることになったわけだが、米国滞在中に旬のカツオとツブの刺身の夢を何度見たことか（両方とも大好物）。

　共同研究やフィールドワーク、学会などで、世界や日本の各地を訪ねられるのは、研究者の醍醐味のひとつかもしれない。異文化に触れ、現地で美味い料理を食べて酒を飲む。国内外を問わず同僚や友人や学生と共に過ごし、ときには寝食を共にする。大学での膨大な雑用や会議から（少なくとも物理的には）解放される時間である。

　出張中でなくとも、1日の仕事を終えたあとに晩酌は欠かさない。長期の海外出張ともなると、ホテルでの晩酌用に、空港の免税店でウイスキーのボトルを買って行くのが最近のお決まりだ。研究者仲間や研究室の学生たちと、飲みに行くことも多い。

　酒席では他愛もない話もするし、研究に関するテーマで話に花が咲くこともある。研究を進めていくには、国や自治体、企業の協力も必要だ。感染症の研究ならではかもしれないが、WHO

（世界保健機関）やＯＩＥ（国際獣疫事務局：l'Office International des Épizooties（仏）、英語名はWorld Organisation for Animal Health）のような国際機関のメンバーと仕事をする機会もある（ＯＩＥは、動物の健康を司る国際機関である）。そうした関係者たちとも食卓や宴席を共にし、意見や情報を交換する。

「飲みニュケーション」が死語となって久しいが、酒席でのコミュニケーションは、世界各地で、そしてサイエンスの世界でも、人と人との縁をつないで深めてくれる。サイエンスに携わり、新たな知を切り拓いていく研究者もひとりの人間である。研究も、人との出会いやつながりを通じて前に進んでいくのである。

国際会議の意義と楽しみ

さて、ＮＳＶ会議の話である。

「Negative Strand Virus（マイナス鎖ＲＮＡウイルス）」とは、言葉を少し補うと、「マイナス鎖で一本鎖のＲＮＡウイルス」のことを指す。私の主な研究対象であるインフルエンザウイルスやフィロウイルス、麻疹《はしか》ウイルスや狂犬病ウイルスなどを含む大きなグループである。

私は他にも、日本ウイルス学会や日本獣医学会、日本ワクチン学会、アメリカ微生物学会に所属している。ウイルス学も獣医学もワクチン学も微生物学も、いずれも広範なテーマを扱う。

これらの学会では、通常年に1回、会員が集まり研究成果を発表する集会が開かれる。発表はおおむね、大きな会議場でスライドを使ったプレゼンテーションや、研究成果を1枚のポスターにまとめる形で行われる。だが、こうした発表はテーマが広範なだけに、自分の研究テーマとほとんど関係しないものも多い。そのため、自分の研究テーマと関わりそうな、興味のあるものを選んで聞くのが常だ。

一方、NSV会議は、これらの学会と比べるとテーマの専門性が高い。いずれの発表も私自身の研究テーマと何かしらの関わりがあり、この国際会議に参加しているときは、いつも誰かの発表を聞くことになる（私が発表することもある）。

貴重な情報収集の場で、会期中の数日は非常に濃密な時間を過ごしている。行き詰まっていた実験を前に進めるヒントを思わぬ分野の発表から得たり、直接競合する同じ分野の研究グループの発表を聞いて、彼らの関心や研究の進み具合を確かめたりする。ときには、私たちが進めていたのと同じ研究で先を越され、打ちのめされることもある（逆のケースもきっとあるはずだ……）。

また、ありがたいことに、この国際会議では研究者間の親睦を深めるため、ほぼ全員が参加する懇親会やイベントが企画されている。そういうときに、講演中に聞きそびれた質問を気軽に尋ねることもできる。

そしてもうひとつ、喫煙者である私の密かな楽しみは、喫煙所での「タバコミュニケーション」

だ。近年、世界的に喫煙に対する風当たりが強くなっているからか、喫煙所で出会った人どうし、不思議な連帯感が芽生えてくる。大物研究者には喫煙者が少なくない。喫煙所という場だからこそ、その人となりや偉大な研究成果の裏話をフランクに聞くことができる。

かくも多様なウイルスの世界——ウイルスの分類

さて、この国際会議のテーマである「マイナス鎖一本鎖」の話である。「マイナス」があるということは、当然「プラス」もあるのだが、ひとまずここでは、それらの説明は後回しにして、ウイルスの分類方法を紹介したい。

ウイルスをどう分類するかには、いくつかの基準がある。

ひとつは、ウイルスの遺伝情報（ゲノム）の型と、遺伝情報からいかにしてタンパク質が合成されるか、すなわち遺伝情報の発現様式を基準にした分類法だ。

この方法では、ウイルスを大きく7つのグループに分ける。これは、米国の分子生物学者で1975年にノーベル生理学・医学賞を受賞したデビッド・ボルティモア（1938-）が提案したもので、そのためボルティモア分類と呼ばれる。国際ウイルス分類委員会（International Committee on Taxonomy of Viruses：ICTV）でもこの分類法が採用されている。

「プラス鎖」と「マイナス鎖」の区分は、このボルティモア分類にも登場する。また、宿主や症状、ウイルス粒子の物理的な形状（カプシドの形状やエンベロープの有無）などを基準にした分類も有効である。

以下では、ボルティモア分類の全体像を概観したい。それぞれのウイルスのグループに、どういうウイルスが属するかは次ページの**図1-5**を参照してほしい。また、研究が進んでいるウイルスの模式図を**図1-6**に示した。

ウイルスの持つ遺伝情報にはDNAとRNAがあることは既に触れた。だが、同じDNAウイルスやRNAウイルスでも、遺伝情報の持ち方には違いがある。DNAウイルスは、生物の細胞と同じように「二本鎖」（二重螺旋）のDNAを持つ「二本鎖DNAウイルス」（グループⅠ）と、DNAを1本しか持たない「一本鎖DNAウイルス」（グループⅡ）とに分けられる。

同じように、RNAウイルスも、「二本鎖RNAウイルス」（グループⅢ）と「一本鎖RNAウイルス」とに分類され、後者は「プラス鎖」（グループⅣ）と「マイナス鎖」（グループⅤ）で区別される。

さらに、グループⅤ（マイナス鎖一本鎖RNAウイルス）のなかには、ゲノム（遺伝情報）が物理的に何本かに分かれているものがいる。それを「分節型」と呼び、その代表例がインフルエンザウイルスである。

一方、ゲノムが1本で分節されていないものは「非分節型」と呼び、「モノネガウイルス目」という分類名もつけられている。このグループに属するウイルスは、ヒトや動物に感染症を引き

（ボルティモアの分類表をもとに、2018年現在の分類表と主なウイルスを記した）

ウイルスの例	例に挙げたウイルスに関する特記事項
単純ヘルペスウイルス1型	口唇ヘルペスを引き起こす
単純ヘルペスウイルス2型	性器ヘルペスを引き起こす
アデノウイルス3型	哺乳類や鳥類に感染して風邪症状を引き起こす（たとえばプール熱）
天然痘ウイルス	人類が根絶に成功した最初の病原体
多くが細菌に感染するバクテリオファージである	
ロタウイルスA～E型	乳幼児に感染して下痢症状を引き起こす（主にA型）
SARSコロナウイルス	SARS（重症急性呼吸症候群）を引き起こす。「コロナ」の名称は、エンベロープについている突起が太陽のコロナのように見えることから
エンテロウイルス71	風邪症状や手足口病を引き起こす
ポリオウイルス	WHOが根絶を目指している
口蹄疫ウイルス	伝播力が非常に強い
A型肝炎ウイルス	ウイルスに汚染された食品などによって感染する
デングウイルス	フラビウイルス属のウイルスは、蚊やダニによって媒介される（アルボウイルス、P.76-77の図1-10参照）
ジカウイルス	
C型肝炎ウイルス	持続感染を引き起こし、肝硬変や肝臓がんに進行することがある
麻疹ウイルス	一度感染し発症すると一生免疫が持続するといわれている
狂犬病ウイルス	多くの哺乳類に感染し、発症したらほぼ100%死亡する
マールブルグウイルス	ヒト、サル、コウモリからウイルスが分離されている
エボラウイルス	5種が知られている（2018年現在）
ハンターンウイルス	自然宿主は野生げっ歯類で、ヒトが感染すると腎症性出血熱を引き起こす
クリミア・コンゴ出血熱ウイルス	ダニが媒介してヒトに感染し、出血熱を引き起こす
A～D型インフルエンザウイルス	A型は多くの哺乳類や鳥類に感染する
ラッサウイルス	自然宿主はマストミス（ネズミの仲間）で、ヒトが感染するとラッサ熱を引き起こす
ヒト免疫不全ウイルス（HIV）	ウイルスの遺伝子RNAからDNAが逆転写され、宿主細胞のゲノムに組み込まれる
B型肝炎ウイルス	血液を介して感染する。ウイルスの遺伝子DNAからRNAが転写され、さらにそのRNAからDNAが逆転写される

図1-5 **ウイルスの分類**

グループ		目	科	亜科・属
Group I	二本鎖DNA	ヘルペスウイルス目	ヘルペスウイルス科	アルファヘルペスウイルス亜科 シンプレックスヘルペス属
		目未帰属	アデノウイルス科	マストアデノウイルス属
			ポックスウイルス科	コードポックスウイルス亜科 オルソポックスウイルス属
Group II	一本鎖DNA	＊ヒトに感染するものは少ない。		
Group III	二本鎖RNA	目未帰属	レオウイルス科	セドレオウイルス亜科 ロタウイルス属
Group IV	一本鎖RNA プラス鎖	ニドウイルス目	コロナウイルス科	コロナウイルス亜科 ベータコロナウイルス属
		ピコルナウイルス目	ピコルナウイルス科	エンテロウイルス属
				アフトウイルス属
				ヘパトウイルス属
		目未帰属	フラビウイルス科	フラビウイルス属
				ヘパシウイルス属
Group V	一本鎖RNA マイナス鎖	モノネガウイルス目 （非分節型）	パラミクソウイルス科	モービリウイルス属
			ラブドウイルス科	リッサウイルス属
			フィロウイルス科	マールブルグウイルス属
				エボラウイルス属
		ブニヤウイルス目 （分節型）	ハンタウイルス科	オルソハンタウイルス属
			ナイロウイルス科	オルソナイロウイルス属
		目未帰属 （分節型）	オルソミクソウイルス科	アルファ〜ガンマ型インフルエンザ属
			アレナウイルス科	マンマアレナウイルス属
Group VI	一本鎖逆転写 RNAプラス鎖	オーターウイルス目	レトロウイルス科	オルソレトロウイルス亜科 レンチウイルス属
Group VII	二本鎖逆転写 DNA	目未帰属	ヘパドナウイルス科	オルソヘパドナウイルス属

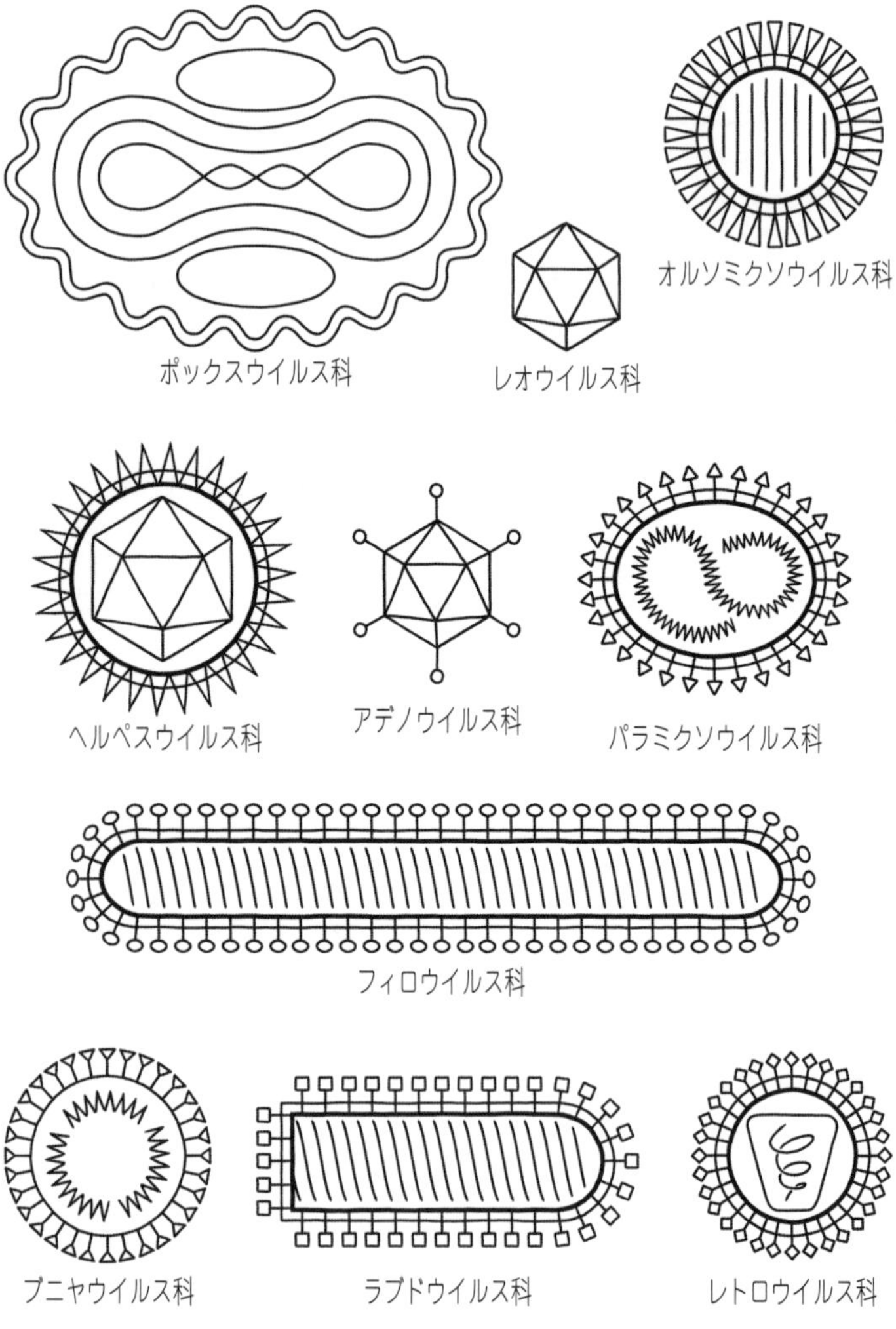

図1-6 いろいろなウイルスの模式図

起こすものが多い。従来から知られる感染症としては麻疹や狂犬病などが、新興感染症（91ページ参照）としてはフィロウイルス感染症（エボラ出血熱・マールブルグ出血熱）、ボルナ病などがある。

ウイルスのなかには、「逆転写酵素」を持つものがある。これを発見したのは、ウイルスの分類法を考案したボルティモアで、彼はこの業績でノーベル生理学・医学賞を受賞した。なお、ウイルス学での研究成果がノーベル賞に輝いたのは**図1－7**の通りである。

「転写」とは、「セントラルドグマ」の流れにおいて、DNAの塩基配列からRNAの塩基配列が写し取られることである（1章32ページ）。「逆転写」とはその逆、つまりRNAの塩基配列からDNAの塩基配列が写し取られることを指す。

遺伝情報としてプラス鎖一本鎖RNAを持ち、逆転写によってDNAをつくるのが「RNA逆転写ウイルス」（グループVI）、遺伝情報として二本鎖DNAを持ち、そこから中間体としてRNAをつくり、もう一度DNAを逆転写するのが「DNA逆転写ウイルス」（グループVII）である。DNA逆転写ウイルスが、なぜこうした複雑な発現プロセスを獲得したのかは謎の部分が多い。

グループVI（RNA逆転写ウイルス）のなかでもっとも有名なのは、AIDS（後天性免疫不全症候群）を引き起こすヒト免疫不全ウイルス（HIV）だ。RNA逆転写ウイルスは「レトロウイルス（retrovirus）」とも呼ばれ、「逆転写（reverse transcription）」が「レトロ」の語源である。

逆転写によってRNAからつくられたDNAは、宿主細胞のDNAに組み込まれ、宿主の細胞が分裂するたび、ウイルスの遺伝情報も複製される。宿主が生きている限り、レトロウイルスの

図1-7 ウイルス学とノーベル生理学・医学賞

1951	マックス・タイラー〔南アフリカ共和国〕	黄熱ワクチンの開発
1954	ジョン・F・エンダーズ〔アメリカ〕 トーマス・H・ウェラー〔アメリカ〕 フレデリック・C・ロビンズ〔アメリカ〕	ポリオウイルスの培養細胞での増殖
1966	フランシス・P・ラウス〔アメリカ〕	腫瘍ウイルス、ラウス肉腫ウイルスの発見
1969	マックス・デルブリュック〔アメリカ〕(ドイツ生まれ) アルフレッド・ハーシー〔アメリカ〕 サルバドール・E・ルリア〔イタリア、アメリカ〕	ウイルスの複製機構と遺伝的構造に関する発見
1975	デヴィッド・ボルティモア〔アメリカ〕 ハワード・M・テミン〔アメリカ〕 レナート・ダルベッコ〔イタリア、アメリカ〕	腫瘍ウイルスと細胞の相互作用、 ウイルス逆転写酵素の発見
1976	ダニエル・C・ガイジュセク〔アメリカ〕 バルチ・S・ブランバーグ〔アメリカ〕	新概念の感染症の原因と伝播；今日プリオン病 と呼ばれる新疾患（クールー）の発見（ガイジュセク）、 B型肝炎ウイルスの発見（ブランバーグ）
1988	ジョージ・H・ヒッチングス〔アメリカ〕 ガートルード・B・エリオン〔アメリカ〕	核酸素材類似体ヌクレオシドアナログ（アシクロビル） によるウイルス疾患（ヘルペス感染症）の治療
1989	J・マイケル・ビショップ〔アメリカ〕 ハロルド・E・ヴァーマス〔アメリカ〕	レトロウイルスがん遺伝子は 細胞由来であることを発見
1993	フィリップ・A・シャープ〔アメリカ〕 リチャード・J・ロバーツ〔イギリス〕	高等生物に普遍的なスプライシングという 遺伝子発現をアデノウイルスを用いて発見
1996	ロルフ・M・ツィンカーナーゲル〔スイス〕 ピーター・C・ドハーティ〔オーストラリア〕	生体のウイルス抗原認識機構の解明 （主要組織適合抗原複合体によるウイルス抗原提示）
1997	スタンリー・B・プルジナー〔アメリカ〕	タンパク性（非核酸）感染体、プリオンの発見
2008	リュック・モンタニエ〔フランス〕 フランソワーズ・バレ＝シヌシ〔フランス〕 ハラルド・ツア・ハウゼン〔ドイツ〕	エイズの病原体の発見（モンタニエ、バレシヌシ）、 子宮頸がん病原体の発見と 予防ワクチン開発（ツアハウゼン）

遺伝子は増え続けていくのだ。

ヒトのゲノム（遺伝情報）の8%程度は、こうしたレトロウイルスに由来することが突き止められている。これを、「内在性レトロウイルス」と呼ぶ。

そのなかでも特に興味深いのは、ヒトをはじめとする哺乳類で、胎盤形成の際にきわめて重要な役割を果たすタンパク質が、内在性レトロウイルスの遺伝子から発現していることだ。胎盤が正常に形成されるには、このウイルス由来のゲノムが不可欠である。ヒトはウイルスと「共生」していると も言えるのである。

プラスかマイナスか、それが重要だ

ここから「プラス鎖」と「マイナス鎖」の話をしていきたいのだが、その前に、生物の細胞で、DNAが二本鎖（二重螺旋）になっている理由や構造についても述べておきたい。

DNAを2本持つのは、要するに何かあったときの予備のためである。

遺伝情報で伝えるべき中身という意味では、DNAは1本あれば足りる。だが1本しかなければ、何かあったときに壊れてしまえばそれで終わり。もとの遺伝情報は失われてしまう。備えがあれば、遺伝情報を復元し、もとの情報を保持し続けられる。つまり、DNAを2本持つことで、いざというときに備えて情報を冗長化しているのである（二本鎖RNAを持つウイルスも、やはり遺伝情報の冗長化のためと考えられる）。

二本鎖のDNA（もしくはRNA）は、写真で言うポジとネガの組み合わせになっている。ハンコで言えば印影（捺印した文字）と印章（ハンコの本体）の関係である。

つまり、二本鎖のうち遺伝情報として意味を持つのは片方だけ、もう片方はその鋳型になっている。前者が「プラス鎖」であり、「情報（コード）鎖」もしくは「センス鎖」とも呼ばれる。後者が「マイナス鎖」であり、「鋳型鎖」や「アンチセンス鎖」の別名もある。

このとき、ポジとネガの関係になる塩基の組み合わせは決まっている。A（アデニン）はT（チミン：DNAの場合）もしくはU（ウラシル：RNAの場合）と、G（グアニン）はC（シトシン）とセットになる。たとえば、DNAのプラス鎖（情報鎖・センス鎖）が「ATGC」という塩基配列を持つ場合、二本鎖（二重螺旋）の対になるマイナス鎖（鋳型鎖・アンチセンス鎖）のDNAでは、「TACG」という塩基の並びになる。

この関係を「相補性」といい、組み合わせが決まっているからこそ、一方が決まれば他方が決まり、他方から一方を復元することもできる。

また、DNAからはRNA（mRNA）が転写され、RNA（mRNA）の情報をもとにタンパク質が合成（翻訳）されることは既に触れた（セントラルドグマ）。このときRNA（mRNA）は、DNAのマイナス鎖（鋳型鎖・アンチセンス鎖）の配列を反転させる形で合成（転写）される。すなわち、mRNA

は常に「プラス鎖」である。

なお、mRNAの配列に対応するアミノ酸を、リボソームまで運ぶtRNAは「マイナス鎖」の配列を持つ。また、mRNAの「コドン」と相補的に結合するtRNAの3つの塩基の連なりを、「アンチコドン」と呼ぶ。

プラス鎖一本鎖RNAウイルス（グループⅣ）は、mRNAと同じ役割を果たすRNAを持っている。このグループのウイルスは、細胞への侵入に成功すると、自身のRNAが細胞内でそのままmRNAとして機能し、リボソームに運ばれてタンパク質の合成（翻訳）が始まる。なお、自身のRNAを複製するには、自身が持つプラス鎖を鋳型に一度マイナス鎖をつくり、マイナス鎖からプラス鎖をつくる必要がある。

反対に、マイナス鎖一本鎖RNAウイルス（グループⅤ）では、自身のRNAからタンパク質がいきなりつくられ始めることはない。ウイルスが持つマイナス鎖のRNAから、プラス鎖のmRNAがつくられ、それをもとにリボソームでタンパク質が合成される。同時に、鋳型となる別のプラス鎖も作られ、自身のRNA（マイナス鎖）が複製される。

このように、プラス鎖とマイナス鎖では、情報が発現・複製されるプロセスが、鏡写しのようになっているのである。

なお、RNAを鋳型にしてRNAがつくられるのは、RNAウイルス固有の現象だ。DNAやRNAを複製・合成する酵素を「ポリメラーゼ」というが、RNAウイルスは必ず、RNAから

DNAをつくる「RNA依存性」の「RNAポリメラーゼ」を持っている。DNAからRNAを転写する酵素も「RNAポリメラーゼ」と呼ばれるが、それは「DNA依存性」のものである。

ウイルスが、「生物の進化」を証明する

ここからは、生物とウイルスの「進化」について考えていきたい。

「進化」とは、生物の「形質」（形態や性質）が、世代を経るに従って変化していくことだ。ある生物の形質が長い時間のなかで変化し、もとの生物とは異なる形質を獲得する。それにより、原始的な生物から、現在地球上に生息する多様で複雑な生物が生まれてきたとする考え方である。

進化は現代の科学で通説として受け入れられているが、それを実証するのは困難を伴う。なぜなら、生物の進化には長い時間が必要で、それを人間が実験や観察で現実に確認することが難しいからだ。

人間の（研究者の）一生の時間軸でできることは、過去に進化が起きたことを仮説として提示するのが精一杯だ。生物種どうしで、あるいは現生の生物と古生物との間で、遺伝子や形質の共通点や違いを調べ、それらの生物の遺伝的関係性を探る。それゆえ、進化は「進化論」として語

られるのである。

進化の過程で、生物の形質に変化をもたらす主な要因のひとつは、生物が生息する環境条件である。どんな形質を持った個体が生存や繁殖に有利かは、環境によって変わる。特定の形質を持った個体（ないし集団）が環境条件によって選別されることを「自然選択」といい、進化の要因となる環境からの圧力を「選択圧」と呼ぶ。

同じ生物種でも、個体の形質は多様で個体差がある。その差は、遺伝子の違いによってもたらされる。遺伝子の塩基配列はさまざまな要因によって変化し、それが形質の変化を引き起こす。

そのなかでも、生存や繁殖で有利なのは、生息環境により適応した形質を持つ個体（もしくは集団）だ。寒冷地では寒さに強いものが、暑いところでは暑さに強いものが有利に生き延びることができる。そして、その形質が次の世代以降に受け継がれ、次第にこうした形質の変化が積み重なると、ときには種を分かつほど変化が大きくなる。こうして種が分化し、新たな種が誕生する。

すべての生物に共通するこの進化の法則が、「無生物的な」存在であるウイルスにもそのまま当てはまる。それどころか、ウイルスの振る舞いは、実証困難と言われる進化を分かりやすく示すモデルにすらなっている。

ウイルスは生物細胞内で、凄まじい速度で増殖する。その速度は、目に見えるサイズの大型生物が増殖する速度とは桁違いだ。ごくわずかな時間で、ウイルスは何世代も子孫を残し、その過程でランダムな変異を持ったウイルスが生まれてくる。

宿主の生体環境には、いくつもの「選択圧」が存在する。宿主の生体内で生き延び、子孫を優位に増やすことができるのは、その環境に適した形質を備えたウイルスである。

細胞に効率よく感染できるもの、免疫反応をほどほどに逃れられるもの、宿主細胞の内部に潜んでしまうもの、新しい宿主生物にも感染できるもの……。環境に適応した変異を獲得したウイルスが、集団内で次第に支配的になっていく。

こうして、生存に優位な新たな形質を備えた変異ウイルスが、集団内で優勢になっていく。ウイルスに意志はなく、結果的にそうなったというだけのことである。

このように、ウイルスの増殖過程を観察することで、進化が現に起きていることを目の当たりにすることができるのである。

進化は細胞の「エラー」によって引き起こされる

進化の分子生物学的実体は、DNAやRNAの塩基配列の変異の蓄積である。その変異は、紫外線や放射線、毒素などによる損傷に加え、DNAやRNAの自己複製時のエラーによっても引き起こされる。

塩基が別のものに入れ替わったり（置換）、一部の塩基が失われたり（欠失）、新しく付け加えられたり（挿入）すると、塩基配列は変わる。「進化」とは、塩基配列に生じたこうした変異によって新たな形質が発現し、それが選択圧をくぐり抜け、次世代に引き継がれていくことである。

塩基配列の変異がどのような影響をもたらすかは、塩基のどの部分がどのように変化するかで異なる。たとえば（1章33ページの遺伝暗号表を参照）、「ロイシン」をコードしている「UUA」の配列が「UUG」に変わっても、指定されるアミノ酸に変化はない。同じ配列が「CUA」に変わったとしても、アミノ酸はロイシンのままである。合成（翻訳）されるタンパク質に影響を及ぼさないような変異を「サイレント変異」あるいは「同義置換」という。これには、タンパク質をコードしない領域に起こる置換、欠失、挿入も含まれる。

ところが、「UUA」の末尾がU（ウラシル）もしくはC（シトシン）に変わると（「UUU」または「UUC」）、指定されるアミノ酸は「フェニルアラニン」に変わる。このように、コードするアミノ酸が異なってしまうような変異を「ミスセンス変異」とよぶ。特にそれが塩基置換によって起こる場合には「非同義置換」という。このひとつのアミノ酸の置き換わりが、タンパク質の機能を大きく変える（あるいは損なわせる）こともある。

塩基配列の変異が深刻な影響をもたらすケースのひとつは、アミノ酸を指定していたコドンの配列が、塩基の置換によって「終止コドン」になってしまう場合だ。これを「ナンセンス変異」と呼ぶ。先ほどの例で言えば、「UUA」の配列が「UAA」もしくは「UGA」に一ヶ所変わるだけで、タンパク質合成（翻訳）は途中で止まってしまう。その結果、もとのものとはまったく異なるタンパク質がつくられることになる。

同様に、塩基の欠失や挿入によっても3つの塩基の組み合わせが大きく変わり（フレームシフト変異）、タンパク質のアミノ酸配列はまったく別物になる。このような変異もミスセンス変異のひとつである。

このようにして合成されたタンパク質が有利な機能を持つことは稀で、たいていの場合、もとのタンパク質が持っていた機能は失われる。そのタンパク質が生命活動で重要な役割を果たしているものであれば、個体の生存に致命的な影響をもたらすこともある。

自己複製時のエラーは、DNAやRNAの物理的・化学的な性質によるものであり、必ず一定割合で生じる。こうしたエラーは致命的な影響を起こしかねないため、DNAを合成する酵素（DNAポリメラーゼ）にはエラーを校正する仕組みが備わっている。その結果、複製エラーは数千万〜数億個の塩基に1回程度に抑制される。だが、それでも校正をくぐり抜ける複製エラーがあり、それへの備えとして、生物の細胞にはさらなる修復機構も存在する。

一方、RNAを合成する酵素（RNAポリメラーゼ）では、DNAポリメラーゼよりはるかに頻繁に塩基配列に置換が生じる。その理由は、大きく次のふたつだと考えられている。

(1) DNAとの物理的・化学的性質の違いから、RNAでは複製エラーがより起きやすい。

(2) RNAポリメラーゼにエラーの校正・修復機構が存在しない。

細胞内にRNAの複製エラーを正す仕組みがないのは、細胞にとってRNAは、遺伝情報の保存を担う媒体ではないからだと考えられている。

多様なウイルスが、宿主の体内で生まれる

先に述べたように、この進化のメカニズムは、遺伝情報として核酸（DNA・RNA）を有するウイルスにおいても生物と同じように当てはまる。

ウイルスのなかでもRNAウイルスは特に、進化のスピードが生物のそれと比べてはるかに速い。ウイルスはもともと他の生命体と比べて桁違いの速さで増殖することに加え、RNAウイルスはDNAウイルスと比べて変異が生じやすいためだ。

マイナス鎖RNAウイルスであるA型インフルエンザウイルスを例にとって考えてみよう。

インフルエンザウイルスが1個の細胞に感染して増殖し、細胞外に出てくるまでのサイクルは、おおむね10時間以内である。しかも、1個の細胞から放出される子孫ウイルス粒子は数千〜数万

個にも及ぶ。その子孫が次々と新しい細胞に感染し、そこからさらに数千～数万個の子孫ウイルスが放出される。こうして、ウイルスは爆発的に増えていく。

実はこのとき、新たにつくられる子孫ウイルスの遺伝情報は、親ウイルスの完全なコピーではない。塩基配列中にはさまざまな変異（塩基置換、欠失、挿入による複製エラー）が生じている。ただし、生存や増殖にとって致命的な影響をもたらす変異を含むウイルスは、おそらくそれ以上存続することができない。だが、生存や増殖に影響のない、あるいは軽微な変異の場合は、その変異が次の子孫ウイルスにも引き継がれる。その子孫ウイルスも次々と細胞に感染し、また同じ確率で遺伝子のどこかに変異が起こる。

こうして、ウイルスが宿主個体のなかで増殖するにつれ、その集団中の変異は蓄積される。その結果、さまざまな場所にランダムな変異が入った多様性の大きなウイルス集団が形成されていく（図1-8）。

このように、同じ親ウイルス（集団）から生じた、多様な遺伝情報を持つ集団のことを「準種（quasispecies）」と呼ぶ。多様な変異が入った子孫集団は、「種（species）」として独立させるほどではないが、親ウイルスと単純に同一視しては、その遺伝的多様性を見落としてしまう。そのため、「種に準ずる」という意味で設けられた概念だ。

ウイルスが生きていく宿主の生体環境は多様だ。いくつもの選択圧をくぐり抜けて生き延びるには、遺伝的多様性を持つ集団が有利である。

図1-8　**RNAウイルスの複製と進化**

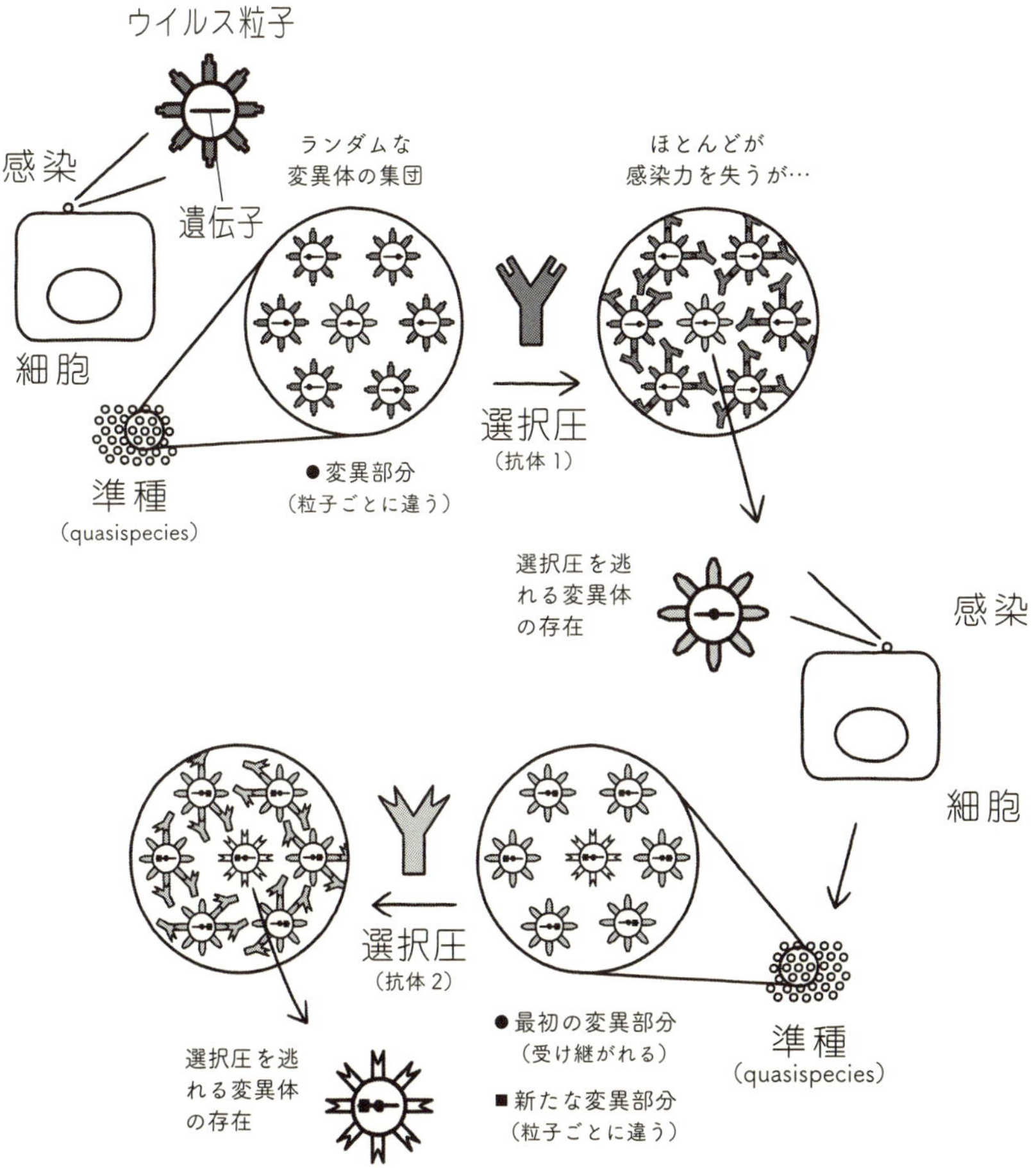

選択圧（図では抗体）をかけると、多くのウイルスは感染力を失うが、まれに選択圧を逃れる変異体が存在する。その変異体が別の細胞に感染して増殖して優勢になり、それを繰り返すことで変異が蓄積され、進化に結びつく。

特に、新しい宿主に遭遇したときや強い免疫応答に曝されたときなど、ミスセンス変異（アミノ酸の変化を伴う遺伝子変異）によって獲得した新たな形質が、それらの選択圧を乗り越えるカギとなることがある。

子孫ウイルスの遺伝的多様性が高く、多様な形質を備えたウイルス粒子が存在していれば、そのうちのどれかは、選択圧を乗り越えて生き延びると考えられる。それらの変異体は新たな環境下で増殖を繰り返し、次第に集団内で支配的になっていく。

それが集団としてのウイルスの変異をもたらし、ウイルスは進化を遂げるのである。

宿主の免疫システムが、ウイルスの進化をもたらす

「準種」を形成するウイルスは、感染症対策の観点からはきわめて厄介な存在だ。準種は変異の生じやすさからＲＮＡウイルスでよく見られる。インフルエンザのワクチンがときどき効かなくなるのも、インフルエンザウイルスがＲＮＡを遺伝情報として持ち、準種を形成するウイルスであることの影響が大きい。

先に見たように、ウイルス集団のなかには、宿主の免疫から逃れる能力を備えた変異体が存在している可能性がある。

免疫（獲得免疫）とは、一度かかった病気にはかからなく（かかりにくく）なる仕組みのことだ。免疫細胞は、ウイルスや細菌などの病原体の細かな特徴（分子の形やアミノ酸配列など）を認識・記憶して次の感染に備える。だが、病原体の特徴が変異によって変わると、免疫細胞が病原体を判別できなくなってしまう。そのため免疫の効果が薄れ、場合によってはなくなってしまうのだ。

このとき、宿主のさまざまな免疫システムはウイルスにとって選択圧になっている。そして、免疫から逃れられる形質を備えた変異体は、もとのウイルスよりも有利に生存・繁殖することができる。それらが次第に集団内で優勢になっていく。その結果、ウイルスの進化が加速されていく。

ワクチンは、免疫の仕組みを利用した感染症の予防法だ。病原性を低くした（あるいは失わせた）ウイルスや、ウイルス粒子の一部をあえて体内に導入することで、免疫システムを活性化し、病原体の特徴を記憶させ、本物のウイルスの感染に備える。

インフルエンザのワクチンは、過去に流行をもたらしたウイルスの傾向を踏まえ、その年に流行しそうなウイルスの特徴に合わせてつくられる。だが、ウイルスの変異（進化）の仕方やスピードを完全に予測することは難しい。インフルエンザのワクチンが、年によって予防効果にばらつきがあるのも、そのことがひとつの大きな理由である。

同じ話が、ウイルスの働きを阻害する抗ウイルス薬にも当てはまる。薬剤も、ウイルス粒子の特定の箇所や機能を標的にして開発されるが、その標的部分に変異が生じると、薬剤の効果が弱まり、ときには失われてしまうことがある。

これは、抗インフルエンザ薬でまさに起きている「耐性ウイルス」の問題である。ここでも、抗ウイルス薬が選択圧となり、ウイルスの進化を促していると言えるのである。

なお、RNAからDNAを逆転写するレトロウイルスも、逆転写の際のエラー発生率が高いことに加え、校正・修復の機構がないため変異が生じやすい。レトロウイルスの代表例であるHIVも「準種」を形成し、ワクチンや治療薬の開発を困難にしている。

ヒトで流行するこれらのウイルスは、いまこの瞬間にも進化を遂げている。

ウイルスの振る舞いを見ることで、塩基配列に生じたランダムな変異が形質に変化をもたらし、新たな形質を備えたウイルスが、選択圧によって生き延びる様子を追いかけることができる。「無生物」とされるウイルスは、「生物の進化」を実証する格好のモデルなのである。

3章 ウイルスは生物の敵か味方か

初めてウイルスを「見た」とき

私が電子顕微鏡でウイルスの姿を初めて「見た」のは、北大獣医学部の学生だったときのことだ。喜田先生が担当の実習でウイルスを自分たちで増やして精製し、電子顕微鏡でその形態を観察した。電子顕微鏡に触れたこと自体、私にとって初めての体験だった。

そのとき見たのは、インフルエンザウイルスとヘルペスウイルスの姿である。球形で表面のスパイクが特徴的なインフルエンザウイルス。正二十面体のカプシドを持ち、外側がエンベロープで覆われているヘルペスウイルス。それらは、専門書や論文の写真で目にしていたが、目には見えない極小のウイルスの姿を、この目で捉えたときには素朴な感動を覚えた。

電子顕微鏡で写真を撮るのもひと苦労だった。

まず、電子顕微鏡のピントを合わせるのが難しかった。対象が微小であるがゆえに、ピント調節にも繊細な感覚が求められる。なかなかピントが定まらず、何枚も何枚も、写真を撮ったのを覚えている。

さらに、私が学生だった1990年前後、デジタルカメラはまだ世に出回っていない。いまではめっきり見なくなったネガフィルムを使い、それを印画紙に焼かなければならなかった。生物学者やウイルス学者になるには、写真の現像までできなければいけないのかと驚かされたものだ。

それがいまでは、デジタルカメラで簡単に写真を撮ることができる。フィルムとは桁違いの枚数を撮れるから、失敗を気にすることもなく何度も撮り直しができるし、現像の必要もない。デジタル技術は間違いなく、生物学やウイルス学の発展を後押ししている。

そもそもの話、人類がウイルスの姿を「見る」ことができるようになってから、まだ100年も経っていない。電子顕微鏡が開発されたのは1932年。それによって、天然痘を引き起こすウイルスの姿が初めて捉えられたのは1939年のことだ。

「ウイルス（Virus）」という言葉はラテン語由来である。この言葉は、古くから「毒・病毒」を意味する言葉として使われていたようだ。その言葉が、現代的な意味合いで使われるようになったのは、19世紀終わりから20世紀前半にかけてのことだ（ちなみに、中国語では現代でもウイルスのことを「病毒」と表記する）。

そのころウイルスは、「正体不明の病原体」として「発見」された。最初に発見されたのは、先にも触れたように、タバコの葉にモザイク状の斑点（タバコモザイク病）を引き起こす「タバコモザイクウイルス」である。

ウイルス「発見」に至る歴史

当時は、ロベルト・コッホ（独：1843-1910）やルイ・パスツール（仏：1822-1895）、北里柴三郎（日：1853-1931）らの尽力によって、細菌学が勃興し始めていた時期である（北里はコッホの門下生のひとりだ）。その研究用の道具として、細菌を除去することができる磁器製のフィルター（濾過器）が開発されていた。

タバコモザイク病の原因解明には、複数の科学者が研究に取り組んでいた。そのなかのひとり、ディミトリ・イワノフスキー（露：1864-1920）は、1892年に、病気にかかったタバコの葉のしぼり汁を濾過器に通し、細菌を除いたあとでもその濾過液がタバコの葉に病気を引き起こすことを確認した。

だがイワノフスキーは、その病原性は、細菌が産生した毒素が原因だと考えていた。その解釈に疑問を抱き、実験をさらに進めたのがマルチティヌス・ベイエリンク（蘭：1851-1931）である。

年代	ウイルス	発見者	使用動物
1898	タバコモザイクウイルス	ベイエリンク（Beijerinck, M.）	タバコ
	口蹄疫ウイルス	レフラー（Loeffler, F.）	牛
	ウサギ粘液腫ウイルス	サラネリ（Saranelli, G.）	ウサギ
1900	黄熱ウイルス	リード（Reed, W.）	人
1901	鳥インフルエンザウイルス	チェンタニ（Centanni, E.）	鶏
1902	牛疫ウイルス	ニコル（Nicolle, M.）	牛
	オーエスキーウイルス	オーエスキー（Aujeszky, A.）	豚
	ヒツジ痘ウイルス	ボレル（Borrel, A.）	羊
1903	豚コレラウイルス	ドーセット（Dorset, M.）	豚
	狂犬病ウイルス	レムランジェ（Remlinger, P.）	ウサギ
1904	馬伝染性貧血ウイルス	ヴァレー（Vallet, H.）	馬
1905	イヌジステンパーウイルス	カレ（Carré, H.）	犬
1908	ニワトリ白血病ウイルス	エラーマン（Ellermann, V.）	鶏
1909	ポリオウイルス	ラントシュタイナー（Landsteiner, K.）	サル

図1-9
19世紀終わりから20世紀はじめにかけてのウイルスの発見

イワノフスキーの仮説どおり毒素による病原性であるとしたら、濾過液を水で希釈すれば、希釈するごとに病原性が弱くなり、いずれは失われるはずである。ところが、濾過液を薄めても病原性は変わらなかった。

すると考えられるのは、細菌よりも小さな病原体が濾過液中に存在し、タバコの葉に感染して増殖し、病気を発生させているという仮説である。この実験は1898年に行われた。

同じ年、コッホ門下生のフリードリヒ・レフラー（独：1852-1915）が、動物に感染する口蹄疫の病原体を、同じ濾過器を使って発見していた。そのため、当時はウイルスのことを「濾過性病原体」とも呼んでいた。

なお、光学顕微鏡で見ることのできない感染症の病原体に「ウイルス」の名称を与えたのは、パスツールが最初のようだ。パスツールは1880年ごろから狂犬病の予防についての研究に取り組んでいた。だが、間違いなく病原体による感染症だと考えられていた狂犬病で、感染した犬の脳をどれだけ光学顕微鏡で調べても、細菌は見つからない。そのため、光学顕微鏡では見ることのできない病原体に、「ウイルス」という呼称を与えたと伝えられている。

人に感染するウイルスで最初に発見されたのは、1900年の黄熱ウイルスである。これもやはり濾過器による発見であった。その後、20世紀初めにかけてウイルスの発見は相次いだが（図1-9）、ウイルスは病原体ではなく毒素であるとの主張は根強く残っていた。

その論争に終止符を打ったのが、1939年の電子顕微鏡による天然痘ウイルス粒子の「観察」である。これにより、ウイルスは単なる化学物質としての毒素ではなく、単細胞生物である細菌よりもさらに小さな、細胞を持たない粒子であることが突き止められたのである。

ウイルスはどのように病気を引き起こすのか？

ウイルスそのものは毒素ではない。では、ウイルスの感染を許した宿主は、なぜ病気になってしまうのだろうか――。

多細胞生物の体は、多種・多数の細胞が連携しあって成り立っている。

ヒトの細胞数はおよそ37兆個。それぞれの細胞は単体で、あるいは細胞が集合した臓器として機能を果たしている。また、個々の細胞や臓器は、体内で血液や神経、リンパ腺などを介して複雑なネットワークを形成している。それらは、体外から取り入れた、あるいは体内でつくられた化学物質を媒介にして密接に連携を取り合い、身体全体のバランスを正常に保ち、生命活動を維持している。

ウイルスが宿主に感染すると、そうした細胞や臓器の正常な働きが阻害され、身体全体のバランスが損なわれてしまう。なお「感染」とは、ウイルスや細菌などの病原体が、宿主の細胞内に侵入し、増殖している状態あるいは増殖した後に宿主内に持続的に存在している状態のことを指す。

このとき、ウイルスの侵入を許した細胞は、ウイルスによって殺されることもある。そうなると、その細胞が担っていた機能が失われ、宿主の生命活動のバランスを壊しかねない。細胞が殺されないまでも、その働きに異常が出ると、個体レベルの生命維持活動に支障をきたすこともある。そうして現れてきた症状が病気である。

病気の症状は、異物や外敵を体内から排除しようとする免疫応答によっても引き起こされうる。免疫システムが、ウイルスそのものや、ウイルスに感染した細胞を駆除しようとして、発熱やリンパ節の腫れなどの臨床症状として現れることも多い。

ウイルスの感染経路

もうひとつ、病気を考えるうえで重要なのは、ウイルスがどの細胞に感染するかということである。ウイルスによってどの細胞に感染するかはまちまちで、感染部位で症状が異なってくる。

たとえば、ヒトのインフルエンザウイルスは、咳やくしゃみなどによる飛沫を介して上気道（口や鼻から喉、気管にかけての呼吸器）の粘膜の細胞に感染し、咳や発熱、肺炎などを引き起こす。また、ノロウイルスは食べものや飲みものを介して消化管（食道から胃や小腸・大腸に至る消化器）の細胞に感染し、下痢や嘔吐などの消化器疾患をもたらす。肝炎ウイルスはその名の通り肝臓の細胞に感染して肝炎を引き起こす。

なお、A型肝炎・B型肝炎・C型肝炎は、それぞれ同名のウイルスによって引き起こされる。同じ肝炎を引き起こすウイルスではあるが、これらのウイルスは分類上大きく異なり、感染経路も異なる。A型肝炎ウイルスは食べものや飲みものから感染する経口感染、B型肝炎ウイルスは性行為による感染や母子感染、輸血などによる血液感染が多く、C型肝炎ウイルスは血液感染が主な経路となる（感染経路の詳細は図1-10）。

以上は主に、ウイルスが当初の感染部位にとどまるケースだが、宿主の体内に侵入を果たしたあと、ウイルスが血液やリンパ液、神経を介して他の臓器に移動あるいは感染を広げるケースもある。

たとえば、口唇ヘルペス（水ぶくれ）や性器ヘルペスは、それぞれ主に、顔の皮膚・粘膜細胞と生殖器の細胞に特異的に感染したヘルペスウイルスによって引き起こされる。ふたつのヘルペスウイルスは近縁だがウイルス種としては異なる。これらのウイルスは、感染してしばらくすると神経細胞に移動するのが大きな特徴である。

ヘルペスウイルスは、移動先の神経細胞で活動を停止し、遺伝子を神経細胞の中に潜ませ、宿主の免疫応答が弱まったときに当初の感染部位で症状を再び引き起こす。これを「潜伏感染」という（詳細は81ページ）。また、狂犬病ウイルスは、ウイルス保有個体に咬まれることで感染するが、

代表的な感染症
フィロウイルス感染症（エボラ出血熱、マールブルグ出血熱）、狂犬病、破傷風など
性器ヘルペス、B型肝炎、AIDSなど
虫歯菌
O-157、コレラ、赤痢、腸チフス、ポリオ、A型肝炎、ノロウイルス感染症など
インフルエンザ、風疹など
麻疹（はしか）、水痘（水疱瘡）、結核など
日本脳炎（蚊・日本脳炎ウイルス）、マラリア（蚊・原虫）、ジカ熱（蚊・ジカウイルス）、デング熱（蚊・デングウイルス）など
B型肝炎、C型肝炎など
AIDS、B型肝炎、白血病など

図1-10 ウィルスの感染経路

感染経路	
接触感染（直接感染）	次のものに触れると、主に粘膜や皮膚表面にある傷口から感染：感染者（個体）の体や体液、吐瀉物（排泄物、嘔吐物）／感染者（個体）が触れた媒介物（ドアノブ、調理器具、注射針、歯ブラシ、タオルなど）
性的感染	性行為によって、生殖器の粘膜表面にある傷口から感染。接触感染の一種
唾液感染	キスによって、唾液に生息する病原体が感染。接触感染の一種
経口感染	病原体に汚染された食料（感染動物由来の肉など）や水から口を介して感染
飛沫感染	咳やくしゃみ、発語による唾液の飛沫が空気中に飛び出して感染。「飛沫」は唾液の粒子の直径が5マイクロメートル以上で水分を含んでいるものを指す。水分を含んでいるため重く、1～2メートル程度しか飛ばない
飛沫核感染（空気感染・塵芥感染）	唾液の飛沫に含まれる水分が蒸発して小さく軽くなった粒子により感染。直径5マイクロメートル以下。空気中を2メートル以上浮遊する。また、ほこりに付着した乾燥に強い病原体を吸い込んで感染することもある。感染症対策のうえでは、「飛沫感染」とはリスクが異なるため、区別しておく必要がある
ベクター感染	主に昆虫やダニなどの節足動物が媒介して感染。病原体を持っている節足動物に咬まれることによって感染するケースと、節足動物の体表面に付着した病原体に感染するケースがある。なお、節足動物によって媒介されるウイルスを「アルボウイルス」と呼ぶ。「アルボ（arbo）」は、「節足動物媒介性」を意味する英語「arthropod-borne」の略称である
血液感染・臓器感染	輸血や臓器移植による感染。媒介物である注射針の使い回しがここに分類されることもある（途上国では医療現場でも注射針が使い回されることがある。刺青や覚醒剤の注射針利用なども含まれる）。自然界では通常起こり得ない
母子感染（垂直感染）	母から子への感染。妊娠中の「胎内感染」、出産中の「産道感染」、授乳時の「母乳感染」がある。母子感染以外の感染経路を、「垂直感染」に対して「水平感染」と総称することもある

そこから神経細胞に移動して、神経細胞を伝わって脳まで達して神経症状をもたらす。

これらの特定臓器をターゲットにするウイルスのほか、全身に分布する血管の細胞や複数の臓器に感染するウイルスも存在する。多くの場合、短期間で宿主に致命的なダメージを与えるウイルスだ。

ヒトで感染が広まる感染症は、病原体（ウイルスや細菌など）に感染したヒトや動物（昆虫、ダニなどの節足動物を含む）、病原体で汚染された物や食料、水などが感染源となる。

「感染＝病気」ではない

感染症対策の難しさは、誰が（あるいはどの動物が）感染しているかを見極めるのがしばしば困難なことにも原因がある。これは、ウイルス感染症に限った話ではなく、病原体が細菌や寄生虫などの場合にも共通する話である。

感染者（あるいは感染個体）の特定が難しいのは、主にふたつのケースがある。ひとつは、感染してから病気を発症するまでに潜伏期間があること。もうひとつは、感染しても病気を発症しない「不顕性感染」という状態があることだ。

前者については知っている人が多いだろうが、後者のポイントは見逃されがちだ。感染症対策では、必ずしも「感染＝病気」ではないということを理解しておくことが重要だ。

どちらのケースでも、感染者（あるいは感染個体）が感染に気づかず、他の人（あるいは個体）と接触してウイルスや細菌などを撒き散らしてしまう可能性がある。つまり、潜伏期間中の人と不顕性感染状態の人は、病原体のキャリア（運び屋）になってしまうのだ。それが、感染症の完全な制圧を困難にしている一因だ。

人類は、これまでさまざまな感染症の脅威にさらされてきた。そのなかで、病原体の根絶に成功したのは天然痘だけだ。１９５０年代終わりから、ＷＨＯがその根絶のための施策を積極的に展開した結果、１９７８年に症例が確認されて以来、感染例は報告されていない。最後の確認から2年の経過観察期間を経て、１９８０年にＷＨＯは「天然痘根絶」を宣言した。

天然痘の根絶に成功したひとつの大きな理由として、不顕性感染がほとんどないことが挙げられる。感染すると非常に高い確率で発症し、感染者を特定することができる。その後すぐに感染者を隔離し、接触する可能性のある人にワクチンを接種すれば、感染ルートを遮断することができる。

「不顕性感染」の対義語は「顕性感染」で、病気を発症した状態を指す。ウイルスなどの病原体に感染した人（あるいは個体）が、「顕性感染」になるか「不顕性感染」になるかは、体内に入った病原体の種類や量、個人（個体）による遺伝的性質の違いやそのときの体調など、さまざまな要因によって左右される。生物種による症状の違いも存在し、自然宿主は不顕性感染の状態にあると考えられる。

ただし、「顕性」と「不顕性」の間に明確な線を引くのは難しい。というのも、両者の区別は、本人の自覚あるいは他人の判断によるところが大きいからだ。感染者の体内で何らかの異常をきたしていたとしても、本人も他人も症状に気づかなければ、それは不顕性感染ということになる。

また、症状ではなく感染の状態で分ける見方もある。それは、病原体の体内での存在期間に注目するものだ。

これはまず、大きく「急性感染」と「持続感染」のふたつがある。前者は、感染して一定期間経過後に体内から病原体がいなくなること、後者は、体内に病原体が長く残り続けることを指す。前者のケースで病原体がいなくなるのは、宿主の免疫応答によって病原体が駆逐されるからだ。

症状の有無による「顕性・不顕性」の分類と、期間の長短による「急性・持続」の分類は、それぞれ異なる視点にもとづいており、互いに対立するものではない。「急性感染」は、発症後しばらくすると病原体がいなくなる、すなわち「顕性感染」を前提にしているニュアンスがあるが、「不顕性」で「急性」というものもありうる。だが、「不顕性感染」の状態にある感染者（個体）を、病原体が体内にいる間に見つけることは容易ではなく、どれぐらいの期間、病原体が体内にいるかを突き止めるのは難しい。

さらに、「持続感染」は症状の有無でふたつに分けることができる。

ひとつは、感染後に症状が発生し、その後も体内に病原体が存在し続け、症状も出続ける「慢性感染」である。その典型例は、C型肝炎を引き起こす「C型肝炎ウイルス」だ。このウイルスは肝臓に定着して慢性的な症状の原因となる。

もうひとつは、感染後に症状が発生し、その後も体内に病原体が存在し続けるが、症状としてはいったん収まり不顕性感染の状態になる「潜伏感染」である。この典型例が、口唇ヘルペスや性器ヘルペスを引き起こす「単純ヘルペスウイルス（HSV）」だ。厳密には、口唇と性器で発症するウイルスの型には違いがある。

いずれの型のヘルペスウイルスも、感染後しばらくすると、感染部位から神経細胞に移動して宿主の体内に残り続ける（感染直後は、症状が出る場合と出ない場合がある）。

このときヘルペスウイルスは仮眠のような状態をとり（潜伏）、増殖もしない。宿主の免疫応答が体力低下やストレスによって弱まると、再活性化して増殖を始め症状を引き起こす。潜伏中のヘルペスウイルスは、体内の免疫応答でも薬剤でも排除することができず、一度感染すると宿主が生きている間ずっと体内にとどまり続ける。

寄生体であるウイルスが、なぜ宿主の命を奪うのか

ウイルスは、宿主に依存する寄生体だ。

であるならば、なぜエボラウイルスは、ヒトを高い確率で死に至らしめるのだろうか――。ニワトリに感染した高病原性鳥インフルエンザウイルスもエボラウイルスと同様である。感染により、高い確率でニワトリを殺してしまう。

宿主をすぐに殺してしまうと、ウイルスは「生き残る」ことができない。

もちろん、あらゆる生物にはいつか死が訪れるわけで、感染してから宿主が死ぬまでの間に、次の宿主個体に感染できればよいのだが、そのスパンが短いと次の感染のチャンスが低くなる。つまり、宿主を短期間で殺すのは、ウイルスの「生存」にとって不利に働く。

そもそもの話、ウイルスが「生き残る」ために重要なのは、次の2点である。

ひとつは、ウイルス自身の遺伝子を効率よくコピーし、たくさんの子孫ウイルスを産み出すこと。もうひとつは、ウイルス自身が他の個体に容易に伝播し、子孫ウイルスの生息域を広めることだ。さらに、ウイルスが宿主の免疫応答を適度に逃れることができれば、ウイルスの「生存」にとっては理想的である。

「自然宿主」は、ウイルスがおそらく長い年月をかけ、こうした関係を取り結んできた相手だと考えられる。別の言い方をすれば、そういうウイルスだからこそ、宿主の生態環境の選択圧をくぐり抜けて生き残ってきたわけだ。

現実として、ウイルスと自然宿主は、お互いを傷つけ合わない関係を築き上げているように見える。このような関係を宿主との間で築いたウイルスは、その生物が種として（あるいは集団として）存続し続ける限り、宿主個体内、あるいは宿主集団内に長期間生き続けることができる。さらに言えば、自然宿主となる生物を獲得したウイルスだけが、長きにわたって自然界に生き続けることができるのである。

自然界におけるウイルスの生態を考えるうえで、「宿主域」という重要な概念がある。ある特定のウイルスは、多くの場合、特定の宿主生物にしか感染できない。特定のウイルスは、特定の宿主生物以外に感染するのが難しいことから「宿主の壁」とも呼ぶことができる。

ウイルスを阻む「宿主の壁」

「宿主域」が限定される理由のひとつが「レセプター（受容体）」だ。

ウイルスが宿主動物の細胞に侵入するには、まず、ウイルス表面のタンパク質が、宿主生物の細胞表面にある何らかの分子と結合しなければならない（ウイルスが植物の細胞に侵入するメカニズムはまだよく分かっていない）。この細胞表面の分子を「レセプター」と呼ぶ。

ここで押さえておきたいのは、細胞の表面にはさまざまな分子が存在することだ。同じ生体内でも、臓器や細胞によって細胞表面の分子の数や種類は異なるし、宿主の生物種が違えば、その分子構造はさらに多様になる。

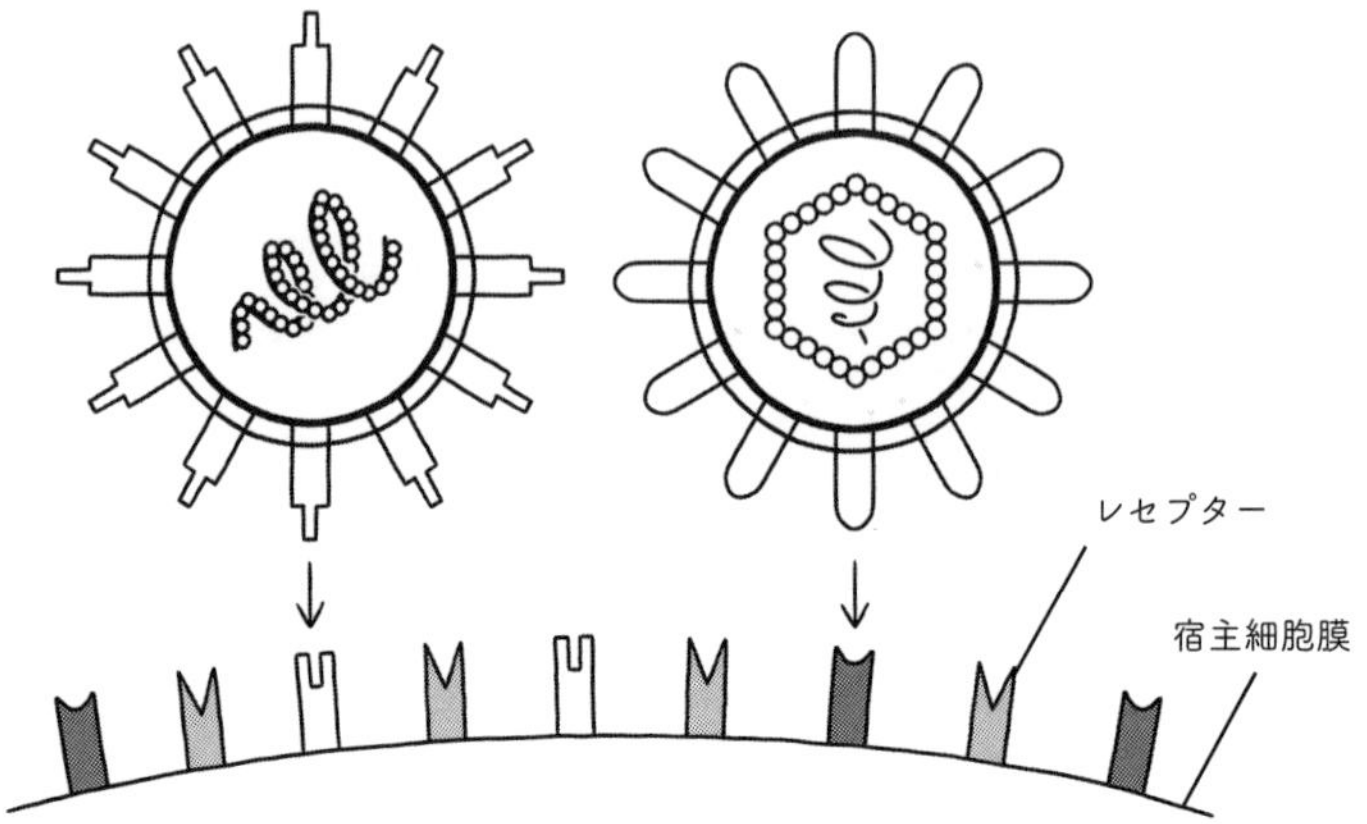

図1-11　ウイルスと結合するレセプターの特異性

このうち、ウイルスがどの分子をレセプターとして認識して結合するかは、ウイルスによってさまざまだ。つまり、ウイルスが結合するレセプターの形や数は、臓器や細胞ごとに、さらには生物種ごとに千差万別なのである（図1-11）。

このような関係は「特異性」と呼ばれ、よく「カギとカギ穴」の関係にたとえられる。ある特定のカギは、それと合致するカギ穴しか解錠できない。同じように、ウイルス表面のタンパク質は、その形状と合致するレセプターとだけ結合し、そういうレセプターを持つ細胞にだけ侵入することができるのだ。

たとえば、インフルエンザウイルスの表面には、「スパイク」と呼ばれるタンパク質の突起構造がある。このスパイクの先端部分が、細胞表面に多数存在する「シアル酸」という分子と結合することで、インフルエンザウイルスの感染が始まる。シアル酸は細胞表面に存在する糖鎖（糖のつらなり）の一部であり、このシアル酸を含んだ糖鎖がレセプターとして機能する。言葉を換えれば、シアル酸を含んだ糖鎖を持たない細胞には、インフルエンザウイルスは感染することができない。これが、ウイルス粒子とレセプターの「特異性」である。

こうしたウイルスとレセプターの関係は、ある特定のウイルスが感染可能な生物を限定する。ウイルスの宿主域は、こうした特異性によって規定されている。

それがいちばん分かりやすいのは、特定の形状をしたレセプターを、特定の生物種しか持たない場合だろう。この場合、そのレセプターと結合するウイルスは、その生物種以外に感染することができない。

ヒトと動物に共通して感染する人獣共通感染症の場合でも、やはり宿主の壁は存在する。たとえば、ヒトに感染するインフルエンザウイルスは鳥には感染しにくく、その逆も然りである。それは、両者が持っている「シアル酸を含んだ糖鎖」の構造に違いがあるからだ。すなわちこの場合も、ウイルスの宿主域は、まずもってレセプターの特異性によって規定されるのである。

それだけではない。宿主の壁は、レセプターの特異性をクリアーしたあとにも存在する。ウイルスは、レセプターと結合して細胞内への侵入を果たせば、それですぐ簡単に増殖できるわけではない。宿主の細胞内でさまざまな相互作用を繰り返す必要がある。具体的には、ウイルスの遺伝子からつくられるすべてのタンパク質は、宿主細胞内の何らかの分子（宿主因子）と結合や解離を繰り返し、ウイルスの増殖反応が進む。

この宿主細胞との相互作用は、前述したウイルスの増殖過程において、入り口から出口までの全ステップで発生する。それを仲立ちする宿主因子も、多くは生物種によって形（分子構造）が異なり、レセプターのときと同様に特異性のようなものが発揮される。そのため、ウイルス増殖のあらゆる段階で宿主の壁が存在するのである。

「宿主の壁」を乗り越えるとき——人獣共通感染症の不思議

ここから話は少し複雑になるが、人獣共通感染症を引き起こすウイルスが、いかにして「宿主の壁」を乗り越え、自然宿主である野生動物からヒトに感染するかを考えてみたい。

あるウイルスが、自然宿主以外の生物と遭遇した場合、ウイルスには生存のための試練が訪れる。新しい生き方の可能性を探るチャンスが与えられたとも言える。

その生物を自然宿主とすることができれば、ウイルスの生存可能性は大きく広がる。だが、それができなければ、新しい宿主でのウイルスの「生命」はそこで尽きてしまう。

一般論として、新しい宿主生物に遭遇したウイルスの振る舞いは、大きく次の3つが考えられる。(b-1)と(b-2)いずれの場合も、新たな宿主生物の体内環境は、ウイルスにとって新たな選択圧になる。新興の人獣共通感染症と認識されているのは、主に(b-1)のケースである。

(a)レセプターを含むさまざまな宿主因子の形状が適合せず、その生物に感染できない(出会ったもののまったく相手にされない)。

(b)偶然にもレセプターや宿主因子の形状が適合し、感染に成功。

(b-1)しかし、宿主生物の免疫システムとの折り合いがつかなかったり、ウイルスの増殖能力を調節できなかったりで、ときに死に至る重い病気を引き起こす(喧嘩別れ)。

(b-2)感染したうえで、宿主生物にそれほど重い病気を引き起こさない(まずはお友達から)。

(a)の場合、感染に失敗したウイルスの「生命」が尽きて話はそれで終わりである(もちろん、もとの自然宿主の体内では変わらず生存し続けているであろう)。そして、自然界で現実に起きているほとんどは、この(a)のケースだと考えられる。これがすなわち「宿主の壁」だ。

(b)が成立するには、まずレセプターの形状が適合する必要があり、それには次のふたつの可能性が考えられる。ひとつは、もともとウイルスが持っていた表面タンパク質(カギ)に合致するレ

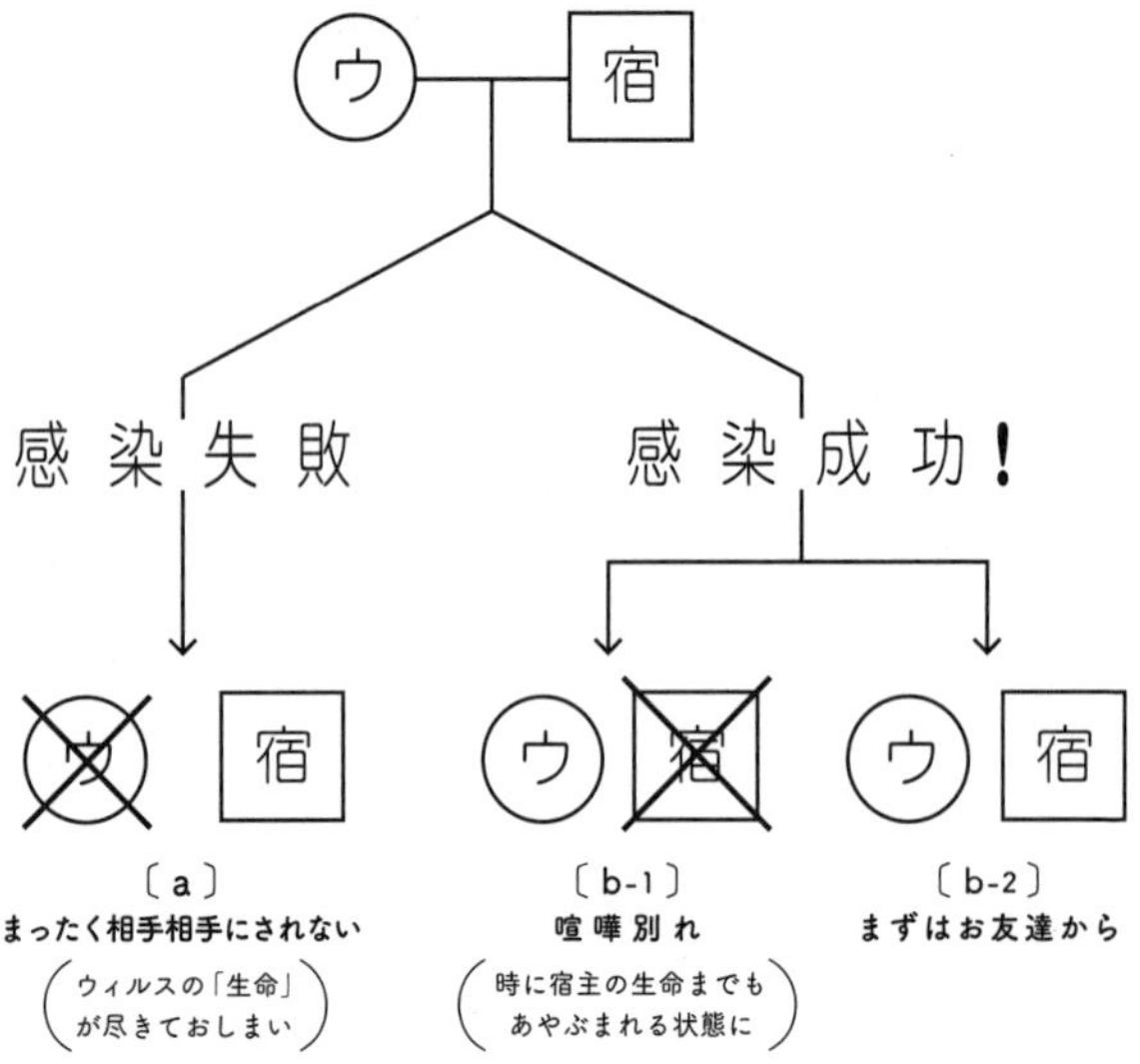

図1-12
ウィルスが新しい宿主に出会ったときの振る舞い

セプター（カギ穴）を、遭遇した生物がたまたま持っていたケースだ。

もうひとつは、ウイルスの変異を伴うパターンである。その生物が持つレセプター（カギ穴）と、たまたま形状が一致するレセプター結合部位（カギ）を持った変異ウイルスが存在したケースだ。なぜそうしたケースが起こるかは、先に触れた「準種（quasispecies）」の概念を思い出してほしい（2章64ページ）。

(b-1)と(b-2)の違いは、こうした「事故」のような偶発的な感染が成立したあとの話である。

(b-1)に相当する代表例が、ヒトを含む霊長類がフィロウイルスに感染し、エボラ出血熱やマールブルグ出血熱を発症したときである。すべての出血熱ウイルスはこのケースに含まれる。(b-2)のケースも、自然界では少なからず起きていると思われるが、症状として顕在化することがない以上、その実態の把握は困難を極める。

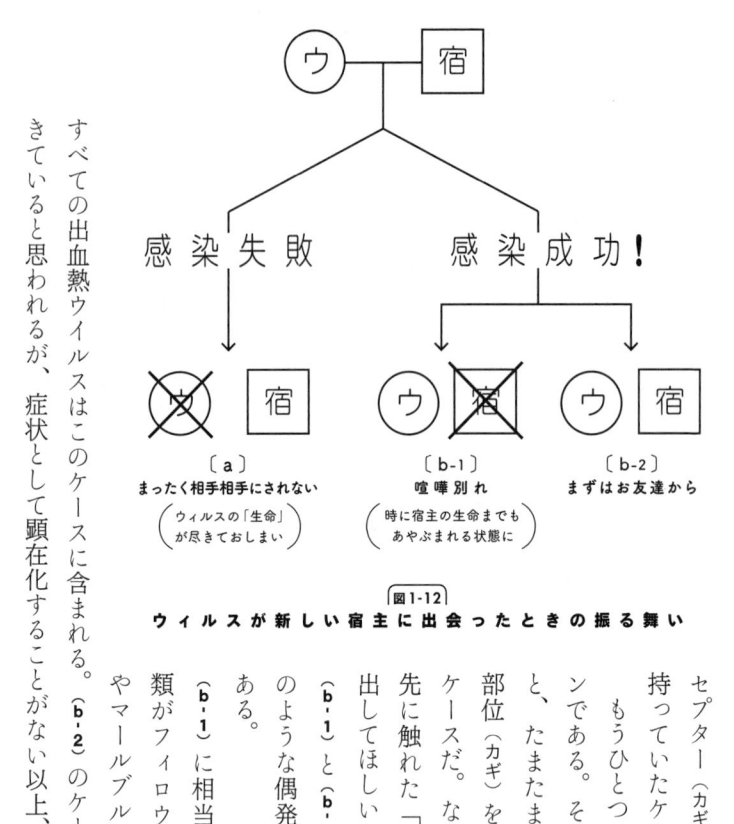

宿主の壁を超える「二重の事故」

ウイルスが新たな宿主と遭遇した際、別な振る舞いを見せることもある。ごく稀ではあるが、(b-2)から(b-1)に移行することもある(お友達から始めたものの、結局は喧嘩別れ)。その代表例が、ニワトリを高い確率で死に至らしめる高病原性鳥インフルエンザウイルスである。

もともとA型インフルエンザウイルスは、カモのような野生水禽(水鳥)を自然宿主としており、鳥に対して広く高い病原性を示すものではない。だが、それがニワトリのような家禽に感染すると、ウイルスの振る舞い(すなわち形質)が次第に変化し、ニワトリに対して病原性を示すことがある。

カモとニワトリは、同じ鳥類ではあっても種は異なり、そこには宿主の壁が存在する。カモの体内環境に適応したウイルスは、ニワトリへの感染に成功しても、ニワトリの間で効率よく増殖することができない。このとき、ニワトリに対して病原性を示すこともなく(b-2のケース)、ウイルスはニワトリにとって少なくとも無害な存在である。

だが、ニワトリは鶏舎で非常に密集して飼われているケースが多い。ウイルスは非効率ながらもニワトリの集団のなかで強引な感染を繰り返すうち、徐々にニワトリの体内環境に適応していく。

ウイルスにとっては、新たに感染したニワトリの体内が選択圧となり、ニワトリの体内環境で効率よく増えられるウイルスが生まれてくる。宿主の体内に存在するウイルスの形質は多様で、「準種」を形成している。そのなかから、宿主の体内環境に適合した変異をたまたま持っていたウイルスが選択され優勢になる。その延長線上に、宿主であるニワトリを殺してまで自身を効率よく増殖させるウイルスが出現してくるのである。

このとき、病原性や致死性の高いウイルスが生まれてくるのも、ウイルスにとってはやはり事故のようなものである。もともとのウイルスが備えていた特性が、新たな宿主のもとで病気を引き起こす原因になったり、「進化」によってウイルスが新たな宿主のもとで病原性を獲得したり……。

「生命体」であるウイルスが、自身の生存を脅かす振る舞いをするのは不合理きわまりない。このウイルスが高い病原性や致死性を示すのは、「新しい宿主への感染」と「急速で強引な進化」という、二重の「事故」による偶然の産物なのである。

ここで注意しておくべきことがある。宿主に不利益をもたらす「邪魔な」存在は、宿主集団からすぐに排除されてしまうだろうが、宿主にとって利益も不利益ももたらさない「必要のない」存在は、必ずしも排除されるとは限らないということだ（カモからニワトリに感染したばかりのインフルエンザウイルスのように）。

さらに言うと、宿主に利益をもたらす「有益な」ウイルスが存在するという見方も研究者の間では広がっている。事実、ウイルスと宿主それぞれが相互に利益をもたらしている「共生関係」を築いたウイルスも見つかっている。先に紹介した哺乳類の胎盤形成に関わる内在性レトロウイルスがその好例だ（2章55ページ）。我々ヒトも、ウイルスの恩恵を受けて生存しているのである。

新たに出現するウイルス感染症

ここ数十年ほどの間に、世界各地で次々と新たな感染症が報告されている。また、人類がその制圧に成功し、過去の感染症と思われていたものが、再び勢いを増しているケースも散見される。前者を「新興感染症」、後者を「再興感染症」と呼ぶ。

この概念は1990年代初めに世界保健機関（WHO）や米国疾病予防管理センター（CDC：Centers for Disease Control and Prevention）によって提唱され、2018年現在、WHOは新興感染症を次のように定義している。

「初めて広まっている感染症、もしくは以前から存在していたが、急速に発生率や発生地域を広げている感染症（An emerging disease is one that has appeared in a population for the first time, or that may have existed previously but is rapidly increasing in incidence or geographic range）」

これは主に、1970年前後に新たに発生した感染症として理解されている。エボラ出血熱やマールブルグ出血熱、鳥インフルエンザウイルスのヒトへの感染、HIVが引き起こすAIDSがその代表例である。主なものの一覧を**図1-13**に記す。図から分かることだが、新興感染症の大半はウイルス性であり、細菌や寄生虫などが引き起こす感染症がそれに次ぐ。

WHOは世界の公衆衛生（public health）を推進し、CDCは米国の健康を守る機関である。その両者が1990年代初めに、感染症に対する警鐘を鳴らしたのには理由がある。その少し前の1980年、WHOは、長いこと人類に脅威をもたらしていた感染症である天然痘の根絶宣言を発表していた。そのため、そのころには「もはや感染症は人類の脅威ではない」との見方が広まっていた。

だが、図にあるように、1976年にエボラ出血熱が発生し、1980年代前半には、AIDSや腸管出血性大腸菌感染症（O-157）などの流行が広がっていた。現に起きている脅威を正しく認識する必要があったのである。

図に挙げたもののうち、ウシ海綿状脳症（BSE）、重症急性呼吸器症候群（SARS）、ニパウイルス感染症、ハンタウイルス肺症候群、ヘンドラウイルス感染症や新型インフルエンザ、エボラ出血熱などは、「人獣共通感染症」である。新興感染症を引き起こす病原体はウイルスによるものが多い。そのほとんどは、自然界の野生動物（自然宿主）に寄生し、宿主を殺すことなく穏やかに存在してきたものである。

これら新興感染症たる人獣共通感染症が、開発途上国と呼ばれる地域で多発しているのは偶然ではないだろう。近年の急激な開発により、これら病原体の自然宿主たる野生動物の生態や行動圏が攪乱されている。それにより、それまでは大きく隔てられていた野生動物と人間社会との接触が増え、偶発的な感染が起こるようになった。そのなかに、ヒトに対して高い病原性や致死性を示す病原体が存在し、それが人類の脅威となっているのだ。

また、新興・再興感染症が近年とみに報告されるようになった要因として、ここ数十年でのウイルス検出技術の格段の発展と簡便化、さらには情報通信技術の発達と普及も指摘しておきたい。同じ病気が従来からも起きていたが、その情報が世界に広く伝えられることもなく、検出技術もなかったために、ただ発見されていなかっただけという可能性も十分にありえる。

新興・再興感染症の脅威が高まっているもうひとつの背景には、人間社会のボーダーレス化とグローバル化の進展が挙げられる。

大勢の人や物が国境を越えて行き交うようになり、旅行者やビジネス・研究での国境を跨いだ移動、食肉や飼料、野生動物やペットの輸出入は増える一方である。感染ルートは多様化し、水際での対策が難しくなっている。発症前の潜伏期間中や、感染しても病気を発症しない「不顕性感染」の場合、感染者や感染動物が大勢の人や動物が集まる場所に行くと、そこで一気に感染が広まる恐れがある。

新興・再興の人獣共通感染症は、もはや世界共通のリスクである。エボラ出血熱のように、流

症の具体例

年代	疾患名	病原体種別	病原体の名称
1986	サイコクロスポーラ症	寄生虫	サイコクロスポーラ
1987	劇症型溶血性レンサ球菌感染症	細菌	レンサ球菌
1988	小児の突発性発疹症	ウイルス	ヒトヘルペスウイルス6型
1989	C型肝炎	ウイルス	C型肝炎ウイルス
1991	ベネズエラ出血熱	ウイルス	ガナリトウイルス
1992	新型コレラ菌O139 TSLS	細菌	ビブリオコレラO-139
	猫ひっかき病	細菌	バルトレラ・ヘンセレ
	日本紅斑熱	リケッチア	リケッチア・ジャポニカ
1993	ハンタウイルス肺症候群	ウイルス	ハンタウイルス
1994	ブラジル出血熱	ウイルス	サビアウイルス
	エイズ患者のカポジ肉腫	ウイルス	ヒトヘルペスウイルス8型
	ヘンドラウイルス感染症	ウイルス	ヘンドラウイルス
1997	H5N1鳥インフルエンザ感染症	ウイルス	鳥インフルエンザウイルス
1998	ニパウイルス感染症	ウイルス	ニパウイルス
1999	メチシリン耐性黄色ブドウ球菌（MRSA）感染症	細菌	MRSA
2002	ノロウイルス感染症	ウイルス	ノロウイルス
2003	重症急性呼吸器症候群（SARS）	ウイルス	SARSウイルス
2006	結核	細菌	結核菌多剤耐性菌（MDR-TB）
2009	新型インフルエンザ（H1N1）	ウイルス	インフルエンザウイルス
	多剤耐性菌	細菌	NDM-1産生菌
2010	重症熱性血小板減少症候群（SFTS）	ウイルス	SFTSウイルス
	アシネトバクター感染症	細菌	シネトバクター属菌
2011	クドア食中毒	寄生虫	クドア・セプティンクタータ
	サルコシスチス病	寄生虫	サルコシスチス・フェアリー
2012	中東呼吸器症候群（MERS）	ウイルス	MERSコロナウイルス

図1-13 新興感染

年代	疾患名	病原体種別	病原体の名称
1945	クリミア・コンゴ出血熱	ウイルス	クリミア・コンゴ出血熱ウイルス
1950	クールー	タンパク質	プリオン
1955	E型肝炎	ウイルス	E型肝炎ウイルス（HEV）
1961	MRSA（メチシリン耐性黄色ブドウ球菌）感染症	細菌	MRSA
1965	クラミジア肺炎	細菌	肺炎クラミジア
1967	マールブルグ出血熱	ウイルス	マールブルグウイルス
	ペニシリン耐性肺炎球菌（PRSP）感染症	細菌	PRSP
1969	ラッサ出血熱	ウイルス	ラッサウイルス
	B型肝炎	ウイルス	B型肝炎ウイルス
1973	A型肝炎	ウイルス	A型肝炎ウイルス
	ウイルス性下痢炎 or 小児下痢症	ウイルス	ロタウイルス
1976	エボラ出血熱	ウイルス	エボラウイルス
	レジオネラ症（肺炎）	細菌	レジオネラ菌
	急性・慢性下痢症	寄生虫	クリプトスポリジウム
1977	腸炎・下痢症	細菌	カンピロバクター・ジェジュニ
1978	腎症候性出血熱	ウイルス	ハンタウイルス
1980	成人T細胞白血病（HTLV-1）	ウイルス	ヒトT細胞白血病ウイルス
1982	腸管出血性大腸炎	細菌	大腸菌O-157:H7
	ライム病	細菌	ライム病ボレリア
1983	E型肝炎	ウイルス	E型肝炎ウイルス
	ヒト後天性免疫不全症（HIV-1）	ウイルス	ヒト免疫不全ウイルス
	ヘルペスウイルス疾患	ウイルス	ヘルペスウイルス
	ヒトパルボウイルス感染症（伝染性紅斑：リンゴ病）	ウイルス	ヒトパルボウイルス
	消化性潰瘍	細菌	ヘリコバクター・ピロリ
1986	バンコマイシン耐性腸球菌（VRE）感染症	細菌	VRE
	ウシ海綿状脳症（BSE）	タンパク質	プリオン

行多発地帯が開発途上国であるとしても、日本をはじめとする先進諸国に飛び火する危険度はますます高まっている。

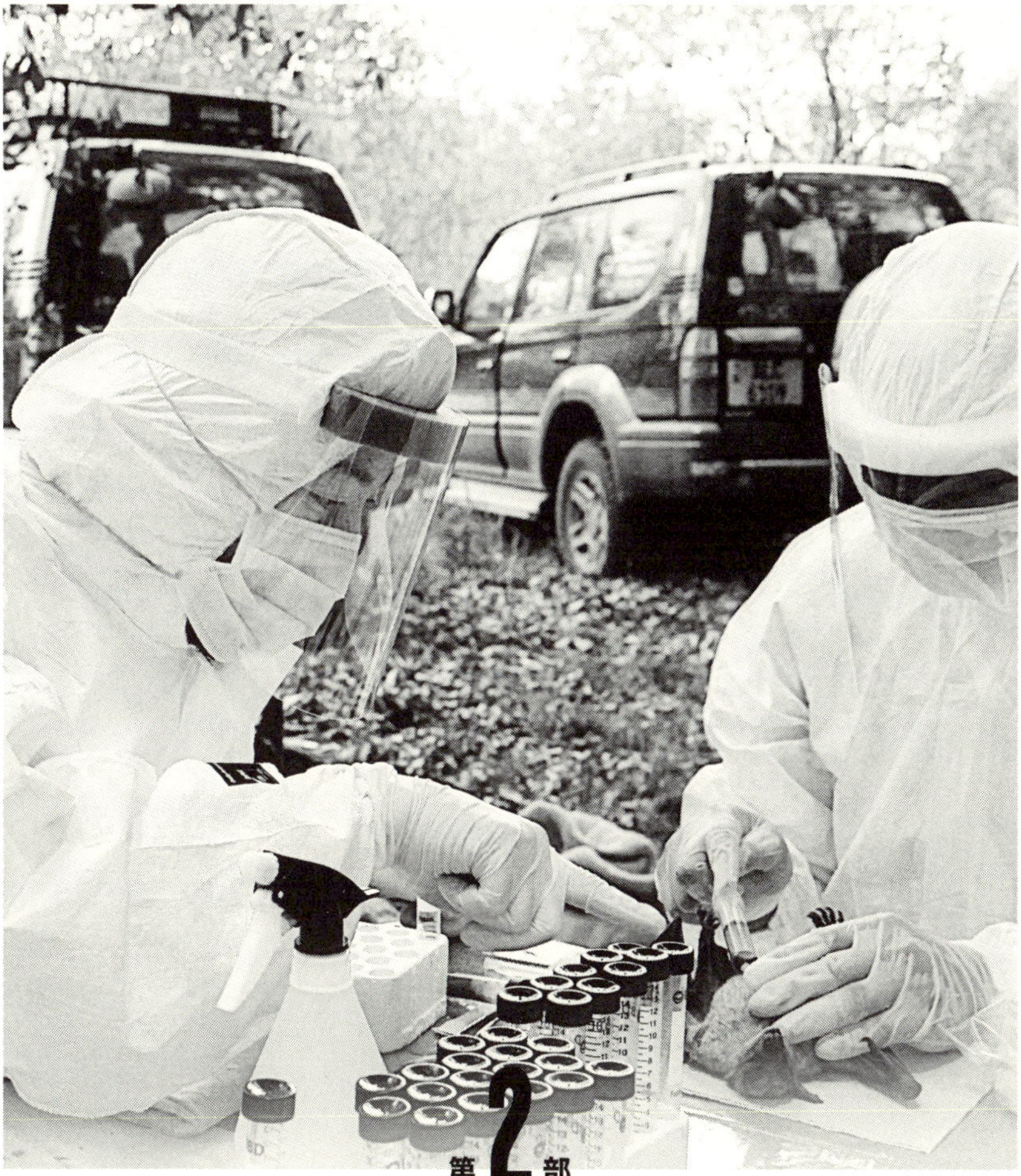

第2部

人類はいかにして
エボラウイルスの脅威と
向き合うか

4章 史上最悪のアウトブレイクのさなかに

静かな第一報――2014年　西アフリカ

――原因不明のウイルス性出血熱：ギニア（ンゼレコレ）

私がその第一報に触れたのは、2014年3月20日、感染症に関するニュースを定期的に配信するメーリングリストでのことだ。

書かれていたのは、ざっとこんな内容だ。

西アフリカの国・ギニア南東部の森林地帯ンゼレコレで、出血熱のアウトブレイク（突発的な流行）が起き、少なくとも35人が感染、23人が命を落とした。現地の保健行政当局の発表では、症状は高熱を伴う下痢や嘔吐、時に比較的重度の出血が見られたという。ラッサ熱やコレラが疑われたが、コレラ菌は検出されなかった（ラッサ熱もウイルスが引き起こす出血熱の一種である）。そのためウイルス性の出血熱と推定され、病原体の確定診断のため、フランスとセネガルにサンプル（検体）が送られ（セネガルもギニアもかつてのフランス植民地である）、検査が行われている。

この時点で、それがまさかエボラ出血熱史上最悪のアウトブレイクの発端になるとは、おそらく専門家の誰も想像できなかったことだろう。

ギニアでは、過去にエボラ出血熱が報告されたことはない。そもそも、この西アフリカ地域一帯が、エボラ出血熱多発地帯の中央アフリカからかなり離れている。過去にはギニアの東隣のコートジボワールでわずか1例の感染が報告されたのみである（1994年／タイフォレスト種）。また、当地はコレラやさまざまなウイルス感染症の多発地帯だ。そのため、当初はコレラやラッサ熱が疑われたわけだ。

さらにアフリカでは、病原体が明らかにされていない感染症が、人知れず蔓延している可能性がかねてから強く指摘されている。そのためこのときは、多くの専門家が、ラッサ熱やその他のウイルスによる感染症だと思っていたに違いない。私もそのひとりである。

だが、この数日後には、この出血熱がエボラウイルス（ザイール種）によるものであることが判明し、3月23日には、WHO（世界保健機関）がアウトブレイク発生を発表した。この時点で感染者は49人、犠牲者は29人になっていた。

その後は、数日おきに送られてくるメーリングリストの情報をこまめに見ていた。毎回のようにエボラ出血熱の続報が届き、そのたびに感染者や犠牲者の数が増えている。さらには、3月下旬の時点で早々に、感染がギニアの国境を越え、リベリアやシエラレオネにも広がっていると報じられていた。

この様子では、いったいいつ収束へ向かうのだろうか――。

事態の推移を注視していたが、5月に入ったころから大学の雑務で忙しくなり、しばらく情報を追いかけられなくなってしまった。仕事が少し落ち着いて、再び感染状況を確認したのは7月初め。このとき見た6月30日時点での3ヶ国の累計発生例は759例、うち467例が死亡と（いずれも疑い例を含む）、既に過去最悪の規模にまで感染が拡大していた。

その後も、感染の勢いが弱まる気配はない。7月半ば過ぎには感染者数が1000例を超え、8月初めには、支援のために現地入りしていた米国人2人の感染と本国送還が報じられた。これにより、感染が西アフリカ一帯にとどまらず、世界に広がりパンデミック（世界的大流行）になるのではとの不安が、メディアを通じて大きく広がっていった。

事態を重く見たWHOは、8月8日に緊急事態を宣言し、未承認の医薬品やワクチンの使用を認める声明を12日に続けて発表した。それにより、日本で（あるいは日本人の）感染者が出た場合には、私が研究開発に取り組んでいた医薬品候補や、私がかつて開発した技術を応用して開発されたワクチン候補なども、患者や医療従事者に対して投与される可能性が浮上した。その話はまた後ほど詳しく触れたい。

図2-1　ギニア・リベリア・シエラレオネのエボラ出血熱感染者数の推移

単位：人

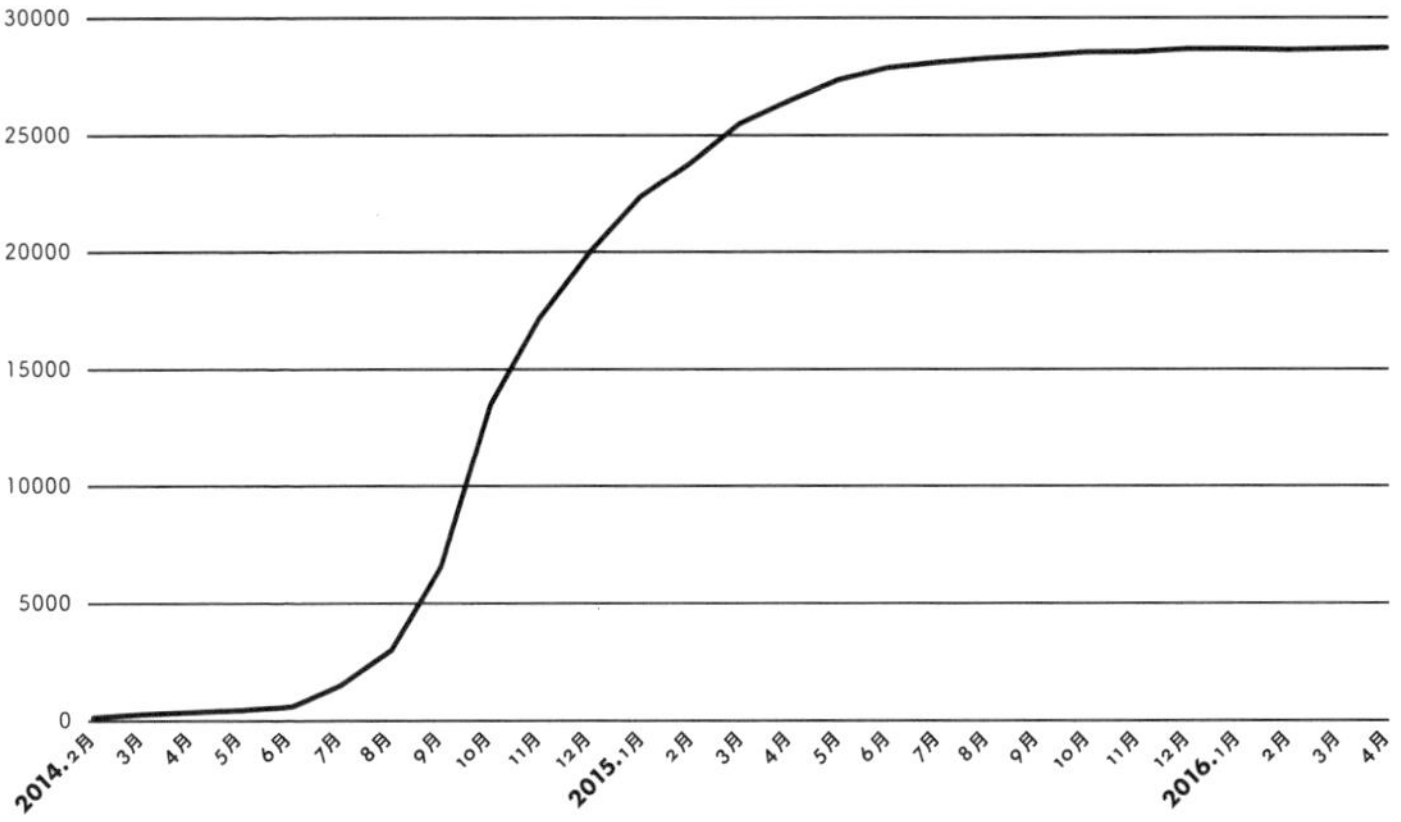

薬がないがゆえの悲劇

だがここまでは、史上最悪のアウトブレイクの序章に過ぎなかった。WHOの宣言や声明、国際機関や各国から派遣された医師たちの懸命の努力にもかかわらず、2014年8月半ば以降、ギニア・リベリア・シエラレオネの3ヶ国で、感染者数は爆発的に増えていった（図2-1）。

私はもどかしさや悔しさが入り混じる複雑な心境で、事態の推移を見守っていた。

何より大きく感じた歯がゆさは、この時点で20年近くエボラウイルスの研究を続けてきた自分が、薬を提供できていないということにあった。エボラ出血熱には、当時もいまも（2018年時点）、承認された治療薬もなければワクチンもない。治療薬やワクチンがあれば、ここまで感染が広がり、犠牲者が増えることはなかったに違いない。

しかも私の場合、薬剤の候補を見つけ、サルで一定の効果を確認していただけに、胸に去来する思いは複雑だった。

あと数歩、研究を前に進められていれば、日に日に増える感染者や犠牲者のうち、何人かの命は救えていたかもしれない……。そう思うと、悔しさが自然と募ってきた。

ただ、薬剤の候補を見つけるのと、それを実際に投与可能な薬にするのとでは、その間に大きなハードルがあるのは事実だ。

一般的に言って、薬をつくるのには膨大な時間とコストがかかる。マウスやサルなど、動物モデルで安全性と有効性が確認された薬剤候補を、今度はヒトで確かめていく。それには、患者さんに協力してもらい臨床試験を進めていかなければならない。臨床試験は数年単位の時間がかかるうえ、安全性や有効性の面でクリアすべき多くのチェック項目がある。それらの基準を満たさなければ、長年積み重ねてきた研究開発がお蔵入りになってしまう。つまり、創薬というのはきわめて大きな経営リスクを伴うのである。

しかも、エボラウイルスやマールブルグウイルスによるフィロウイルス感染症は、アフリカでときおり突発的に起こる病気である。いつ、どこで発生するか分からない病気に対しては、臨床試験の計画を立てること自体が難しい。ただでさえリスクが大きい創薬ビジネスのなかでも、フィロウイルス感染症は特に手を出しづらい領域なのである。製薬会社が開発に二の足を踏んだ事情もよく分かる。

報道では、現地の患者が、病院に行くことを拒んでいるという話も見聞きした。なかには、「病院に行くと殺される」という声もあったそうだ。「殺される」は誤解によるものだとしても、現地の人たちが病院に行くのを拒みたくなる気持ちもっともと言えるだろう。

薬もワクチンもないでは、病院に運ばれても治療の施しようがない。病院でできることと言えば、2次感染を防ぐために患者を徹底して隔離することと、患者が高熱や脱水の症状を示したときに対症療法を施すぐらいである。しかもエボラウイルスは致死性が高く、感染はすなわち「死」を連想させる。病院に行くことは、患者やその家族・親族、友人たちからしてみれば、死ににに行くようなものなのである。

ましてや現地には、看病や最期の看取り、埋葬を家族や親族、友人・知人たちが行う風習があると聞く。同じ死を迎えるなら、家族や親族、親しい人たちに見守られていたいだろうし、看取る側も息を引き取る間際を見届けたいと思うのが、人の気持ちというものだ。エボラウイルスに感染し、病院に運び込まれてしまうと、そのささやかな望みすらもかなわない。家族や親族もいない隔離された病室で、ひとりで死を待ち受ける恐怖や孤独はいかほどだろうか。

このときほど、薬や治療法の必要性を痛感したことはない。たとえ100%の治療効果はないとしても、せめて致死率を半減させ、助かる可能性を少なからず高める治療の手立てがなければ、患者は病院に行こうとさえ思わなくなってしまう。患者やその家族・親族のためにも、患者と接する医療従事者たちのためにも、薬や治療法は絶対に必要なのである。それを1日も早くつくり出すことが、エボラウイルスの研究に携わる者の使命であろう。

現地派遣の打診を受けたものの……

その間に、ライバルに一歩先を越された悔しさも味わった。

8月初めにエボラウイルスに感染した米国人ふたりに、私たちのライバル研究グループが開発した未承認薬（商品名：ZMapp）が投与された。8月12日のWHOの声明を受けて、未承認ながらの投与である。この薬は、私たちの薬と同じコンセプトで開発されたものである。

「ZMapp」を投与されたふたりの米国人は、その後容態が回復へ向かった。ただ、それがこの薬の効果によるものなのかは判然としない。患者の命を救うため、この薬以外にも治療効果を期待できるあらゆる治療の手が施されたため、何によって回復したかが分からないのだ。

施した治療法のどれかが効いたのかもしれないし、それらの複合効果で回復に向かったのかもしれない。あるいは、エボラウイルスとて致死率100%というわけではないから、患者自身の免疫反応で治癒したのかもしれない。8月半ばごろには、ZMappの投与を受けながらも命を落

とした ケースも報告された。

そういう事情は分かっていても、サルでの効果の実証では一歩先んじていただけに、ヒトでの実用化に向けて先を越された悔しさは紛れもなくあった。

なお、日本では、エボラウイルスへの感染が疑われる例が複数報告されたが、診断の結果はすべて陰性だった。日本で陽性反応が出た場合は、私たちが開発中の薬が特別に使用される可能性もありえた。

薬で貢献できないのなら、エボラウイルスの専門家のひとりとして、せめて現地に足を運びたいと思っていたが、それすらもかなわなかった。

感染が拡大を続ける過程で、WHOが日本の外務省・厚生労働省と連携し、日本人の専門家を現地に派遣する「WHOミッション」という事業が立ち上がった。私も「WHO派遣専門家候補者名簿」に登録した。実家の母から母子手帳を取り寄せ（よくぞ取っておいてくれた）、幼児期の接種歴も確認して、西アフリカ渡航に必要なワクチン数種類の接種もした。

具体的な派遣の打診が来たのは2014年10月のこと。この時点で、6名の専門家が現地に派遣されていた。打診された派遣期間は、前後の準備期間も含めて3ヶ月程度だった。私のスケジュールは既にかなり詰まっていたが、キャンセル可能なものをリストアップし、年内で2ヶ所、それぞれ数週間ずつ渡航可能であること、年明けのスケジュール確保も可能であることを回答した。

だがその後、私の派遣が具体化することはなかった。数週間程度というスケジュールが、要請に対して短すぎると判断されたのだろう。現実問題として、当時の職務状況では（それは現在も同様である）、通常業務から3ヶ月離れられる余裕は皆無に等しい。史上最悪のアウトブレイクが起きているただなかに、エボラウイルスの研究者でありながら、現地に行くことさえできない――。その現実に、ただただ歯がゆさを感じていた。

現地に行けば、専門家のひとりとしてできることはあるはずだと感じていた。自分が感染するリスクはあっても、そこに足を運ぶのが専門家の責任だとも思っていた。その後の薬剤や治療法・診断法の研究開発のためにも、アウトブレイクの現場をこの目で見ておきたいとも思っていた。それさえかなわず、私は遠く離れた地から、手をこまねいて事態を眺めているしかなかった。

渦中のアフリカ大陸へ――2014年　アフリカ・ザンビア

話は少し戻るが、WHOの緊急事態宣言が出て間もない2014年8月上旬、私は同じアフリカ大陸の国、ザンビアに飛んだ。プロローグで紹介した北大とザンビア大学獣医学部との共同研究プロジェクトが、枠組みや目的を発展させていまも継続している。2006年以降、年に数回はザンビアを訪ねており、このときもプロジェクトでもともと予定していた訪問だった。

ザンビアに滞在中、現地ではWHOの緊急事態宣言を受け、エボラウイルス対策の動きがあった。ザンビア国内でエボラウイルスの感染が疑われる患者が出た場合、診断体制を確立する必要性をザンビア政府が強く認識し、私たちの共同研究プロジェクトを診断拠点にしたいとの緊急要請が出されたのだ。

2006年末から7年半以上にわたり、現地ではさまざまな研究を展開してきた。エボラウイルスの自然宿主探しはその主要な研究のひとつである。そのほか、アフリカ地域における未知の病原体を探索したり、人獣共通感染症のアウトブレイクを未然に防ぐため、野生動物の病原体分布状況を調査したりしている。

そのために、必要な装置や施設の整備も着々と進めてきた。ウイルスの遺伝子診断を下すための装置や、感染力や病原性の高い危険な病原体を取り扱うための実験室（ラボ）などである。

エボラウイルスを取り扱うには、最高レベルの安全性が要求される実験室が必要だ。だが、私たちのプロジェクトの予算ではそこまで賄うことはできず、その次に安全性の高い実験室をザンビア大学の一画に導入してあった。

そういう意味では、私たちがエボラウイルスを扱ううえで必要十分な設備を持っていたわけではない。だが、エボラウイルスに対する知見を備えた研究チームは、ザンビア国内には私たちしかいない。つまり、ザンビア国内でエボラウイルスの確定診断を担えるとしたら、私たちをおいてほかにはいない。そのためには、現有の設備で最善を尽くす以外に選択肢はなかった。

エボラ出血熱がザンビアで発生した場合に備え、防護服についてのレクチャーをした。だが、いまいち緊迫感がなかった

もとより、エボラウイルスは感染・発症した際の致死性は高くとも、ウイルスの伝播力はさほど高くはない。現有の施設下でも防護措置を適切にとり、ウイルスを慎重に取り扱えば、安全性は確保できる。診断にあたるスタッフに感染するリスクは限りなく低減できるし、施設からウイルスが漏れるリスクも限りなくゼロに近づけることができる。

診断体制確立に向けた準備を慌ただしく進めるなか、そうしたエボラウイルスの特性や、感染を防ぐ防護服の取り扱いなどについて、現地で作業を担当することになる10名程度のスタッフたちに説明会も開いた（写真）。

だが、同じアフリカ大陸での出来事ではあっても、遠く離れた西アフリカでのアウトブレイクは彼ら彼女らにとって対岸の火事なのか、スタッフたちに緊張の色はあまり見られない。むしろ、エボラウイルスを必要以上に恐れる必要はないのだが、彼ら彼女らの反応には拍子抜けさせられた。

初めて見る防護服を面白がっているようでさえあった。たしかに、

108

持ち込まれた感染疑いサンプル

そして、「Xデー」は早くも8月10日に訪れた。エボラウイルスに感染した疑いのある患者の血液が持ち込まれてきたのだ。

情報によれば、患者は普段、アウトブレイクが起きているシエラレオネの鉱山で働いており、ザンビアに一時帰国しているさなかに発熱した。娘さんにも発熱が見られるとのこと。その患者が、エボラウイルス感染者と直接接触したことを示す形跡はないようだが、「鉱山」というのも気がかりだ。洞窟に棲むコウモリから、エボラウイルスと近縁のマールブルグウイルスに感染した例もある。

患者宅を訪問して診察した医師の話では、具合は悪そうだがエボラ出血熱らしき症状は見られなかったようだ。だが、ザンビア国内にエボラウイルス感染患者の診断経験のある医師はいない。感染症の広がりを防ぐには、最初の患者を迅速に見つけ、適切な封じ込め措置をとることが肝要だ。患者が本当にエボラウイルスに感染しているのだとすると、すぐに然るべき措置をとらなければならない。だが、誤った判断を下せば、社会に無用な混乱をもたらしかねない。慎重に慎重を期し、持ち込まれたサンプルの遺伝子診断を行った。結果は陰性だった。

その後、現在（2018年時点）に至るまで、私たちのラボには21例の疑いサンプルが持ち込まれている。幸い、いずれも陰性である。

ザンビアから北海道に戻ると、ふたつのニュースが私のもとに届けられた。ひとつは9月半ばのニュースで、ザンビアの隣国コンゴ民主共和国で、エボラ出血熱のアウトブレイクが起きたとのこと（ザイール種だが、西アフリカとは異なる株）。西アフリカのアウトブレイクの裏でさほど注目はされなかったが、66名が感染し49名が亡くなった（致死率74％）。ザンビアでのプロジェクトが2006年末に始まってからも、コンゴ民主共和国ではたびたびアウトブレイクが起きている。このときはザンビアで疑い患者の1件があった直後だっただけに、現地スタッフたちは大きな緊迫感に包まれたようだ。

もうひとつのニュースは、10月に入って私の研究室のなかから届けられた。薬剤開発の遅れを取り戻す大きな発見を、博士課程の大学院生が中心になって成し遂げてくれた。その詳細は、7章で触れたい。

何が史上最悪のアウトブレイクを引き起こしたのか

日本に戻ってからも、アウトブレイクの勢いは凄まじいままだった。感染拡大のペースは収まるどころか早まってさえいる。ペースがやや落ち着きを見せ始めたのは2015年に入ってのこと。その後もその年の11月過ぎまで、新たな感染者が報告され続けた。WHOが終息宣言を出したのは、シエラレオネで2015年11月、ギニアが同年12月、リベリアは2016年1月のことである。第一報からおよそ2年近く、エボラ出血熱は猛威を振るい続けたことになる。その間に2万8000人以上が感染（疑い患者含む）、1万1000人以上が亡くなった。

このときの流行では、なぜここまで感染が拡大してしまったのだろうか。端的に言えば、エボラ出血熱であることの確定診断が遅れたことが原因だろう。その間に感染者が都市部に到達し、誰もエボラ出血熱だとは知らずに対処し（治療や葬儀など）、そこから感染が爆発的に広がっていったようだ。

後の調査によれば、最初の患者は、ギニア南東部のンゼレコレ地方の村で、2013年12月に亡くなった2歳の男児と見られている。高熱と嘔吐、出血を伴う便が症状として見られ、発症から4日後に亡くなった。その後、母親、姉、祖母が同様の症状で次々と死亡。同地では、葬儀に参列する人々が遺体を清めたり別れを惜しんで触れたりする風習がある。おそらくそれが原因で感染が村内に広がり、感染者の移動に伴って近隣の村々へもウイルスが運ばれたと考えられている。

その背景には、アフリカの医療事情も確実に存在する。都市部から離れた村落には、設備の整った医療機関が存在しない。家族や親族、宗教関係者が看病や看取りや埋葬を行うのは、そうせざるを得ないという事情もあるはずだ。また、物資や知識の不足から、注射器や注射針の使い回しも行われていると聞く。それによって感染が広がったケースもあると推測される。

さらに、感染発生地となった村はリベリアやシエラレオネとの国境に近く、周辺では国境を越えた人の移動が日常的になされていたようだ。それにより、感染症が隣国リベリアやシエラレオネにも広がっていった可能性が高い。

ギニア政府当局が、ンゼレコレ一帯での感染症発生に気づいたのは、翌2014年1月下旬のことと報告されている。先にも触れたように、当地はコレラの多発地帯でもある。そのためコレラが疑われ、すぐに調査が行われたが、それを示す証拠は見つからなかった。その後は調査が進まず、エボラウイルスによる感染症と判明するまでに2ヶ月近くが経過した。その間にも、ウイルスは人から人へ感染を続けていたと推測される。

エボラ出血熱という「死に至る病」

ここで、「エボラ出血熱」とは何かを押さえておこう。

エボラ出血熱は、その名の通り、エボラウイルスによって引き起こされる感染症である。その症状は、突然の発熱・頭痛・筋肉痛・喉の痛み・全身倦怠感などから始まる。これらはこの病気に特有な症状ではなく、インフルエンザやマラリアなどと区別がつかない。そのため、感染初期の臨床所見だけで診断を下すのはきわめて困難である。

その後、症状が進行すると、嘔吐・下痢・発疹などが起き、肝臓・腎臓の機能が低下する。さらに重症化すると、全身の皮下や粘膜から出血が始まり、多臓器不全やショックにより死に至る。発症した場合の致死率は、ウイルス種によっても異なるが、過去のアウトブレイクで高いものでは50～90％に及ぶ。

エボラウイルスによる感染症は、発見当初からエボラ出血熱と呼ばれていたが、発症時に必ずしも出血を伴うわけではないことから、近年は「エボラウイルス病（Ebola Virus Disease）」と表記されることもある。

「マールブルグ出血熱」（マールブルグ熱あるいはマールブルグ病）も、エボラ出血熱と同様の症状を示す。こちらも発症した際の致死率はときに90％に迫る。病原体はマールブルグウイルスである。

プロローグでも触れたように、エボラウイルスとマールブルグウイルスは同じ「フィロウイルス科（*Filoviridae*）」というファミリーに属し、エボラ出血熱とマールブルグ出血熱は、「フィロウイルス感染症」とも総称される。どちらの感染症も、ヒトだけでなく霊長類（哺乳綱サル目）に広く感染し、ヒトと同様の症状を引き起こす。

フィロウイルスの感染経路は、主に接触感染（直接感染）である。感染したヒトまたは動物の血液や排泄物、嘔吐物などに接触すると、その中に含まれるウイルスが、粘膜や傷口から侵入して感染が始まる。

そのため、フィロウイルスに感染するリスクがもっとも高いのは、医療従事者だ。医師や看護師は、診断や治療の過程で患者の体液（血液や唾液など）や排泄物、嘔吐物などに触れることがある。それらが粘膜を介して感染するリスクがあるほか、皮膚の表面には肉眼では見えない小さな傷が各所にあり、手袋や防護服などを身に着けていなければ、そうした傷からウイルスが血管に侵入することがある。

また、咳やくしゃみ、発語による唾液の「飛沫」によっても、フィロウイルスの感染が起こりうるとの報告がなされている。「飛沫感染」は「空気感染」とは異なる。フィロウイルスでは「空気感染」は確認されていない（3章76-77ページ）。

フィロウイルスの自然宿主探しのため、コウモリの捕獲を2006年から毎年続けていることはプロローグで触れた通りだ。捕獲したコウモリを麻酔で眠らせ、注射針で採血をする。この作業は、捕獲から解剖に至るまでの一連の作業のなかで、もっとも集中力を必要とする。

目の前のコウモリの体内にウイルスがいたとしたら、当然、心臓に突き刺した注射針にはウイルスが付着していることになる。それを誤って自分の体や他の作業者に刺してしまえば、その傷からウイルスが侵入する。

また、麻酔の効きが浅いコウモリが、採血の途中に目を覚ますこともある。そのとき噛みつかれたり爪で引っかかれたりしたら、そこからウイルスに感染する可能性もある。もちろんそうならないよう、革の手袋を装着するなど、万全の注意は払っているが、緊張を強いられる作業であることに変わりはない。

フィロウイルスは、免疫システムを狙い撃つ

宿主の体内に侵入したフィロウイルスは、「樹状細胞」や「マクロファージ」と呼ばれる白血球の一種を最初の標的とする。

これらの細胞は、免疫システムのなかで重要な役割を果たしている。それがウイルス感染によって機能障害あるいは異常反応を起こすと、宿主の免疫システムが正常に働かなくなってしまう。それが、フィロウイルスが高い病原性を示す要因と考えられている。

免疫とは、体内に侵入してきた異物（主にウイルスや細菌などの病原体）から生体を守る仕組みだ。それには大きく「自然免疫系」と「獲得免疫系」のふたつの段階がある（図2-2）。

前者の自然免疫系は、異物の侵入を察知して素早く発動し、異物が何であれ非特異的に撃退を試みると共に、後者の獲得免疫系の応答を誘導する。樹状細胞やマクロファージは、自然免疫系の主要な細胞である。

後者の獲得免疫系は、一度遭遇した異物のことを記憶して、その後の感染の際にはその異物に

ターゲットを絞って（特異的に）強力に攻撃する。

その攻撃方法のひとつが、白血球の一種である「B細胞」が大量に産生する「抗体」と呼ばれるタンパク質だ。この抗体が異物と結合し、異物の無害化を試みる。いわば、抗体は異物を攻撃するための武器である。なお、抗体が結合する異物を「抗原」と呼び、抗体と抗原が反応することを「抗原抗体反応」という。

つくられた抗体は、かなり長期にわたり体内に残る。抗体が過去の感染の証拠になるのはそのためである。ただ、異物（抗原）が細胞内に侵入してしまうと、抗体による攻撃はできなくなる。その場合は、これも白血球の一種である「細胞傷害性T細胞（キラーT細胞とも）」が細胞もろとも攻撃にかかる。

なお、「B細胞」や「T細胞」のアルファベットは、それらが生成される部位に由来する。「B細胞」は哺乳類の場合は骨髄（bone marrow）で、「T細胞」は胸腺（thymus）で成熟するため、その頭文字が細胞名になっている。

自然免疫系と獲得免疫系の橋渡しとして、異物が異物であることを、すなわち抗原が抗原であることを示すのが、樹状細胞やマクロファージである。そのためこれらの細胞は、「抗原提示細胞」と呼ばれる。

フィロウイルスは、この抗原提示細胞を最初の標的とし、その機能を阻害する。宿主の免疫システムが正常に働かなくなるのは、そのためである。

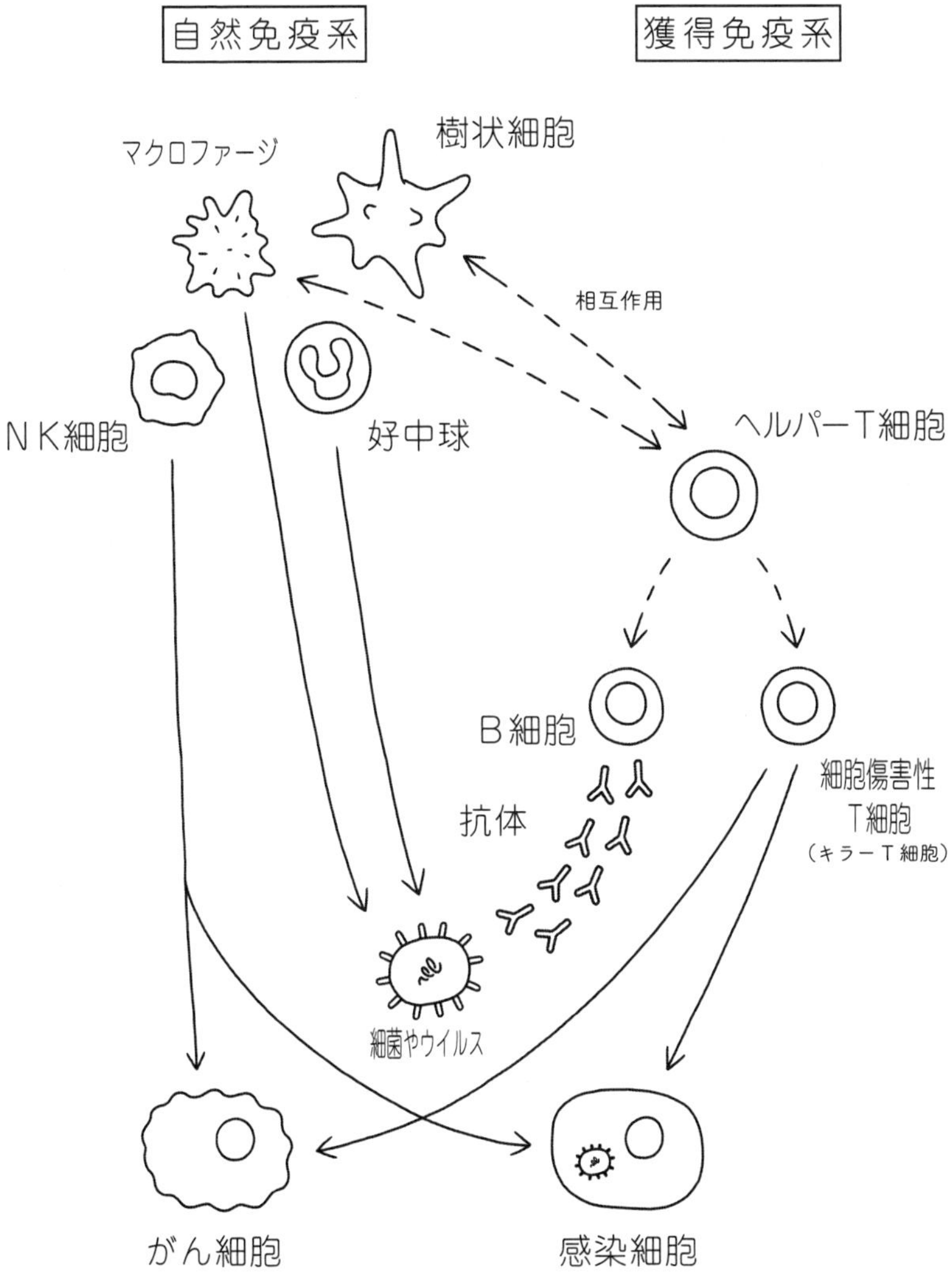

細菌やウイルスなどの外敵から身を守るため、生体には自然免疫系と獲得免疫系のふたつの防衛機構が備わっている。

図2-2　自然免疫系と獲得免疫系

感染がさらに進むと、フィロウイルスは全身臓器の「血管内皮細胞」や、臓器のなかで実質的な役割を担う「実質細胞」にも感染するようになる。それが、出血を伴う臓器の機能低下や異常を来たし、多臓器不全を引き起こしていると考えられている。

フィロウイルス発見史

いまのところ（2018年時点）フィロウイルス科のほとんどのウイルスは、「エボラウイルス属（*Ebolavirus*）」と「マールブルグウイルス属（*Marburgvirus*）」のふたつのグループに分けられる。前者には5つの異なるウイルス種が、後者には「マールブルグウイルス種（*Marburg marburgvirus*）」1種が分類されている（それぞれの感染症発生例を図2-3にまとめた）。

また、位置づけがやや特殊だが、「クエヴァウイルス属（*Cuevavirus*）」という属もあり、「ヨヴュ種（*Lloviu cuevavirus*）」1種が分類されている。ヨヴュ種は、ウイルス本体が分離されたことはなく、見つかったのは遺伝子だけだ。ヒトへの感染例も報告されていない。

エボラウイルス属のうち、ヒトに対する病原性が確認されているのは「ザイール種（*Zaire ebolavirus*）」、「スーダン種（*Sudan ebolavirus*）」、「ブンディブギョ種（*Bundibugyo ebolavirus*）」、「タイフォレスト種（*Taï Forest ebolavirus*）」の4種である。

このうちザイール種は、発症した場合の致死率がときに90％近くにもなり、もっとも病原性が高い。西アフリカで史上最悪のアウトブレイクを引き起こしたのも、ザイール種である。「レストン種（*Reston ebolavirus*）」は、ヒトへの感染が確認されたことはあるが発症例はない（すなわち不顕性感染だった）。

フィロウイルスのなかで、最初に病原体が確認されたのはマールブルグウイルスだ。1967年、旧西ドイツ（現・ドイツ）のマールブルグとフランクフルト、旧ユーゴスラビア（現・セルビア）のベオグラードの3都市で31人が出血熱症状を発症し、そのうち7人が死亡した。

感染源は、アフリカ・ウガンダから輸入された医学感染実験用のアフリカミドリザル。最初の感染者は、アフリカミドリザルを輸入したマールブルグのワクチン製造企業の研究員である。サルの組織に直接触れたことによって感染した。その後は、最初の患者と接触した家族や医療従事者に感染が広がった。ウイルスの名は、都市名からつけられた。

エボラ出血熱の最初の発症報告は、1976年のほぼ同じ時期に、ザイール（現・コンゴ民主共和国）とスーダン（現・南スーダン共和国）でなされた。両国で致死率の高い出血熱の流行が発生し、当初はマールブルグウイルスによる出血熱が疑われたものの、粒子の形は同じだが異なるウイルスによるものであることが明らかとなった。このウイルスが、ザイールの流行発生地近くを流れる「エボラ川」に由来して、「エボラウイルス」と命名された。

感染症の発生　（2018年7月まで）

属	種	発生年	発生国（国名は発生時）	感染患者数（死亡者数）
マールブルグウイルス属	マールブルグウイルス種 *Marburg marburgvirus*	1967	西ドイツ、ユーゴスラビア	31 (7)
		1975	南アフリカ	3 (1) a
		1980	ケニア	2 (1)
		1987	ケニア	1 (1)
		1998-2000	ザイール	154 (12)
		2004-2005	アンゴラ	252 (227)
		2007	ウガンダ	2 (2)
		2008	アメリカ	1 (0) b
		2008	オランダ	1 (1) b
		2012	ウガンダ	12 (8)

a) ジンバブエから南アフリカに到着後発症。看護師にも感染。
b) ウガンダの Queen Elizabeth National Park の洞窟で感染し、帰国後発症したとみられる。アメリカの症例は発症時には原因不明であったが、回復後にマールブルグウイルスによる感染が確認されたもの。
c) ガボンで感染患者の治療を行った医療関係者が南アフリカで発症。看護師にも感染。
d) 研究室で針刺し事故で感染。
e) 発症したのはサルのみ。
f) 発症したのはサルのみ。感染したサルを取り扱った関係者（無症状）に血中抗体の上昇が認められた。
g) 豚生殖器・呼吸器症候群のブタから分離されたが、レストンエボラウイルスの感染と疾病との因果関係は不明。感染したブタと接触した関係者（無症状）にウイルスに対する抗体が検出された。

旧ザイールと旧スーダンで見つかったウイルスは、当初は同じ「エボラウイルス」として括られ、「ザイール株」や「スーダン株」などと呼ばれていた。だが、遺伝子配列などに違いが見られることから、異なるウイルス種に分類することが1998年に提案された。それが2000年の国際ウイルス分類委員会（ICTV）で採択され、ザイール種とスーダン種がウイルス種として登録された。

このとき、1989年に米国・レストン（バージニア州）で見つかっていたウイルスと、1994年にアフリカ・コートジボワールで見つかっていたウイルスも、それぞれ「レストン種」と「コートジボワール種」として登録された。

コートジボワール種は後に、ウイルスが発見された地名にちなんで「タイフォレスト種」へと名称が変更された。

図2-3 フィロウイルスによる

属	種	発生年	発生国（国名は発生時）	感染患者数（死亡者数）
エボラウイルス属	ザイール種 *Zaire ebolavirus*	1976	ザイール	318 (280)
		1977	ザイール	1 (1)
		1994	ガボン	52 (31)
		1995	ザイール	315 (254)
		1996	ガボン	37 (21)
		1996-1997	ガボン	60 (45)
		1996	南アフリカ	2 (1) c
		2001-2002	ガボン、コンゴ共和国	122 (96)
		2002-2003	コンゴ共和国	178 (158)
		2005	コンゴ共和国	12 (9)
		2007	コンゴ民主共和国	264 (187)
		2008-2009	コンゴ民主共和国	32 (15)
		2014-2016	ギニア共和国	3811 (2543)
		2014-2016	リベリア共和国	10675 (4809)
		2014-2016	シエラレオネ共和国	14124 (3956)
		2014	ナイジェリア	20 (8)
		2014	マリ	8 (6)
		2014	セネガル	1 (0)
		2014	アメリカ	4 (1)
		2014	イギリス	1 (0)
		2014	スペイン	1 (0)
		2014	コンゴ民主共和国	66 (49)
		2015	イタリア	1 (0)
		2017	コンゴ民主共和国	8 (4)
		2018	コンゴ民主共和国	38 (29)
	スーダン種 *Sudan ebolavirus*	1976	スーダン	284 (151)
		1976	イギリス	1 (0) d
		1979	スーダン	34 (22)
		2000-2001	ウガンダ	425 (224)
		2004	スーダン	17 (7)
		2011	ウガンダ	1 (1)
		2012	ウガンダA	24 (17)
		2012	ウガンダB	7 (4)
	タイフォレスト種 *Taï Forest ebolavirus*	1994	コートジボワール	1 (0)
	ブンディブギョ種 *Bundibugyo ebolavirus*	2007-2008	ウガンダ	149 (37)
		2012	コンゴ民主共和国	62 (34)
	レストン種 *Reston ebolavirus*	1989	アメリカ	0 (0) e
		1990	アメリカ	4 (0) f
		1989-1990	フィリピン	3 (0) f
		1992	イタリア	0 (0) e
		1996	アメリカ、フィリピン	0 (0) e
		2008	フィリピン	6 (0) g

「ブンディブギョ種」と「ヨヴュ種」(クエヴァウイルス属)は、2000年の分類変更以降に発見された新種である。前者のブンディブギョ種の名称は、2007年から2008年にかけてウガンダ共和国でアウトブレイクが発生した際の流行地に由来する。ブンディブギョは、コンゴ民主共和国と国境を接している。

ヨヴュ種の遺伝子は、2002年にスペインのヨヴュ洞窟で発見された大量の食虫コウモリの死骸から検出された。その遺伝子解析の結果が論文で発表されたのは2011年のことだ。遺伝子配列がフィロウイルス科の特徴を有するも、エボラウイルス属ともマールブルグウイルス属とも異なる配列上の特徴が見られたことから、新たな属・新たな種として提案・採択され、現在は属および種として正式に認められている。

このヨヴュ種の分類に関しては、私もかなり深く関わっている。そのころから、国際ウイルス分類委員会のフィロウイルスワーキンググループのメンバーとなっており、ヨヴュ種の分類に関する議論に加わった。

分類に際してネックになったのは、やはりウイルス本体が分離されていないことだった。遺伝子配列にフィロウイルス科の特徴があるといっても、それだけで本当に分類を決めてしまってよいものかどうか。

そこで、私たちは発見された遺伝子からウイルスのタンパク質を発現させ、ウイルスの形や感染様式などの特徴を調べてみることにした。といっても、ウイルスそのものを遺伝子からつくり出したわけではない。ウイルスを構成しているタンパク質の一部を発現させたのだ。

そのころ既に、フィロウイルスに特徴的な、紐状の形を決めるタンパク質は突き止められていた（フィロウイルスの構造やタンパク質についての詳細は5章141-145ページ）。この「VP40」と呼ばれるタンパク質を発現させると、新種のウイルスはたしかに紐状の粒子を形成した。また、細胞への感染で重要な役割を果たす「GP」と呼ばれるタンパク質を発現させてみると、これもエボラウイルスやマールブルグウイルスと同じような働きをして、両者と同じような細胞に感染することなどが分かった。

なお、ヨヴュ種はヨーロッパの野生動物から初めてフィロウイルス（の遺伝子）が見つかった事例である。このことは、フィロウイルスがアフリカ大陸だけではなく、世界中に潜在している可能性を強く示唆している。

5章 研究の突破口

20年に及ぶエボラウイルス研究の始まり

――1996年 米国・テネシー州メンフィス

私がエボラと関わり始めたのは、20年ほど前のことだ。それには、ちょっとした運命のいたずらがある。

1996年3月、北海道大学大学院獣医学研究科（微生物学教室）で博士号（獣医学）を取得し、6月に海を渡って米国の土を踏んだ。私は27歳だった。研究者を目指していた私は、当然海外での研究経験を積むべきと考え、帰る計画も立てず片道切符で日本を発った。とにかく、どんな研究でも迷わず取り組むつもりだった。

籍を置いたのは、テネシー州メンフィスにあるセント・ジュード小児研究病院（St. Jude Children's Research Hospital、以下セント・ジュード）。その名が示す通り、小児の疾病の臨床と研究に取り組む病院組織だが、小児の疾病に限らず医科学研究全般に力を入れている。当時、インフルエンザ研究の世界的第一人者であるロバート・G・ウェブスター博士や免疫の研究でノーベル賞を受賞したピーター・C・ドハーティ博士が在籍していた。

私は、そこでラボを構える河岡義裕准教授（当時）のもと、ポスドク（博士研究員）として採用された。河岡先生は、北大時代の微生物学教室の大先輩、同じ喜田先生門下の兄弟子である。主にインフルエンザウイルスの研究に取り組まれていた。

現地に赴任するにあたり、河岡先生からはあることを告げられていた。ボルナウイルスという、1980年代に研究が米国で本格化し、人獣共通感染症病原体として注目されていたウイルスの研究に新たに取り組むつもりであること。私にはそのウイルスの実験を任せたいということだった。だが、その狙いはあえなく外れた。

当時の実験技術では、分離されたウイルス自体か、もしくは抽出された遺伝子が物理的に手元にあることが、ウイルスの研究を始めるための絶対条件だった（実験技術や情報科学が格段に高度になったいまではその限りではない）。だが河岡先生のもとには、ウイルスも遺伝子もなかった。どこかの研究室からいずれかを（あるいは両方を）譲り受ける必要があり、そのための依頼の手紙を何通も書いたが、ウイルスも遺伝子も手に入れることができなかった。

赴任早々手持ち無沙汰になりそうだったある日、河岡先生は私にこんな言葉を投げかけてきた。

「髙田くん、新しい研究テーマに、これなんか面白いんじゃないか？」

そう言って私に見せたのは『ホット・ゾーン』（リチャード・プレストン著、高見浩訳、飛鳥新社）という1冊の本だ。エボラ出血熱についてのノンフィクション作品である。1995年7月に米国で出版され、同じ年に日本語にも翻訳された。

『ホット・ゾーン』の最大の見所は、アフリカ大陸でしか発見されていなかったエボラウイルスが、1989年にアフリカ以外の地ではじめて発見され、関係者が恐怖におののきながらも、文字通り命を懸けてその制圧に挑んだ様子を克明に描いていることにある。

エボラウイルスが見つかったのは、米国・レストン（バージニア州）にある「モンキー・ハウス」と呼ばれる施設だ。医学感染実験用に海外から輸入したサルが感染症にかかっていないことを確認する検疫施設である。

そこで、フィリピンから輸入されたカニクイザルが次々と死に絶えていく事件が起きた。サルたちが示す症状はエボラ出血熱に酷似していた。加えて、米国陸軍の研究所による調査の結果、ウイルスの形と遺伝子が、1976年に当時のザイールとスーダンで発見されたエボラウイルスに非常によく似ていた。

米国は、施設外にウイルスが広がることを防ぐべく、軍と米国疾病管理予防センター（CDC）が連携して制圧に臨んだ。CDCは、米国における感染症対策の総合研究拠点であり、米国を感染症や生物兵器から守るための、ある種の軍のような組織だ。

このとき、感染したサルと接触した4名の関係者の血液中で、抗体価の上昇が確認された。抗体価の上昇は、病原体への感染を意味する。制圧に臨む関係者にも戦慄が走ったが、幸いにも発症せず、ヒトでの犠牲者はひとりも出なかった。

このときのウイルスこそ、後に「レストン種（*Reston ebolavirus*）」と呼ばれるエボラウイルスだ。また、エボラウイルスに感染していたサルが、フィリピンから輸入されたことも「大きな事件」だった。エボラウイルスがアフリカ大陸だけでなく、アジアにも広く存在していることを示唆することになったからだ。

私は、この本をきっかけにエボラウイルスの研究を始めることになった。

話は脇に逸れるが、メンフィスの河岡先生のオフィスは一見してかなり乱雑に散らかっていた。机の上や棚は言うに及ばず、床にも書類が敷き詰められている。聞くと、「フロアファイリングだよ」との返答。机の上によく目をこらすと、「A messy desk is a sign of genius.（乱雑な机は天才のしるし）」と書かれた石の置物があった。

その姿に影響を受けたのか、いまの私の北大のオフィスも、フロアファイリングまではいかないものの、机や棚には膨大な資料が山と積み上がっている。傍からは無秩序に散らかっているようにしか見えないようだが、当の本人は、どこに何があるかをきちんと分かっているつもりである。

研究を始めた直後の幸運と困難

1995年は、エボラウイルスに世間の注目が集まった年だ。『ホット・ゾーン』の刊行直前、エボラ出血熱を連想させる高致死性ウイルスの恐怖を描いた映画『アウトブレイク』が公開され（米国は3月公開・日本は4月公開）、私も北大の微生物学教室のメンバーと一緒に観に行った。

当時の私は、後にエボラの研究をすることになるなどまるで想像もしていない。その直後の5月には、コンゴ民主共和国（旧・ザイール）でエボラ出血熱が猛威を振るっていた。このとき感染が確認されたのは315人、そのうち250人が死亡した。致死率は8割に迫る。

河岡先生がエボラウイルスに関心を示した理由は、世間の注目度の高さだけではなかった。科学的な観点からも、エボラウイルスは実に興味深いウイルスだった。

「エボラと高病原性鳥インフルエンザ、症状が似ていると思わないかい？　どちらもウイルスが全身で増殖し、内臓や体の各所で出血が起こる。鳥インフルエンザの危険性に馴染みがない人には、『鳥エボラ』とでも説明した方がピンと来るんじゃないかな」

たしかに両者の症状には類似点がある。ニワトリを高い確率で死に至らしめる「高病原性鳥インフルエンザ」でも、エボラ同様、血管内皮細胞での増殖性や全身性の出血傾向が見られる。

私自身も、エボラウイルスへの興味を掻き立てられた。私は、北大の学生時代から鳥インフルエンザの研究に関わってきた。その強みを活かすことができるかもしれない。また、エボラはその致死性の高さから、誰もが簡単に扱えるウイルスではない。そのため研究者の数が限られており、発症メカニズムも、ほとんど何も解明されていなかった。

感染すると、どのような症状が出るかは分かっていた。だが、なぜそうした症状が引き起こされるかは謎に包まれていた。遺伝子の配列は解読されていたものの、遺伝子が実際にどういう機能を発現させ、ウイルスが細胞内でどのように増え、どのように宿主にダメージを与えるのかは、ほぼ手付かずの状態だった。

この未知なるウイルスの増殖メカニズムや生態を明らかにし、ワクチンや治療薬をつくってみたい――。

日本にいたのでは接することの出来ない研究テーマを自分自身の手で立ち上げ、誰も知らないメカニズムを明らかにしていく。そのことに、言いしれぬ期待と興奮を覚えた。前途に広がる可能性に、私の血は大いに沸き立った。我ながら不思議なほど、エボラウイルスへの恐怖はなかった。

エボラウイルスの研究を始めた私には、幸運と困難とが待ち受けていた。

幸運とは、エボラウイルスの遺伝子の一部を河岡先生がすぐに手に入れてくれたことである。

紛れもなく、幸先のいいスタートである。

提供主はCDC、提供された遺伝子は、『ホット・ゾーン』で描かれたレストンでの格闘から分離された遺伝子の一部だった。

一方、私が直面した困難とは、エボラウイルスそのものを手に入れられなかったことだ。というよりも、手に入れられる環境がなかったことだ。

ウイルスや細菌のような病原体を扱う研究は、どこでも誰でも簡単にできるわけではない。WHOが、病原体の感染力や病原性の強さ、治療法の有無などによって病原体の危険性をレベル分けし、それぞれのレベルごとに、扱う施設の安全性基準を定めている（各国はWHOの指針を参考に、国ごとの事情や感染症の流行状況などを考慮して、国内法で病原体の危険度を分類し、それらを扱える施設の基準を定めている）。

それを「生物学的封じ込めレベル（Biosafety Level：BSL）」と呼び、**図2−4**のように低いものから順にレベル1〜4まで定められている（レベ

通常、ヒトや動物に重篤な疾病を起こし、感染した個体から他の個体に、直接または間接に容易に伝播されうる病原体。通常、有効な治療法や予防法が利用できない

通常、ヒトや動物に重篤な疾病を起こし、通常の条件下では感染は個体から他の個体への拡散は起こらない病原体。有効な治療法や予防法が利用できる

ヒトや動物に疾患を起こす可能性はあるが、実験室職員、地域社会、家畜、環境等にとって重大な災害となる可能性のない病原体。実験室内で曝露は、重篤な感染を起こす可能性はあるが、有効な治療法、予防法が利用でき、感染が拡散するリスクは限られる

ヒトや動物に疾患を起こす可能性のない微生物

ル4が最高基準である）。なお、日本では、「BSL」の代わりに「Physical Containment（物理的封じ込め）」を意味する「P」の略称が使われ、「P3」「P4」のように呼ばれることもある。

　エボラウイルスのように、病原性が非常に高く、ワクチンも薬も存在しないウイルスを扱うには、もっとも厳しい安全性基準「レベル4」を満たした施設でなければならない（それはどの国でも同じであり、そのためにエボラの研究者の数が限られていた）。つまり、エボラウイルスそのものを使って研究するには、「BSL4」の施設が必要になる。

　だが、セント・ジュードにあったのはBSL3の設備で、BSL4の施設はなかった。

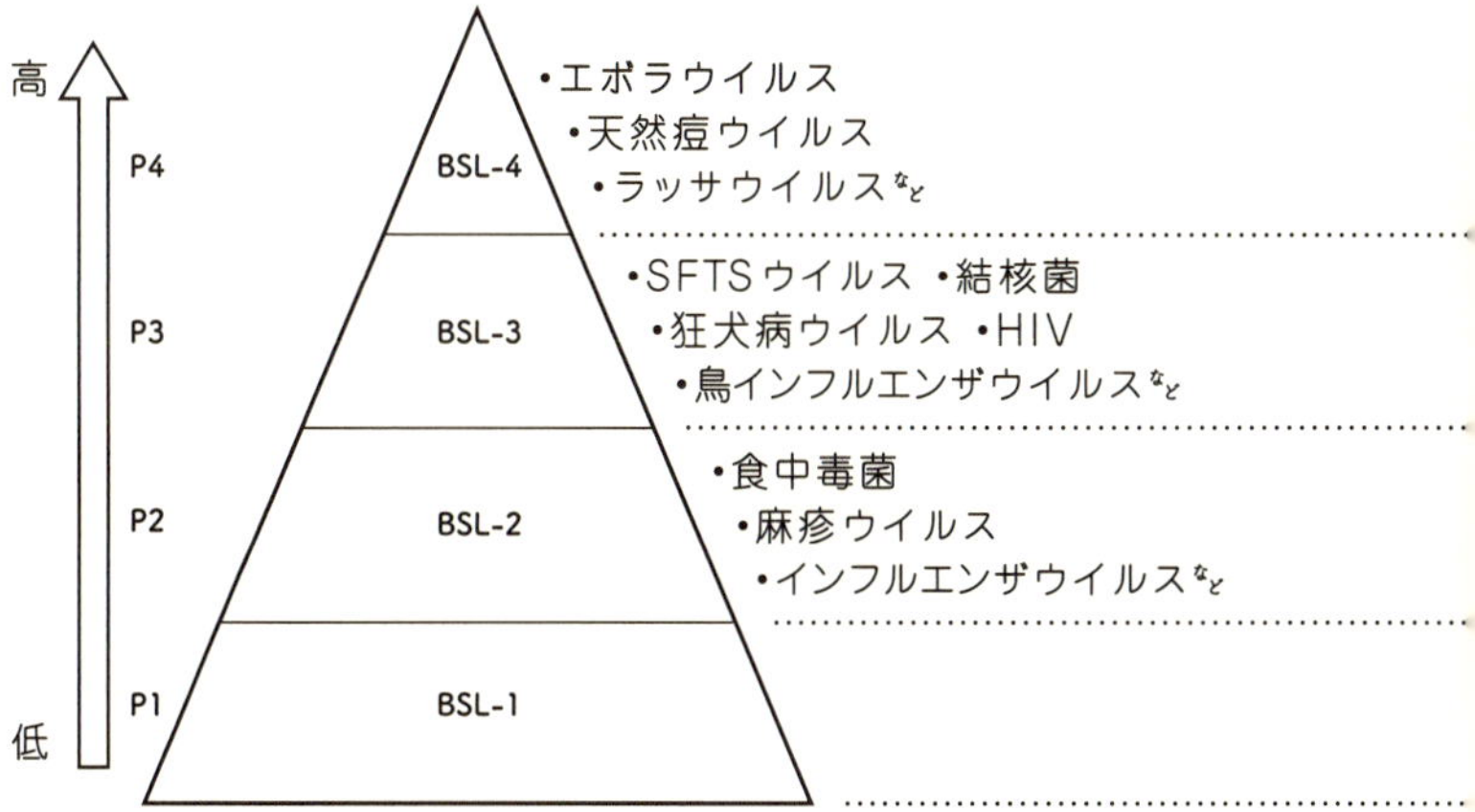

図2-4　バイオセーフティレベルの分類

遺伝子断片を手がかりに

エボラウイルスは、エンベロープウイルスである。遺伝子を守るカプシドの外側に、宿主細胞の膜に由来するエンベロープを持つ。

ここで、エンベロープウイルスが細胞に感染して増殖するプロセスを思い出してほしい（1章38-41ページ）。

ウイルスは、細胞表面のレセプター（受容体）に結合し（吸着）、そこから細胞内への侵入が始まる。その後、自身のエンベロープと宿主の細胞膜が融合（膜融合）し、エンベロープに包まれていたカプシドやウイルスの遺伝子、さらにその複製に必要なウイルスタンパク質が、細胞内に送り込まれる（脱殻）。すると、細胞内でウイルス遺伝子がコピーされると同時にウイルスタンパク質がつくられ（複製・転写）、ウイルスの部品（遺伝子とタンパク質）が集まって細胞外に出て行く（出芽）。

この一連のプロセスのなかで、吸着と膜融合の段階を担うのが、エンベロープ表面にある「スパイク」と呼ばれる糖タンパク質（glycoprotein）GPだ。エボラウイルスのエンベロープ表面には、1種類の糖タンパク質が存在する。河岡先生がCDCから提供を受けたのは、この表面糖タンパク質GP（図2-5）をコードする遺伝子だった。当時、吸着と膜融合の詳細なメカニズムは、ま

GP

図2-5　エボラウイルスのエンベロープ表面のGP

だ解明されていなかった。

　この遺伝子を手に入れた私は、その働きを見るために遺伝子を発現させ、糖タンパク質GPをつくり出すことを試みた。

　シャーレで人工的に培養していたヒトの細胞の中に遺伝子を入れ、細胞にエボラウイルスの糖タンパク質GPをつくらせる（ウイルス遺伝子の一部しかないため、ウイルス粒子そのものがつくられることはない。そのため、BSL4施設がなくとも実験ができる）。こうした遺伝子工学の技術は、1996年当時でも十分に確立されていた。

　そして、発現してきたGPが、培養細胞にどのような影響を与えるかをつぶさに調べた。私のエボラウイルス研究は、GPの機能解析から始まったのである。

133

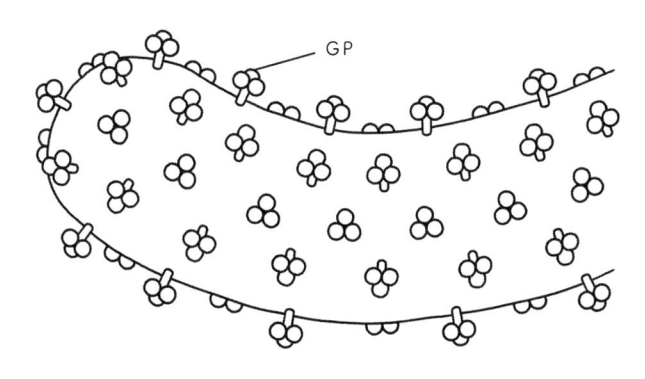

「偽エボラ」が切り拓いた道

ＣＤＣから遺伝子が提供されたおかげで、私はエボラウイルスの研究に着手することができた。だが、遺伝子断片しか手元にない以上、できることには限りがあった。

とはいえ、この状況を言い訳にしたくはない。いまある設備と条件で、インパクトのある成果を残したい――。

そのための方法を模索した結果、ある研究手法を開発することに成功した。その手法とは、端的に言うと、「偽エボラウイルス」をつくり出すことである。それにより、エボラウイルスが細胞内に侵入する過程を擬似的に再現し、そのプロセスを観察できるようになった。

それが、研究上のブレイクスルーにつながっていった。困難があったゆえに、道を切り拓くことができたと言えるのかもしれない。

私たちにとって幸運だったのは、セント・ジュード小児研究病院に近接するテネシー大学医学部に、最先端の遺伝子工学技術を駆使して「遺伝子組み換えウイルス」をつくる第一線の研究者がいたことだ。

この、「リバースジェネティクス」と呼ばれる技術を使えば、ウイルス遺伝子に人為的に変異を導入し、それを細胞に発現させてウイルス粒子を人工的につくり出すことができる。遺伝子の変異を入れることにより、形態や病原性、増殖能などがどのように変わるかを調べる手法だ。

エボラウイルス　　　　　　　　　　　　　シュードタイプウイルス

図2-6　エボラウイルスとシュードタイプウイルス

この技術は、DNAウイルスやプラス鎖RNAウイルスでは比較的早期に確立されたが、マイナス鎖RNAウイルスへの応用には技術面でのハードルがあった。1996年当時はそのハードルが克服されたばかりで、テネシー大学がその最先端を走っていた。

テネシー大学医学部が確立したのは、エンベロープを持つマイナス鎖RNAウイルスの「水疱性口炎ウイルス（VSV）」に変異を導入する方法である。この水疱性口炎ウイルスは、動物に感染するウイルスとしてよく研究されていた。

水疱性口炎ウイルスとエボラウイルスは、同じマイナス鎖RNAウイルスだけあって、構造に似ているところがある。私たちはそこに着目した。リバースジェネティクスの手法でつくり出された「遺伝子組み換え水疱性口炎ウイルス」のウイルス粒子の表面に、エボラウイルスの糖タンパク質GPをまとわせることを試み、それがうまくいった（図2-6）。

135

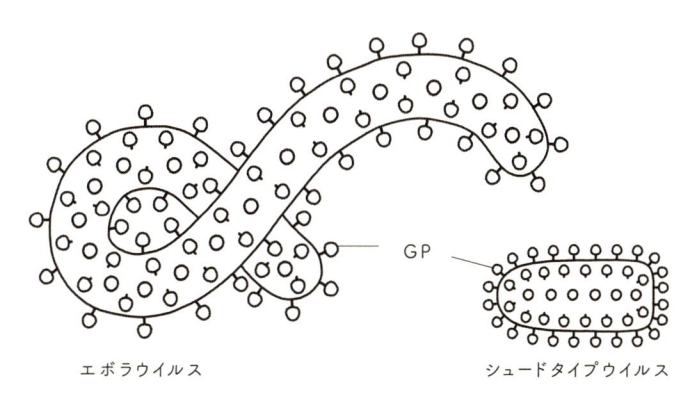

これを私たちは「シュードタイプウイルス」と呼んだ。「シュード(pseudo)」とは「偽の」という意味である。それにより、私たちはBSL4施設を使わずともエボラウイルスの細胞侵入メカニズムを調べられるようになった。シュードタイプウイルスで細胞への感染実験を行った結果、糖タンパク質GPが細胞侵入時に果たしている役割が少しずつ見えてきた。

GPが、たしかに単独で吸着と膜融合の両方を担っていることを実証したのに加え、宿主の細胞表面の糖タンパク質をレセプター(受容体)として認識しているらしいこと(つまり、糖タンパク質どうしが結合して細胞への侵入が始まる)、GPによる膜融合は、酸性条件下で起こることなどを明らかにした。

ここまでの成果を、私が渡米して1年も経たない1996年のうちに上げることができた。スタートダッシュは上々だったと言えるだろう。

だが、年が明けて少し経つと、私の研究環境は大きく変わることになる。恩師の喜田先生からお声がかかり、母校の北海道大学(大学院獣医学研究科)に、喜田研究室の助手として戻ることになったのだ。

初の単身海外生活だったメンフィスでは、よく料理をしていたことが思い出される。もともと料理は好きだったが、研究所の近くには、気軽に飲み食いできる居酒屋のような店やコンビニエンスストアもなく、快適に生きていくためには自力でつくるしかなかった。

そのとき助けになったのが、河岡先生から借りたビデオだった。河岡先生は、日本で録画したテレビ番組を送ってもらっていて、そのなかにはなぜか料理番組が多く、私はそれを手本にしていろいろな料理をつくった。河岡先生は、私の研究指導をしてくださっただけではなく、私の胃袋も支えてくれていたのである。

免疫システムを回避するいくつもの仕組み

その後の研究で見えてきたGPのさまざまな働きについても触れておこう。

糖タンパク質GPは、細胞への侵入時だけでなく、エボラウイルスの病原性に関しても重要な働きをしていることが分かってきた。

GPには「糖タンパク質」という名が示す通り、分子表面上に多数の糖が連なった「糖鎖」がついている。エボラウイルスやマールブルグウイルスのGPが持つ糖鎖の量は、他のウイルスのものと比べてもかなり多く、GPスパイクの先端に糖鎖が集中してついている領域がある。その糖鎖の塊が宿主の免疫システムにとって障害物となり、抗体がつくられにくくなっている。と同時に、つくられた抗体がGPと結合するのを阻害している。

また、GPについているその糖鎖の塊によって、宿主の免疫システム全体を攪乱する働きも知られている。

エボラウイルスは感染初期に、自然免疫系を担う樹状細胞やマクロファージを主な標的とする。これらの抗原提示細胞は抗原（異物）を取り込み、抗原タンパク質の一部を細胞表面に示す。それにより、抗原の存在を他の免疫細胞に知らせて獲得免疫系の免疫応答を誘導する警備員のような役割をしている。抗原提示細胞は、獲得免疫系を発動させるためにきわめて重要な免疫細胞だ。

エボラウイルスは、この抗原提示細胞に最初に感染し、いろいろなメカニズムでその機能を妨げてしまう。

たとえば、エボラウイルスが感染した抗原提示細胞は、細胞表面にエボラウイルスの糖タンパク質GPを提示し、感染を免疫システムに知らせようとするのだが、多量の糖鎖がここでも障害物として働き、免疫システムから抗原タンパク質が見えなくなる。それにより、宿主の免疫システムが正常に働かなくなり、感染が全身の臓器に広がっていく。

また、病原体に感染した細胞は、自身が正常な状態にないことを、やはり細胞表面に抗原タンパク質を提示して免疫細胞（細胞傷害性T細胞）に知らせようとする。それは、細胞もろとも病原体を排除すべきであることを伝える決死のサインなのだが、それすらもエボラウイルスの糖タンパク質GPの糖鎖によって阻害され、感染細胞内でウイルスが増殖し続けることになる。

こうしてエボラウイルスは、宿主の免疫応答を潜り抜け、自身を増殖させていく。これをたとえて言うなれば、スパイや泥棒が建造物に侵入する際、最初に警備システムを破壊し、邪魔されることなく悪事を働くようなものである。

ウイルスと宿主の免疫応答は、宿主への侵入・増殖を試みるものと、それを排除しようとするものとの攻防である。ヒトは進化の過程でさまざまな病原体と遭遇し、それらから自己を守るため、免疫システムを高度に進化させてきたと考えられる。

だが、ウイルスからしてみれば、自己の生存のためには宿主への感染が不可欠だ。多くのウイルスが宿主の免疫応答を掻い潜るさまざまなメカニズムを備えているのは、おそらくそのためである。なかでも、エボラウイルスは宿主の免疫システムを最初に攻撃するがゆえに、高い病原性を示すと考えられている。

フィロ（紐）状の形の秘密

続いて、フィロウイルス（エボラウイルスとマールブルグウイルス）の構造について押さえておこう。

フィロウイルスの粒子は、直径がほぼ一定（約80ナノメートル）のフィラメント状（糸状）である。長さはさまざまで、形も6の字型・Uの字型・環状・分岐状など多様である。フィロウイルスの電子顕微鏡写真はいくつも撮られているが、音楽好きの私のお気に入りは、ト音記号の形をしたものだ（次ページ写真）。

ト音記号の形をしたエボラウイルスの電子顕微鏡写真

ちなみに、私の音楽好きは、音楽の教師だった母の影響だ。きっかけは、幼稚園のころ半ば強制的に母の指導でピアノを始めたこと。だが、ピアノ教本のバイエルも途中でやめてしまい、自分が好きな曲を好きなように弾くのを楽しみにしていた。以来、私のピアノはずっと自己流である。

余談ついでに付け加えておくと、河岡先生からは、「実験も自己流すぎる」と注意されたことがある。

小学生のころには、気に入った曲を何度も聴き返し、耳で覚えて気合いで弾くことにのめりこんだ。中学生になると作曲にも手を出し、東京都の中学音楽創作コンクールに自作のピアノ曲を出したところ優秀賞に選ばれた。そのころはドビュッシーが大好きで、テイストを真似てつくったら、審査員からは「ドビュッシーの雰囲気を感じる」との講評で、狙いはバッチリだった。

高校生のときには典型的なコード進行を覚え、知っている曲なら楽譜なしで適当に伴奏をつけられるようになった。というとカッコよく聞こえるのかもしれないが、まともな訓練を受けておらず、楽譜をすらすら読むことができないだけである。いまでも、楽譜を見ながら知らない曲を弾くことはできない。

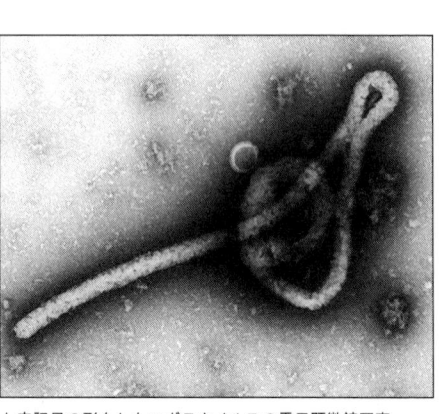

大学では、同級生に誘われてバンドにキーボード奏者として参加、インディーズながらテープやCDがいくつか販売された。私にもそれらを売りさばくようノルマが課され、喜田先生のところに持って行ったら「君はミュージシャンになるつもりか！」と買ってもらえなかった。オファーを受け、吉祥寺のライブハウスにギャラありで出演したこともある。ギャラは北海道からの交通費には足りなかったが、バンドメンバーと飲みに行くには十分な額だった。

なお、最近のお気に入りは、ショパンとラフマニノフのピアノ協奏曲だ（これはTVドラマの「のだめカンタービレ」の影響が大きい）。ザンビアの友人宅にはかなりいい音響機材があり、そこでウイスキーを飲みながら、爆音でピアノ協奏曲を聴くのが至福のひとときだ。

話を本筋に戻そう。

同じフィロウイルスファミリーに属するエボラウイルスとマールブルグウイルスは、構造面でも多くの共通点がある。エンベロープの表面に、「スパイク」と呼ばれる糖タンパク質GPがあるのも両者で共通している。

フィロウイルスの粒子内部は、**図2－7**のような構造をしている。

ウイルス粒子には、エンベロープ表面の糖タンパク質GPを含めて7種類のタンパク質が存在する。それらのタンパク質をコードする遺伝子領域は、フィロウイルスのRNAのなかで、図のように配置されている。

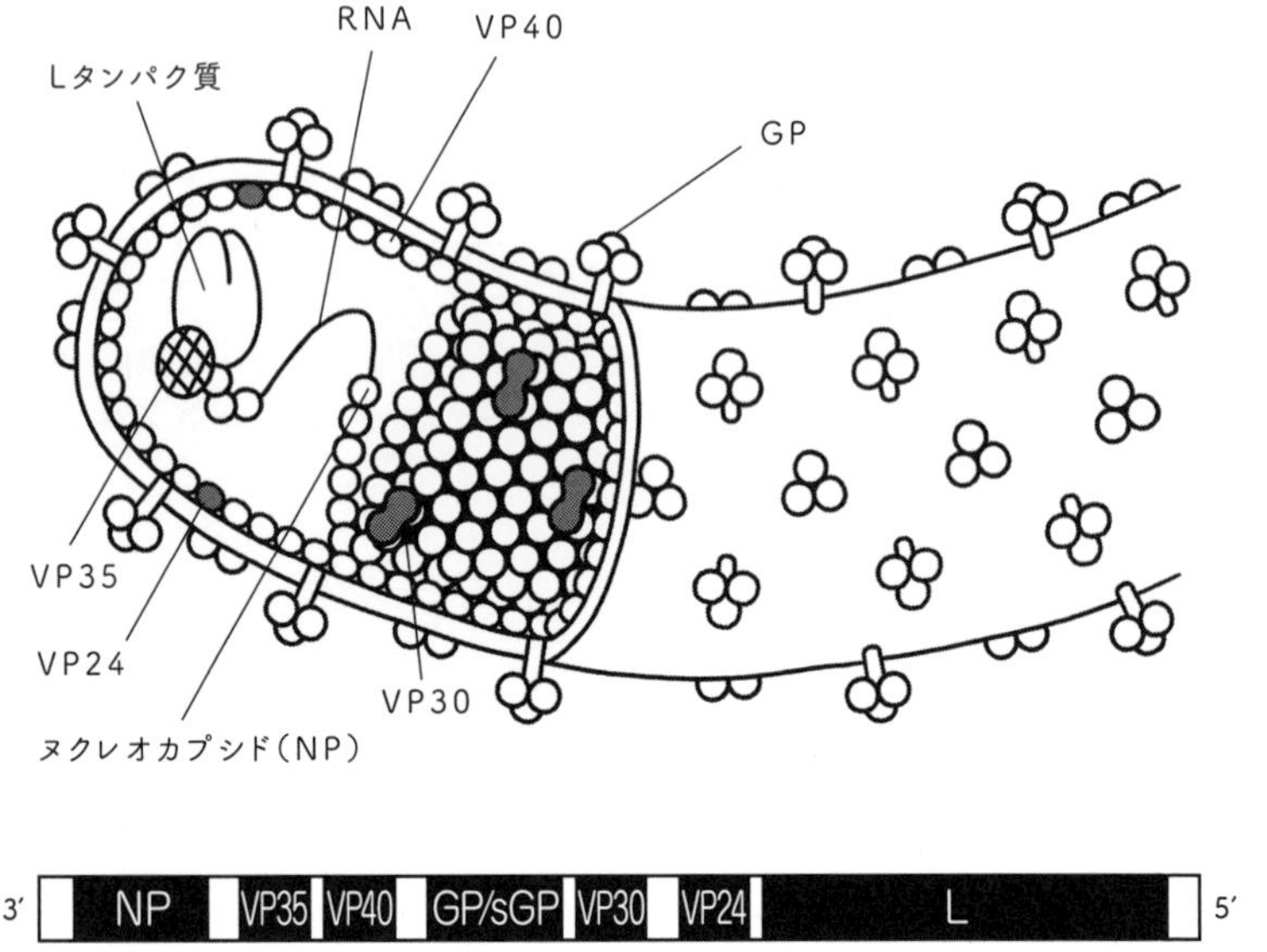

図2-7　エボラウイルスの内部構造と遺伝子領域

エンベロープ内部に格納されているのが、ウイルスの遺伝子であるRNAと一体化した、タンパク質から形成されるカプシドである。図からは読み取りづらいが螺旋状をしている。

このカプシドは、核タンパク質（nucleoprotein）NPとVP35、VP30、Lと呼ばれるタンパク質から構成される複合体だ。ウイルス遺伝子を核（nucleus）と見立て（核は真核生物の細胞内にしか存在しないが）、「ヌクレオカプシド」とも呼ばれる。「VP」は「Viral Protein（ウイルスタンパク質）」の略称であり、数字はそのタンパク質の分子量に由来する。

これらのタンパク質は、ウイルスゲノム（RNA）の転写と複製に関与していることが1999年の論文で明らかにされた。このうち、ヌクレオカプシドの末端にあるLタンパク質は、RNAを複製する酵素（RNAポリメラーゼ）である。Lタンパク質の名前の由来は、タンパク質の分子量が大きい（Large）ことにある。RNAウイルスの場合、L遺伝子はもっぱらRNAポリメラーゼをコードしている。

エンベロープ（膜）のすぐ内側にあるタンパク質VP40は、エンベロープを内側から支える構造タンパク質のひとつであり、「マトリックスタンパク質」とも呼ばれる。このVP40は、フィロウイルスに特徴的なフィロ（紐）状の形を決定づけている。そのことを、河岡先生と私、そして当時博士課程に所属していた学生とで突き止めた。

「マトリックス（matrix）」とは、英語で「基質」、「母体」、「基盤」、「鋳型」などを意味する。他のエンベロープウイルスでは、エンベロープを内側から支えるマトリックスタンパク質がウイルス粒子の形成や出芽に重要な役割を果たしていることが知られていた。そのため、エボラウイルスにおいても、VP40がウイルス粒子の形を決める主要因子だとアタリをつけ、実験でそのことを確かめたのだ。

免疫システムを騙す囮の存在

ヌクレオカプシドとＶＰ40の間に点在するＶＰ24は、その働きが長く未解明のままだったが、２０１２年の論文でひとつの仮説が示された。ＶＰ40を補助する第2のマトリックスタンパク質であり、さらにはＶＰ35やＮＰと共に、ヌクレオカプシドの形成にも関与しているようである。

こうしたウイルス粒子の形成に関する機能に加え、２０００年代から２０１０年にかけては、フィロウイルスの病原性にも関わる機能が明らかにされてきた。

エボラウイルスやマールブルグウイルスは、宿主の免疫反応をすり抜けるいくつかの機構を備えている。そのうちのひとつが、「インターフェロン」の作用を阻害する働きである。

インターフェロンとは、免疫細胞が産生して免疫応答を活性化させるタンパク質だ。エボラウイルスの場合はＶＰ24とＶＰ35が、マールブルグウイルスはＶＰ40とＶＰ35が、インターフェロンの作用を阻害している。

フィロウイルスのタンパク質のうち、エボラウイルスとマールブルグウイルスを分けるひとつのポイントが、「ｓＧＰ」の有無だ。これは「secretory（分泌された）ＧＰ（糖タンパク質）」の略称で、粒子本体から離れて分泌される糖タンパク質である。マールブルグウイルスでは、ｓＧＰの分泌は確認されていない。

このsGPが、GPに対する抗体を引きつける囮のような役割を果たしていることを、私たちは実験で確認した。

宿主の体内にウイルスが侵入すると、免疫システムはウイルスのタンパク質を異物（抗原）として認識し、それらに対して抗体を産生する。糖鎖が障害物のように働くGPに対しても、抗体がある程度はつくられ、抗体がGPと結合するとウイルスが感染性を失う（ただし、すべての抗体がウイルスの感染性を阻害する作用を持つわけではない）。

このときも、GPの糖鎖が抗体の結合を阻害する働きをするのだが、抗体の働きをさらに攪乱するのがsGPである。糖鎖の網をかいくぐり、せっかくGPに対してつくられた抗体が、血液中のsGPに結合してしまい、ウイルス粒子に対して作用しにくくなるのだ。

そのことを、私たちは実験で証明した。つまり、sGPが、「抗体を引きつける囮」として働いている可能性があるのだ。

ウイルスは細胞の「どこ」を見ているのか

先に、GPは細胞表面の糖タンパク質をレセプター（受容体）として認識しているらしいことに触れた。その後もレセプターの研究を続け、GPが細胞のどのタンパク質をレセプターとして認識しているかも分かってきた。

前述のように、GPには多数の糖が連なった糖鎖が多く存在する領域がある。この糖鎖領域が、エボラウイルスが細胞に感染する過程で一定の役割を果たしているとの仮説が提唱されていた。ある種の宿主細胞の表面には、糖鎖に結合するタンパク質(糖タンパク質を含む)が存在する。このようなタンパク質を「レクチン」といい、そのなかに、カルシウム(calcium)の存在下で糖鎖を認識して結合する「C型レクチン」と呼ばれるグループがある(Cはカルシウムの頭文字)。

仮説では、宿主細胞に存在するこのC型レクチンが、ウイルス粒子の糖鎖領域と結合し、ウイルス粒子の細胞への吸着や膜融合を引き起こしていると考えられていた。すなわち、GPが結合するレセプターの正体はC型レクチンだと推測され、私たちは実験でこの仮説の真偽を確かめた。

実験では、次のような結果が得られた。本来はC型レクチンを持たない細胞にC型レクチンを発現させ、エボラウイルスを感染させるとウイルスが感染しやすくなった。また、遺伝子改変によってGPの糖鎖領域を取り除いたウイルスを、C型レクチンを発現させた細胞に感染させようとしても、感染性が高まることはなかった。

つまり、GPの糖鎖領域がC型レクチンに結合して感染が成立していることは間違いない。同様の結果が、同じフィロウイルスの仲間であるマールブルグウイルスでも得られた。

事実、C型レクチンを強く発現している細胞(樹状細胞、マクロファージ、血管内皮細胞など)と、フィロウイルスがよく感染する細胞は見事に一致する。これらの結果から、C型レクチンがフィロウ

エボラウイルス

GP

C 型レクチン

糖鎖

宿主細胞表面

図2-8　ウイルス粒子と宿主細胞の C 型レクチンの結合

イルスのレセプターとして機能しており、それがフィロウイルスの高い病原性に関係していると示すことができたのである（図2-8）。

この実験では、新たな謎にも直面した。実験ではヒトの白血球細胞をガン化させたものを使っていたが、たとえばサルの腎臓由来の細胞は、C型レクチンをほとんど発現していないにもかかわらず、フィロウイルスが効率よく感染する。また、この細胞に対しては、GPの糖鎖領域を取り除いたウイルスでも、高い感染力を示した。

このことが示唆するのは次のようなことだ。GPは細胞の種類によってレセプターを使い分けている。そして、GPの糖鎖領域は、ある種の細胞への吸着・感

147

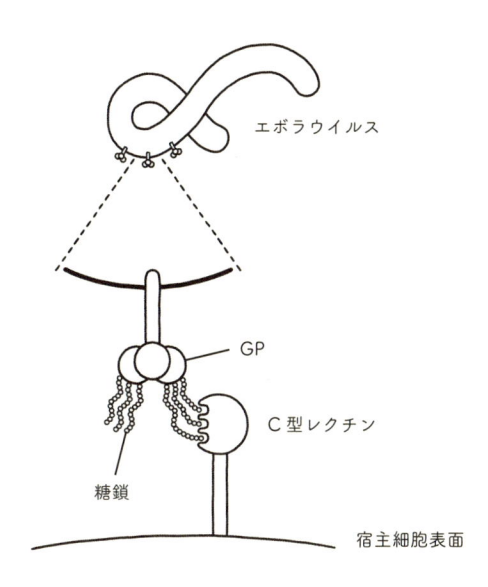

染にとって必須ではなく、補助的な役割を果たしているにすぎないということだ。しかし、感染時には補助的であっても、これまで述べてきたように、GPの糖鎖領域はウイルスの病原性に深く関わっている。

その後の研究で、このときの実験で直面した謎は解明された。サルの腎臓由来の細胞で重要なレセプターとして機能する分子や、膜融合のために必要な重要な分子が見つかったのだ（残念ながら、これらの分子を見つけたのは私たちの研究グループではない）。

だが、エボラウイルスの感染メカニズムは、いまだ完全には解明されていない。感染メカニズムの解明は、治療法の開発に不可欠である。私たちの研究グループはもちろん、世界各国の研究者が、全容解明に向けてさまざまな研究に取り組んでいる。

なお、これら一連の研究には、前述のシュードタイプウイルス（遺伝子組み換え水疱性口炎ウイルス）を使用した。河岡先生のもとで開発したこの実験ツールのおかげで、私たちだけではなく、多くの研究者がＢＳＬ４施設なしでもエボラウイルスの研究に取り組めるようになった。

それが、エボラウイルスの研究を前に進める大きな力になったことを、ここでひとこと添えておきたい。

6章 最強ウイルスと向き合うために

「もうひとりの師」との出会い——カナダ・マニトバ州ウィニペグ

私が「彼」と初めて出会ったのは、2000年6月のことだ。カナダ・ケベックで開かれた「マイナス鎖RNAウイルスの国際会議（NSV会議）」でのことである。

「出会った」というのは正しくないかもしれない。当時既にフィロウイルス研究の第一人者であるハインツ・フェルドマン博士を「見ていた」だけだったからだ。

「あれが、かの有名なフェルドマン博士か……」

このときは、彼とほとんどろくに話もできなかった。

そのフェルドマン博士と、本当の意味で「出会った」のは、2000年末のことである。

この直前の2000年10月、私は北大から東京大学医科学研究所（東大医科研）の河岡先生の研究室に移っていた。河岡先生は1999年からウィスコンシン大学と兼務で東大医科研に研究室を持たれており（どちらも教授職）、医科研の河岡先生の研究室で、私が助手を務めることになったのである。

エボラウイルスの研究は、セント・ジュード在籍中に開発したシュードタイプウイルス（偽エボラウイルス）のおかげでかなり前に進めることができた。だが、シュードタイプウイルスはあくまで「シュード（偽の）」である。表面糖タンパク質GPの働きは調べられても、ウイルスの本当の動きを見ることはできない。

研究をさらに前に進め、深めていくには、エボラウイルスそのものを扱う研究も手掛ける必要があるのは明らかだった。つまり、BSL4施設（5章130-131ページ）での研究が不可欠な段階に来ていた。

それは、私個人が感じていた課題であるのはもちろんのこと、河岡研究室が抱えていた課題でもある。そのため河岡研究室は、BSL4施設のある研究所に所属するエボラウイルスの研究者と共同研究を始めることになった。その相手がフェルドマン博士である。

私は2000年12月、BSL4施設での訓練を受けるべく、カナダ南部のマニトバ州の州都ウィニペグを訪ねた。

マニトバ州は南端が米国と国境を接しており、州都ウィニペグは、そのマニトバ州のなかでも米国との国境に近い南部の都市だ。北緯はほぼ50度、12月の平均気温は氷点下10度台しかない。私が初めて訪れたときも、町は厳しい寒さに包まれていた。

この地に、BSL4実験室を備えた研究施設がつくられたのは1999年6月のことだ。ここにはカナダの感染症研究をリードする国立微生物学研究所（National Microbiology Laboratory：NML）の研究拠点があり、フェルドマン博士はBSL4実験室の立ち上げのために着任した責任者だった。

博士は、エボラウイルス研究で当時から名の知られた存在で、BSL4施設における実験のエキスパートでもあった。その博士から、私は高病原性病原体の扱い方のイロハを教わった。私の「もうひとりの師」と呼ぶべき存在である。

物事を緻密に進める姿勢はドイツ人らしく、それでいて話好きで柔軟性もあり、周囲への気遣いも行き届いている。彼の話や文章は理路整然としていて、誰もが彼に一目置いていた。NMLには米国や欧州からも研究者が集まってきて、人的交流の場にもなっていた。博士の人徳によるところも大きかったように思える。

「ホットゾーン」の内側へ

BSL4実験室は、リスクの高い病原体を建物内に「封じ込め」、外部に漏らさないようにするため、さまざまな安全基準が設けられている。

実験室は、他の建物や区画と明確に分けられており、許可された人しか入ることができない。私は、フェルドマン博士の手ほどきを受けながら、BSL4実験室の中へ初めて足を踏み入れようとしていた。

IDチェックを済ませ、「バイオハザード(Biohazard)」の表示がある重い扉を開けると、そこは廊下や小さな部屋(前室)になっている。実験室が外部と直接つながっていないのは、セキュリティのためだ。

前室で下着も含めて服を脱ぎ、専用の着衣に着替えてシャワールームを通過すると(実験室を出るときに使用する)、そこは防護服に着替える更衣室(スーツルーム)だ。そこで私は、宇宙服のような出で立ちの、気密性の高い防護服(スーツ)に身を包む(写真)。頭まで全身をすっぽり収納し、専用のジッパーで閉める。顔の部分は透明な素材でできている。

防護服に求められる高い気密性は、縫い目や継ぎ目などの隙間から、病原体が中に入ってこないようにするためだ。また、実験室では多くの化学薬品を取り扱う。それらで防護服に穴が開かないよう、素材は化学薬品に耐性のあるものが使われている。

目の前には扉がもうひとつある。その扉を開くと、ふたつ目のシャワーの奥にさらに扉がある。このシャワーもやはり退室時に使用するもので、防護服の上から病原体を死滅させる消毒液を浴びるためのものだ。薬品のシャワーなので「ケミカルシャワー」と呼ばれる。

ケミカルシャワーを挟むふたつの扉は「二重扉」になっている。手前が閉まらなければ奥を開くことができない仕組みだ。その理由は大きくふたつある。

ひとつは、扉の内外で気圧を調整する「エアロック」の役割だ。

BSL4施設では、部屋の内側を、外側よりも気圧の低い状態（陰圧）に保つことが求められる。

これは万が一、実験室内で病原体の取り扱いを誤ったような場合でも、空気と一緒に病原体が室外へ出て行くことを防ぐためだ。空気は気圧の高い方から低い方へと流れるため、陰圧の室内から外に空気が漏れ出ることはない。その気圧の差を、二重扉の区間で調節する。

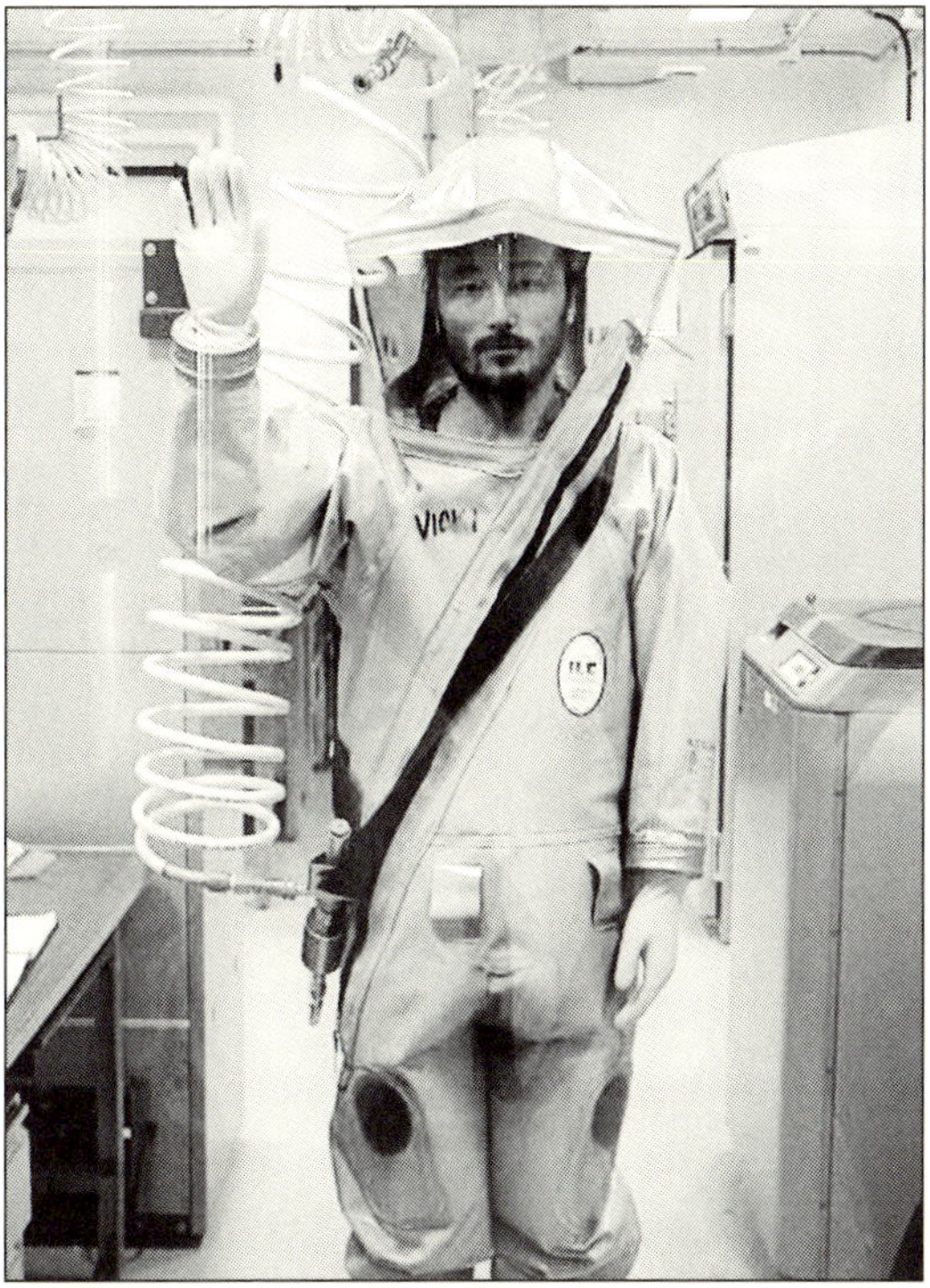

〝スーツタイプ〟の防護服を着て、BSL4 施設にて

　もうひとつの理由は、病原体に感染させた実験動物が、万が一にも逃げ出さないようにするためだ。通常の感染実験は、動物に麻酔をかけた状態で行うため、

実験動物が室内で動いている可能性はきわめて低いが、何らかの理由で実験動物が逃げ出そうとした場合にも、二重扉はその防御壁になる。ちょうどそのタイミングで人が出入りしようとして扉を開けていたとしても、二重の扉があるため、動物が外に出て行くことはできない。

ケミカルシャワールームの奥の二重扉を開くと、そこから先がいよいよ実験室の本丸、危険な病原体を扱う「ホットゾーン」である。

実験室内で高気密な防護服に身を包まれていると、当然酸素が少なくなってくる。酸欠になっては作業ができない。そのためBSL4施設では、防護服内に空気を送り込む仕組みが導入されている。天井から吊り下げられた給気チューブを防護服の取り付け口につなぎ、そこから酸素を得る。実験室内で移動するときはいったんチューブを外し、移動先で再びチューブを取り付ける。

防護服内に空気を供給する理由は、酸素補給のためだけではない。空気を送り込むことで、防護服の内部を外部より気圧の高い状態（陽圧）にするためでもある。

実験室内では、注射器・注射針や、動物解剖のための刃物も取り扱う。動物には麻酔をかけるのが常とはいえ、爪や歯などの鋭い部位もある。万が一、それらの取り扱いを誤り、スーツに穴が空いてしまった場合でも、中から空気が送り出されていれば、病原体に汚染された空気がスーツ内に入り込んでくるリスクを低減させることができる。

このように、防護服は作業者の安全を守るため、幾重もの工夫が施されている。だが、空気でスーツが膨らんでいるため、動きはどうしてもぎこちなくなってしまう。手袋は三重で思ったよ

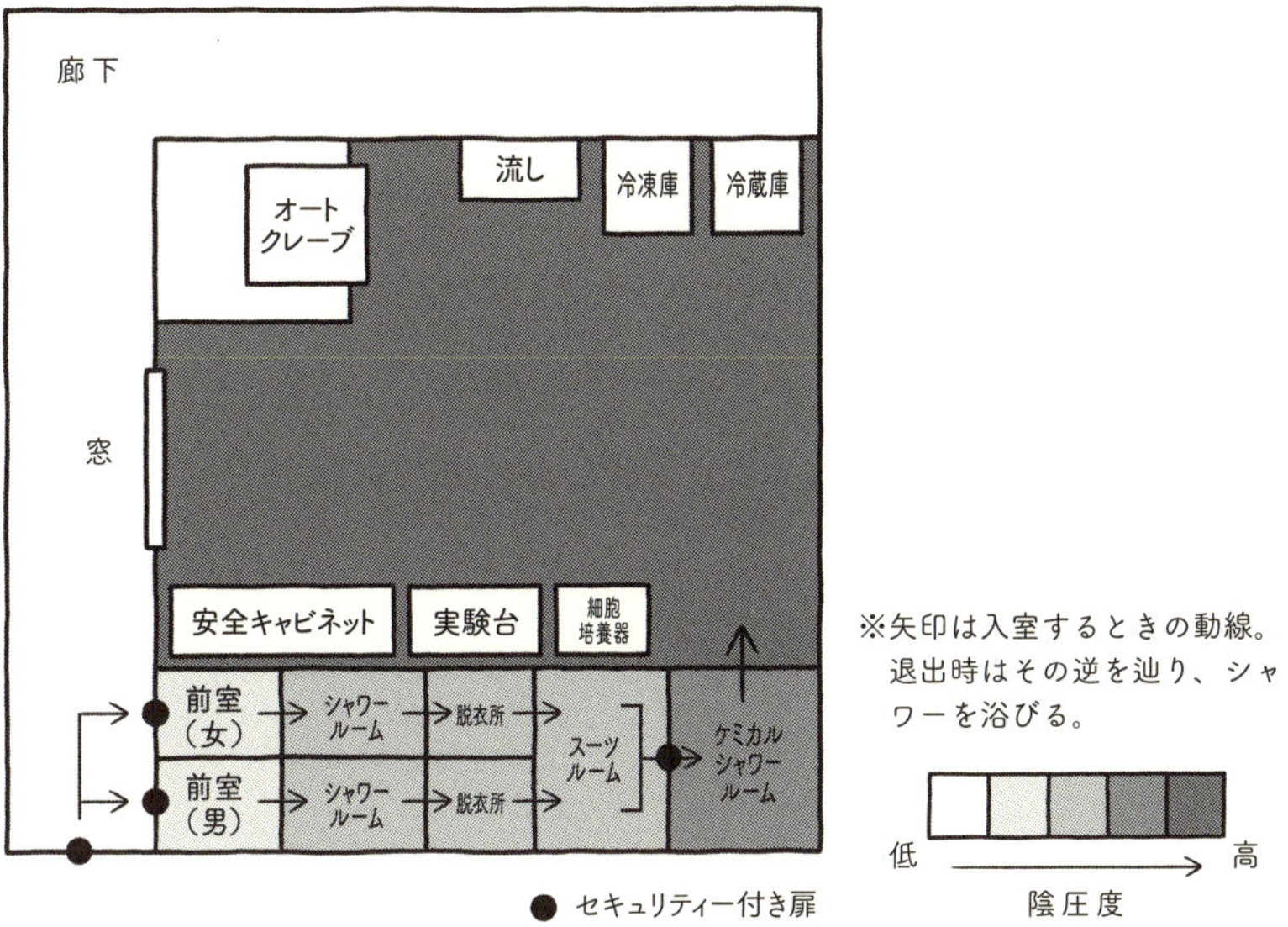

※矢印は入室するときの動線。
退出時はその逆を辿り、シャワーを浴びる。

図2-9　BSL4実験室の例

うに指を動かすのが困難、空気が送られるシャーッという音がスーツ内に始終響いている。送られてくる空気はかなり乾燥している。スーツ越しなので視界はやや不良……など。実験をするにはかなり過酷な環境だが、すべては安全確保のためだ。

実験が終わると、ケミカルシャワールームに移動し、防護服の上から消毒薬のシャワーを数分間浴び、スーツルームに戻る。スーツを脱ぎ、専用着衣も脱いで、全裸になって今度はお湯のシャワーを浴びる。前室に戻って自分の服に着替えてやっと退室完了だ。

初めて触れた本物のエボラウイルス

BSL4施設での最初の実験は、エボラウイルス（ザイール種）をヒト由来の培養細胞やマウスに感染させる実験だった。シュードタイプではない本物のエボラウイルスである。手元が狂い、ウイルス液をこぼしたり、ウイルス液を含む注射器の針で指を刺したりしてしまうようなことがあれば感染するリスクもある。それまでの実験とは次元の異なる緊張感に襲われた。

私の横では、フェルドマン博士が作業の様子を見守っている。初めて施設を利用する私のトレーニングのためだ。最近は安全基準が全般的に強化されており、何かがあったときのため、必ずふたり以上で作業を行うという運用ルールを定めている施設もある。

作業は、「生物学的安全キャビネット（Biological Safety Cabinet：BSC）」と呼ばれる半閉鎖空間で行う（図2-10）。ウイルスや細菌を含む飛沫・粉塵が発生する可能性のある作業は、このキャビネット内で行うことが取り決められている。キャビネットの前面は、下の開口部を除いて透明なガラスで覆われており、この開口部からキャビネット内に手を入れて作業する。

このキャビネットは、作業者の安全を守り、室内の汚染を未然に防ぐための設備だ。キャビネット内では図のように空気が流れ、キャビネット内の汚染された空気が外に出て行かないようになっている。

キャビネットからの排気口には、「ＨＥＰＡ(High Efficiency Particulate Air：高性能微粒子除去)フィルター」が設置されている。このフィルターは、ほぼあらゆるサイズの粒子を99・99％の確率で捕捉することができる。

これ１枚で、既知の病原体をすべて捕捉し、排気後の空気に病原体が含まれていないことが事実上保証されるが、ＢＳＬ４実験室では、それを二重ないし三重にすることで万全に万全を期している。

なお、ＨＥＰＡフィルターの粒子捕捉確率が１００％でない以上、実験室内の病原体が排気中に混入する可能性はゼロとは言えない。だが現在のところ、ＢＳＬ４で扱う必要のあるウイルスのなかで、空気感染するものはない。いずれも直接感染や媒介感染であるた

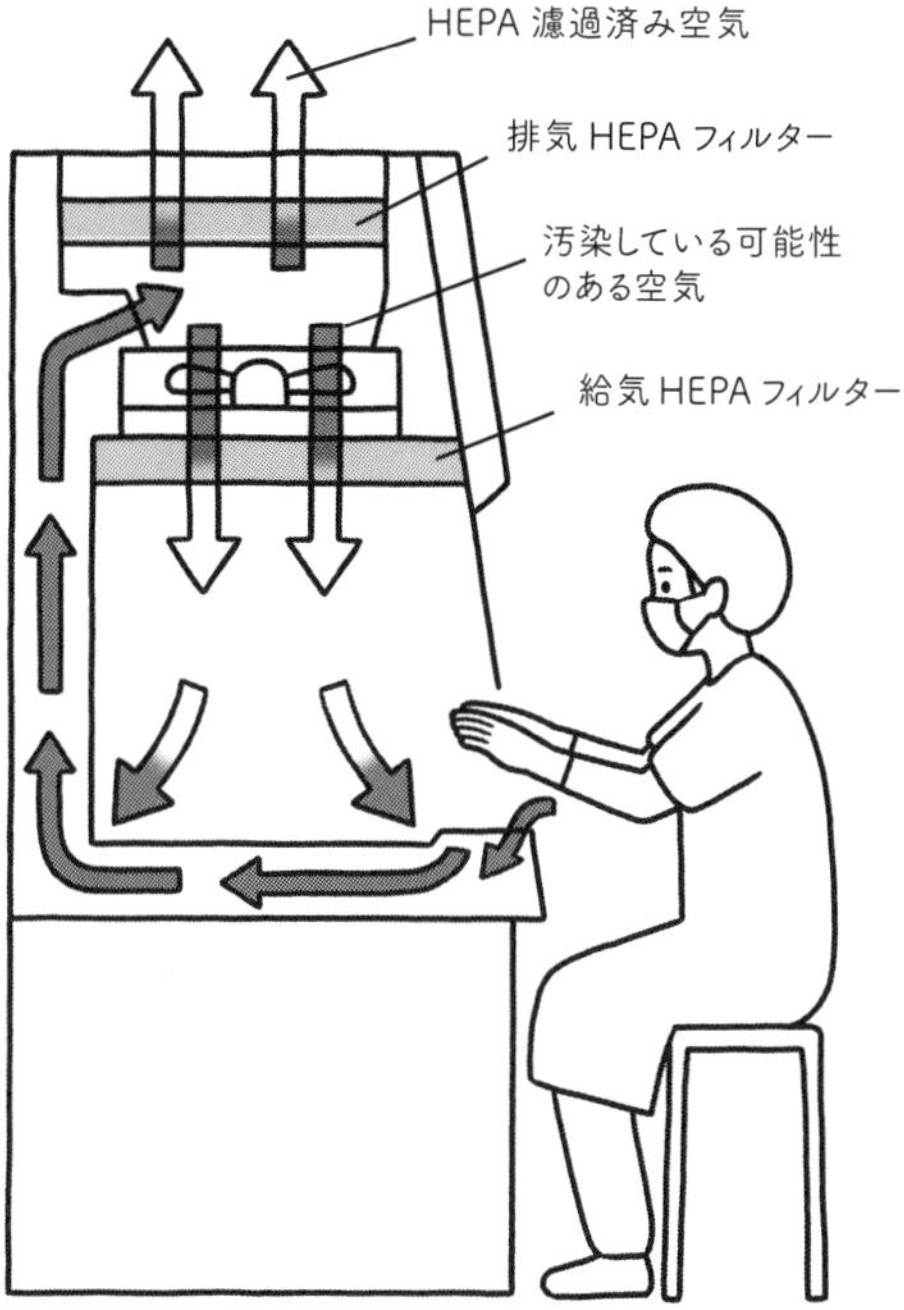

図2-10　生物学的安全キャビネット

め（3章76-77ページ）、仮にそれらのウイルスが排気中にごくわずかに混入していたとしても（その可能性自体がきわめて低いが）、そこから感染が広がることは、現実的にはまずありえない。

ＢＳＬ４実験室は出入りに手間がかかるため、一度入ると長時間の作業になることが多い。初めての「ホットゾーン」は、慣れない作業で緊張も強いられた。幼少のころから剣道の修行をし、体力には自信のある私も、数時間経つとさすがに疲労を感じた。

余談ながら、剣道は小学3年生のときに始めた。近所の母親たちが集まって、子どもたちに剣道を習わせようという話になったのがきっかけのようだ。稽古は、平日の夕方に1回と日曜日のあわせて週2回。当時は稽古が嫌いで（特に日曜日の稽古）、行きたくないとごねては父親に無理やり連れられ、泣きながら稽古に出たこともある。中学でも剣道部に所属したが、それほど真剣だったわけではなかった。

本格的に剣道に打ち込むようになったのは、高校に入ってからだ。顧問の先生が熱心で、剣道の競技としての面白さだけでなく、人間形成の場としての奥深さを教えてくれた。大学では剣道部の活動に時間をとられて、毎年単位ギリギリで進学できるかどうかだった。研究を始めてからは頻度が格段に減ったとはいえ、いまも時間を見つけてときおり道場に足を運んでいる。

剣の世界にはさまざまな格言があるが、私が好きなのは「交剣知愛」という言葉である。音読みで「こうけんちあい」、もしくは訓読みで「剣を交えて愛を知る」、あるいは「剣を交えて愛《お》しむを知る」と読む。

「愛」には大切にして手放さないという意味がある。剣を交えた相手ともう一度手合わせをしてみたいという気持ちになること、また、相手からそう思われるような人間になること。すなわち、剣を交えた相手を互いに理解しあい、人間的な向上を目指すことを説く言葉だ。

同じ分野の研究者は、互いの知力・体力・発想力を武器にして、成果を競うライバルであると同時に、ウイルスの実像に迫り、病気に苦しむ人たちをなくそうと願う同志でもある。ときに研究で先んじることもあれば、先を越されることもあるが、それは一時の結果でしかない。

先んじたときも心に隙をつくらず（これを剣道の言葉で「残心」という）、先を越されたときは相手に敬意を表し、互いに切磋琢磨を続けて研究を前に進めていく。それが、研究者としてあるべき姿だろう。

また、エボラウイルスの研究を始めたときは、これほど病原性の高いウイルスから、どのようにすればヒトの命を守ることができるのか、ウイルスを言うなれば「敵」と見ていた。

だが、エボラウイルスと向き合って20年以上が経ったいま、その見方はかなり変わってきた。

ウイルスも単に「生きようとしている」だけであり、ウイルスの存在に罪はない。ウイルスがなぜこの世界に生まれ、どのようにして生きているかを知りたい気持ちが強くなっている。少し強引なたとえだが、ウイルスと「剣を交え」てきた結果、辿り着いた心境と言えるのかもしれない。

300日を超えた、BSL4施設での実験

BSL4施設には、実験室から出るときも、病原体を外に連れ出さないようにするための備えがある。建物のつくりを厳重にしても、人間が病原体を引き連れて出て行ってしまっては元も子もない。

そのひとつが、出口に向かう途中にある、前述の消毒液のケミカルシャワーだ。防護服の上から消毒薬を数分浴びなければ更衣室に出られない仕組みになっている。また、実験で使った器材や廃棄物は、「オートクレーブ」と呼ばれる装置で高温高圧水蒸気によって病原体を死滅させたうえ、洗浄・再利用もしくは廃棄する。

ようやく更衣室に戻ってきて防護服を脱いだ。久しぶりに外気に触れ、手足が自由に動かせるようになった。最後の扉を出て、退出時のチェックをする。ホッとひと息ついて、思い切り伸びをして空気を大きく吸い込んだ。

このときの出会い以来、フェルドマン博士とは、BSL4施設が必要な研究では必ず共同研究者になってもらい、ウィニペグを訪ねて実験室を使わせてもらう関係が続いた。2008年春に、フェルドマン博士が米国モンタナ州ハミルトンにあるロッキーマウンテン研究所（Rocky Mountain

Laboratories：RML）に籍を移して以降は、ハミルトンを訪ねるようになった。

ハミルトンは、ロッキー山脈の谷合にある人口4000人ほどの小さな町だ。そこにある研究所だから、ロッキーマウンテン研究所というわけだ。

ロッキー山脈は、カナダから米国まで、北米大陸を縦断するように連なる雄大な山系である。その山々に囲まれるように研究所は佇み、窓からの景色は壮麗だ（ただ、BSL4実験室には、外部に面した窓は存在しない）。BSL4実験室内で、目に見えない極小のウイルスと対峙し、緊張を強いられる。その後で、何千メートル級の山々の姿を目にすると、張り詰めていた心も自然と和んでくる。実験を終えてモンタナの地ビールと共に食べる赤身のステーキは特段にうまい。

なお、RMLは、米国のNIH（National Institutes of Health：国立衛生研究所）が管轄する研究施設である。RML自体は1928年に設立された歴史ある研究所だが、ここにBSL4実験室がつくられたのは2008年春のことだ。このときも、フェルドマン博士が実験室立ち上げの責任者として着任した。同時に博士は、RMLでウイルス学の研究室を主宰している。

ウィニペグとハミルトンでは、フェルドマン博士と15年以上にわたりさまざまな実験を行ってきた。シュードタイプウイルスを使って得られた実験結果を、本物のエボラウイルスを使って確認するのが主だ。このあと触れる「中和抗体」による治療薬開発の研究の際は、その効果を本物のウイルスを使って確認した。BSL4実験室での実験日数は、通算で300日を超えた。

日本が世界で責任を果たすために

日本では、長くBSL4施設が稼働していない状態が続いていた。施設自体が存在していなかったわけではない。1981年には国立感染症研究所（当時は国立予防衛生研究所）の村山庁舎（東京都武蔵村山市）に、1984年には理化学研究所の筑波事業所（当時はライフサイエンス筑波研究センター、茨城県筑波郡谷田部町、現・つくば市）に、BSL4の基準を満たした施設が建造されていたが、地域住民の同意が得られず稼働していない状態にあった。

その状態は、21世紀に入ってからもしばらく続いた。状況に変化が見えたのは、西アフリカでのエボラ出血熱の史上最悪のアウトブレイクがきっかけである。このとき感染症の脅威とその対策の必要性が広く認識され、2015年8月、厚生労働大臣と武蔵村山市長が合意に至り、感染研の村山庁舎の施設がようやく稼働にこぎつけた。

その間、日本は先進国として、国際社会に対して申し開きのできない状態にあった。国内法（感染症法）ではWHOの指針を参考に、感染症・病原体のリスクを4段階に分類、もっともリスクの高いものを「一類感染症」・「一種病原体」として規定し、それらの病原体を扱う施設（すなわちBSLのこと）の要件を定めていたにもかかわらず、要件を満たす研究施設を稼働させられずにいた。

これは、高まる感染症の脅威に対して日本が脆弱であることを示していたのみならず、一類感染症の対策や研究に本腰を入れるつもりがないことを表明していたに等しい。国外の研究者に、日本にBSL4施設がないことを説明すると決まって驚かれる。私はそのたびに忸怩たる思いに駆られていた。先進国の一員としてなんとも歪で恥ずべきこの状態を、ひとまず解消できたことは、小さいながらも前進であるのは間違いないと言えるだろう。

ただし、村山庁舎のBSL4施設では感染症対策や研究を行うには決して十分とはいえない。

BSL4施設には大きくふたつのタイプがある。私がウィニペグとハミルトンで利用してきているのは「スーツ（防護服）タイプ」と呼ばれるもので、本格的な研究にはこのタイプが必要だ。村山庁舎で稼働したのは、もうひとつの「グローブボックスタイプ」と呼ばれるものである。動物実験などを含めた本格的な基礎研究を行うには十分な設備ではない。

このタイプは、生物学的安全キャビネット（BSC）を完全閉鎖式にしたもので、密閉されたキャビネットに備え付けられたグローブに手を入れて作業を行う。キャビネット内は、「スーツタイプ」の実験室と同じく陰圧に保たれ、給気・排気口にはHEPAフィルターが使用される。実験に使用した器材はオートクレーブで処理されるのも、スーツタイプと同様だ。

グローブボックスタイプとスーツタイプの大きな違いは、作業空間である。前者ではひとつのキャビネットにつきひとりしか作業をすることができず、そのうえすべての作業をボックス内でしなければならない。そのため、サルのような大型動物を使った大規模な実験は不可能だ。ヒトに使用可能な治療薬開発を目指すのであれば、サルを使った実験は避けて通ることはできない。

グローブボックスタイプは、設置や運用にかかるコストを圧倒的に低く抑えられるのが利点ではある。エボラへの感染が疑われるサンプルなどの診断を安全に行うにも有用だが、制約も多い。基礎研究を効率的に実施するためには、やはりスーツタイプのBSL4実験室が不可欠だ。

世界各国が、グローバル化する新興・再興感染症やバイオテロの脅威に対して警戒を強めている。BSL4施設を持つ国々が、いつまで国外の研究者に施設を使わせてくれるかも不透明になりつつある。

そういう状況を踏まえ、2010年から、日本でもスーツタイプのBSL4施設の建設計画が動き始めた。建設予定地は、日本の感染症研究の拠点のひとつである長崎大学熱帯医学研究所だ。翌2011年から、地域住民の理解を得るための説明会を繰り返し実施し、理解が広がりつつあるようだ。

2018年現在、世界では23の国と地域で、52ヶ所以上のBSL4施設が稼働している。一番多いのが米国で11ヶ所が稼働、さらに3ヶ所で建設が進む。EU諸国では、イギリス、フランス、ドイツ、スイス、スウェーデン、チェコ、イタリア、ルーマニアの8ヶ国で18ヶ所の施設が稼働し、オランダでも建設が進んでいる。アジアやアフリカでも、中国やインド、台湾、シンガポール、南アフリカ、ガボンで施設が稼働している。韓国でも建設が進んでおり、2017年3月には施設完成のニュースが流れた。

7章 長く険しい創薬への道程

予想もしていなかった実験結果

話は、セント・ジュードから北海道大学に戻った1997年に遡る。

北海道で私がまず取り組んだのは、エボラウイルスに対する抗体についての研究だ。

抗体は、次ページ図2-11のようにY字型をしている。根元の軸の部分を「Fc部（定常部）」、二股に分かれた先端部を「Fab部（可変部）」と呼ぶ。この可変部の形に多様性があり、さまざまな抗原に対応できるようになっている。「Fc部」を「定常部」とも呼ぶのは、人間の体内でつくられる膨大な数の抗体で、この部分が抗体の種類ごとに共通する形をしているからだ。

ここで補足しておきたいのは、ある特定の異物（抗原）に対してつくられる抗体は、同じ抗原に対して、複数の種類（クローン）が存在するということだ。

免疫システムは、抗原の全体像を認識しているわけではなく、抗原のある一部のみを認識する。

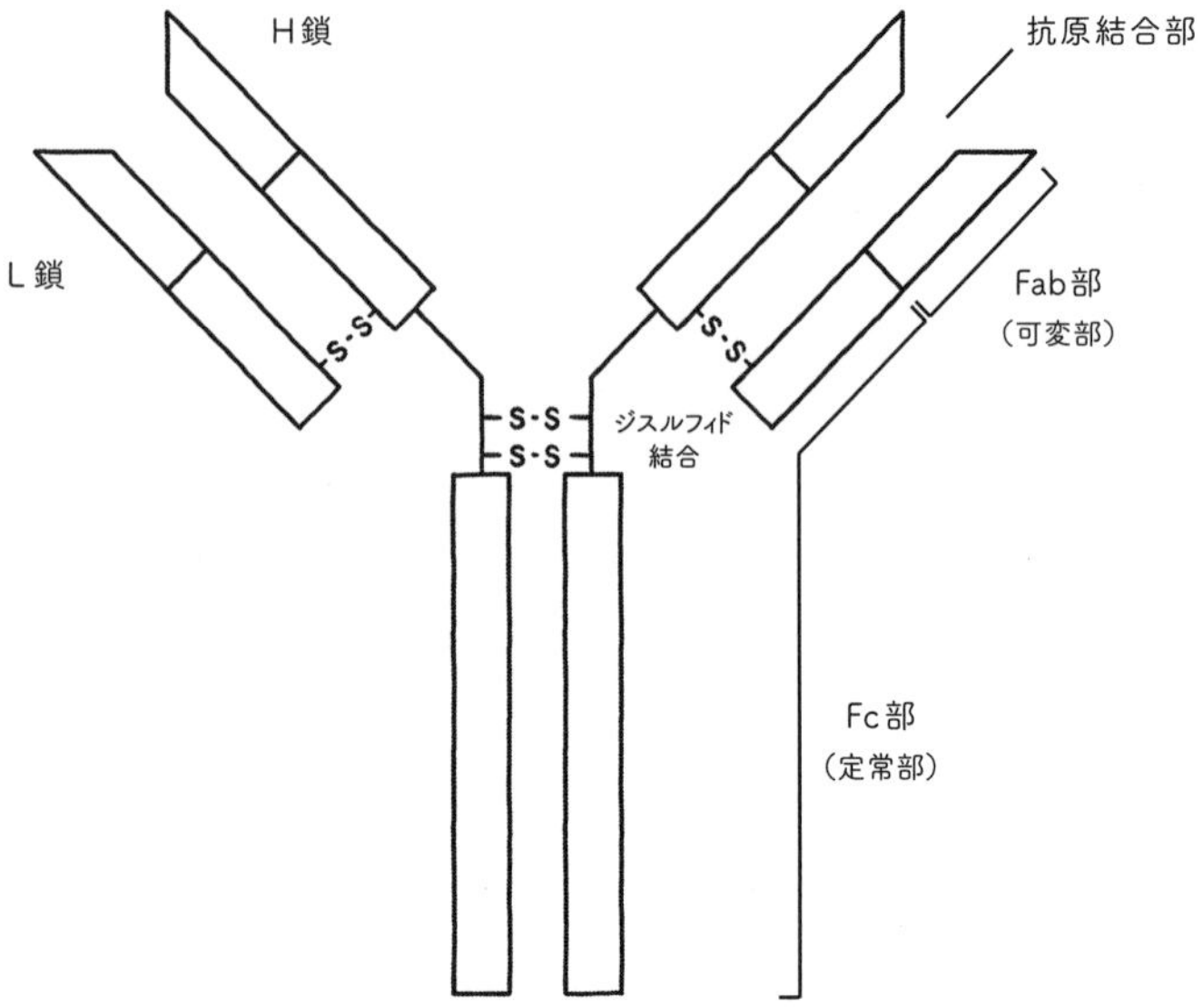

図2-11 抗体の構造

抗体も同様である。

この、抗体が認識する抗原の部位のことを「抗原決定基（エピトープ）」という。通常はひとつの抗原に複数のエピトープが存在する。その場合、免疫システムはそれら複数のエピトープを認識し、あるひとつの抗原に対して複数種類の抗体をつくり出す（168ページ図2-12）。

エボラウイルスも、複数の「抗原決定基」を持っていると推測されていた。すなわち、免疫システムはエボラウイルスの体内への侵入を感知すると、複数の抗体クローンを産生していると見られていた。

そこで私は、エボラウイルスの感染によってどのような抗体がつくられるかを調べることにした。

なお、抗体と関連する概念として「抗血清」という言葉がある。「血清」とは、血液から、そこに含まれる凝固成分と血球（血餅）を取り除いた液体成分のこと。抗体は血清中に含まれており、特定の抗原に対する抗体を高濃度に含む血清が「抗血清」である。

つまり、抗血清にはひとつの抗原に対する複数種類の抗体が含まれており、別名「ポリクローナル抗体」とも呼ばれる。「ポリ」は「複数」を意味する接頭辞であり、対になるのは「単一」の抗体を意味する「モノクローナル抗体」である。

多くの場合、抗血清（ポリクローナル抗体）中には抗原の毒性・病原性を無害化できる「中和抗体」が含まれている。ウイルスに対する「中和抗体」は、ウイルス表面のエピトープと結合し、ウイルスの細胞への吸着や膜融合を阻害してその感染能力を失わせる（中和する）ものが多い。

ある種の感染症や毒性物質では、抗血清を患者の血液に投与して治療や免疫の効果が得られるものがある。これを「血清療法」と呼ぶ。北里柴三郎やエミール・フォン・ベーリング（独：1854-1917）が、破傷風やジフテリアに対して確立した治療法だ。現代でも、ヘビ毒に対する血清療法がよく知られている（ヘビ毒を馬に少量だけ注入して抗体をつくらせる）。それが可能なのは、抗血清中に「中和抗体」が含まれているからである。

このようにしてつくられる抗体のなかには、必ずしも抗原の無害化につながらないものもある。というと、免疫システムが抗原を排除するための仕組みであるという説明と矛盾しているよう

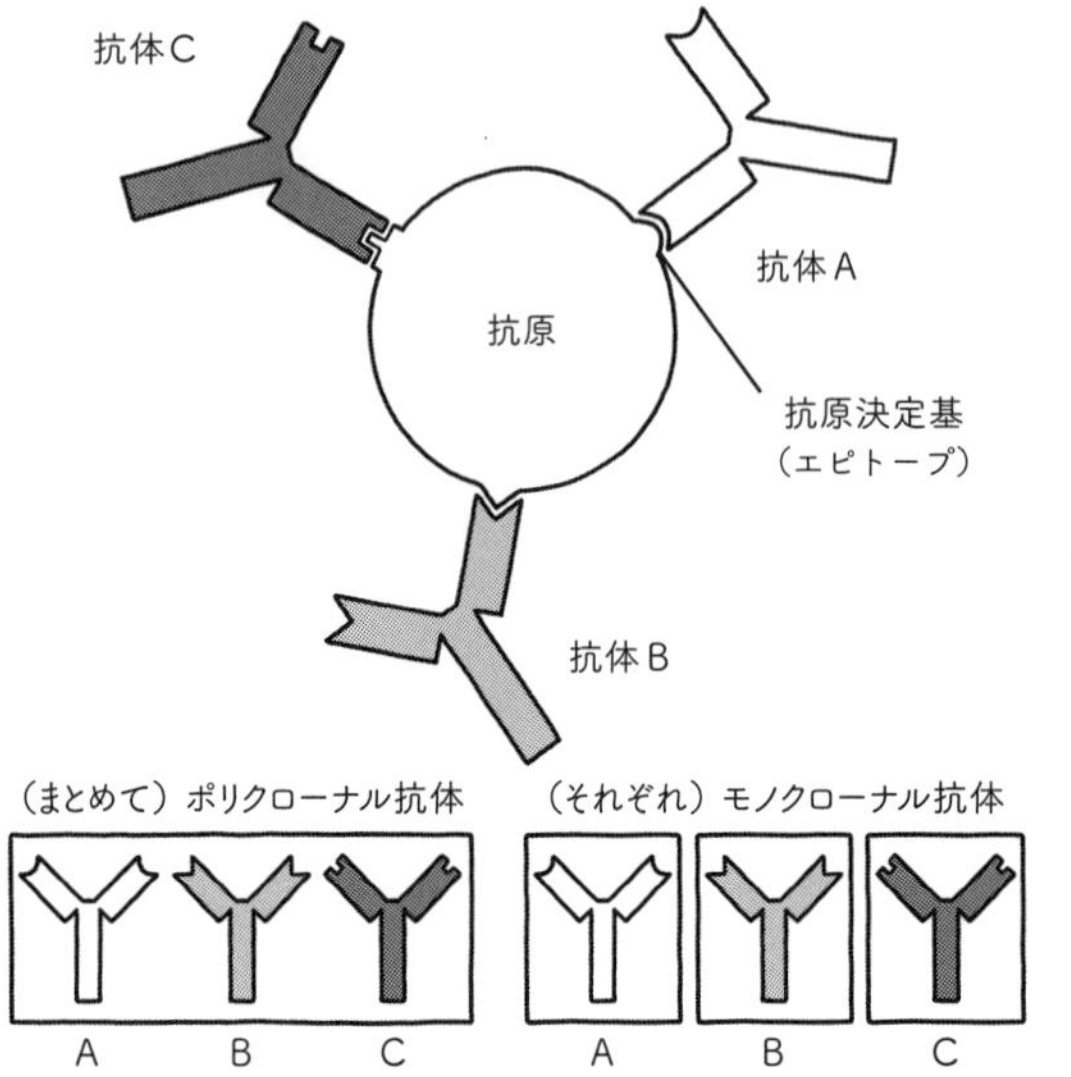

図2-12　ひとつの抗原が持つ複数の抗原決定基

に聞こえるかもしれないが、免疫システムは、必ずしも宿主にとって有益な反応だけをするわけではない。たとえば、アレルギー疾患は免疫システムが過剰に働いて起こるものである。

エボラウイルスへの中和抗体が存在するのであれば、それは表面糖タンパク質GPに結合するもの以外にありえないと、当時の段階で既に推測がついていた。先に触れたように、GPが単独でウイルスの細胞侵入過程をすべて担うということを、シュードタイプウイルス（偽エボラウイルス）を用いて証明していたからだ。

一方で、エボラウイルスに感染した人の血清中に、中和抗体がなかなか検出されないとの報告もなされていた。そのためまずは、エボラウイルスに対する中和抗体の存在の証明を目指した。

その第1段階として、マウスに表面糖タンパク質GPを投与して抗血清を採取し、それがどのような性質を持つかを確かめた。抗血清中に中和抗体が存在するなら、抗血清も中和作用（中和活性）を示すはずである。

ところが、実験の結果は予想だにしていないものだった。GP投与によって得られた抗血清を混ぜた培地中で、シュードタイプウイルスを培養細胞に感染させると、抗血清が存在しない状態よりも感染効率が著しく上昇した。抗血清の存在によって感染力が失われる（中和活性を示す）と予想していたが、中和活性があらわれないどころか、抗血清によって感染が増強したのである。

さらに不思議なことに、56・5度（抗体が活性を保てる温度）で血清を熱処理すると、中和活性が見られるようになった。

この結果は、いったい何を意味しているのだろうか――。

見えてきた知られざるメカニズム

その後も試行錯誤しながら実験を繰り返すうち、予想外の結果が出た原因が、おぼろげながらに見えてきた。

1990年代後半当時、デング熱を引き起こすデングウイルスやAIDS（後天性免疫不全症候群）を引き起こすHIV（ヒト免疫不全ウイルス）などで、これと似た現象が知られていた。「抗体」の存在によって「感染」が「増強」される「抗体依存性感染増強（Antibody-Dependent Enhancement：ADE）」と呼ばれる現象である。

だが、私が遭遇した現象は、デングウイルスやHIVのADEとは違うメカニズムで起きていると推測された。というのも、これらのウイルスのADEは特定の免疫細胞だけで見られるのに対し、私たちの実験で使った細胞はヒトの腎臓由来のものだったからだ。

デングウイルスやHIVでADEが起こるポイントは、免疫細胞の「Fcレセプター（受容体）」にある。Fcレセプターとは、抗体の「Fc部（定常部）」と結合する細胞側の受容体のことである。私たちが実験で使ったヒトの腎臓細胞に、Fcレセプターは存在しない。

前述のように、抗体はY字型をしている。抗体がさまざまなエピトープと結合する多彩なバリエーションは、Y字の二股部分のFab部によって実現されている。Fab部を「可変部」とも呼ぶように、この部分の形態がエピトープと特異的に結合するように変化する。すなわち、エピトープとFab部は「カギとカギ穴」の関係にある。

抗体は、Fab部によって抗原と結合して「抗原抗体複合物」となる一方で、抗体の根本の軸の部分、「Fc部（定常部）」は免疫細胞の「Fcレセプター」と結合する。すなわち、抗体が媒介となって抗原（抗原決定基）と免疫細胞を架橋するようになる（図2-13・左）。このとき、免疫細胞は

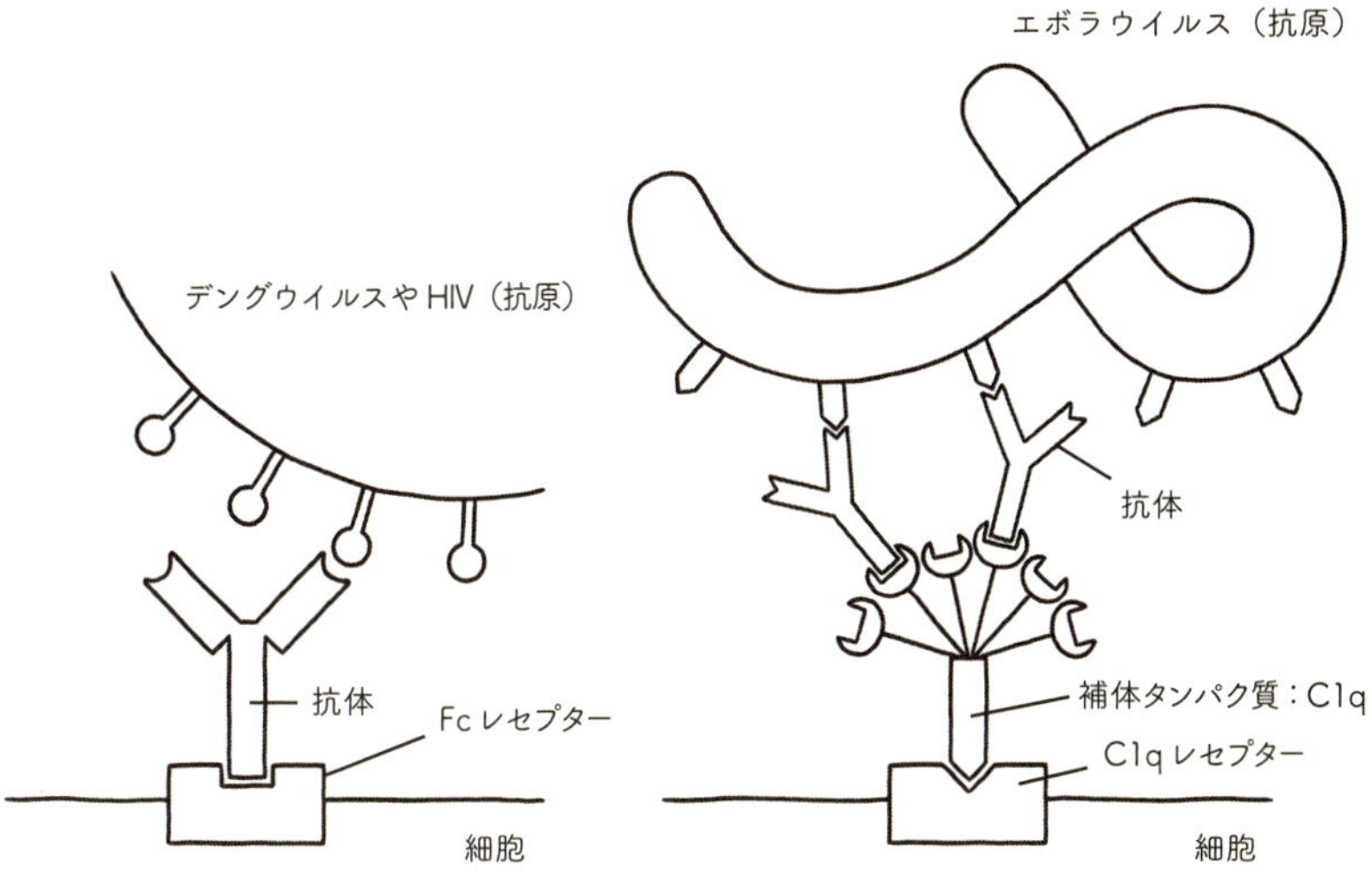

図2-13　**抗体依存性感染増強（ADE）の仕組み**

抗体から抗原（抗原決定基）に関するさまざまな情報を受け取って免疫反応を活性化させる。それが、本来の「Fcレセプター」の役割である。

デングウイルスやHIVは、この抗体の働きを逆手にとって感染力を増強させている。ウイルス抗原が、Fcレセプターによって免疫細胞と架橋されたのを足がかりに、免疫細胞内へ侵入を果たすのだ。それにより、まさに抗体の存在によって感染が増強される。それが、従来知られていたADEのメカニズムである。

だが、Fcレセプターを持たないヒトの腎臓由来の細胞で、同じことは起こりえない。また、抗血清を熱処理するとADE活性が失われることの説明がつかない。見た目の現象は似ていても、エボラウイルスでは、デングウイルスやＨＩＶと異なるメカニズムが存在するはずだった。

免疫を逆手に取る巧妙な仕組み

その後の実験で、ＡＤＥを起こす抗体が、実際のエボラウイルス感染においてもたしかにつくられていることが明らかになった。過去にエボラウイルス（ザイール種）に感染・回復した患者８名の抗血清を調べたところ、５例で明らかな感染増強活性が見られたのだ。

では、抗血清中の何がＡＤＥを引き起こしているのか。さまざまな実験を通じて見えてきたのは、「補体（Complement）」と呼ばれるタンパク質が関与している可能性である。「補体」とは、脊椎動物を異物から守る防御機構のひとつである（補体の一部は無脊椎動物にも見られる）。

もう少し具体的に言えば、血清中に存在し、免疫システムの働きを補うタンパク質の総称である。補体タンパク質は連鎖的に反応し、異物の細胞膜を破壊したり、自然免疫系の細胞の働きを活性化したりする。ある種の抗体は、補体を活性化してウイルスを破壊することも知られている。

そして、補体は熱に弱い。熱処理によって中和活性が見られるようになったことも説明がつく。

こうした仮説にもとづき実験を続け、私たちはＡＤＥを引き起こしている分子を特定した。「Ｃ１ｑ」と呼ばれる補体タンパク質である。「Ｃ」は補体の英語名（Complement）の頭文字、「１」は補体のなかのグループを示す数字、「q」はそのなかの分類名だ。
「C1q」は、抗原に反応した抗体（抗原抗体複合物）と結合し、補体反応を最初に活性化させるトリガー（引き金）の役割を担う。通常の補体反応では、続いて「C1」グループのタンパク質の反応が連鎖的に活性化し、後続の反応が引き起こされるが、エボラウイルスの場合はそれとは異なる反応が起きていた。後続の連鎖反応が起こる前に、「C1q」が細胞の「C1qレセプター（受容体）」と結合し、ウイルスに結合した抗体と細胞を架橋していたのだ（図2-13・右）。それにより、エボラウイルスは細胞への侵入を果たしていると推測された。「C1qレセプター」が体内の多くの細胞に存在していることも、この推測を支持する。

これは、デングウイルスやHIVのADEと、レセプターを介して細胞とウイルスが架橋されているという点でメカニズムがよく似ている。

さらにその後の研究で、「C1q」を介してADEを引き起こす抗体は、デングウイルスやHIVと同じく、免疫細胞のFcレセプターを介したADEも引き起こすことが明らかになった。同じ抗体が、ふたつの異なる経路でADEを引き起こしていたわけだ。また、これらの現象が、エボラウイルスと近縁のマールブルグウイルスでも起こること、病原性の強いウイルスほど感染増強抗体（ADE抗体）を強く誘導することも、後の継続的な研究で突き止めた。

ADEに関する一連の実験では、ADE抗体が、エボラウイルスの表面糖タンパク質GPのどの部分をエピトープとして認識しているかも明らかになった。ADE抗体のほとんどは、先に述べた「糖鎖が集中して付いている領域」を認識している。

抗体をつくり出すクローン細胞

ＡＤＥの実験と並行して、他の抗体の研究も続けていた。

抗体は、免疫細胞のＢ細胞から、ひとつの抗原に対して複数つくられうることに先に触れた。抗原が持つ複数のエピトープを免疫システムが認識し、その情報にもとづいてＢ細胞が複数種類の抗体をつくり出す。

このとき、単体のＢ細胞からはただひとつの抗体しかつくられない。だが、生物個体を取り巻く環境中には、細菌やウイルスのような病原体をはじめ、数え切れない種類の抗原が存在する。そうした無数の種類の抗原から、免疫システムはいかに自己を守っているのだろうか。

その答えは、「生まれた時点で、数多くの種類の抗原に対応可能なＢ細胞のセットをひと揃い持っている」ということになる。これは獲得免疫系の仕組みを備えた脊椎動物に限られるが、生まれながらにして持っているＢ細胞の種類は、哺乳類で数百万〜数億種類にものぼると推定されている。これだけ多彩なバリエーションがつくられる仕組みは、利根川進博士によって解明された。利根川博士はその功績を讃えられ、１９８７年にノーベル生理学・医学賞を受賞した（免疫学

図2-14　免疫学領域で授与されたノーベル生理学・医学賞（1901-2018年）

1901	エミール・A・フォン・ベーリング〔ドイツ〕	血清療法の研究、特にジフテリアへの応用
1908	パウル・エールリッヒ〔ドイツ〕 イリヤ・イリッチ・メチニコフ〔ロシア〕	免疫に関する研究
1913	シャルル・ロベール・リシュー〔フランス〕	アナフィラキシーの研究
1919	ジュール・ボルデー〔ベルギー〕	免疫に関する研究
1930	カール・ラントシュタイナー〔オーストリア〕	ヒト血液型の発見
1972	ジェラルド・モーリス・エデルマン〔アメリカ〕 ロドニー・ロバート・ポーター〔イギリス〕	抗体の化学構造に関する発見
1977	ロジェ・ギルマン〔フランス、アメリカ〕 アンドリュー・シャリー〔アメリカ〕（ポーランド生まれ）	脳のペプチドホルモンの放射免疫測定法の開発
1984	ニールス・イェルネ〔デンマーク〕（イギリス生まれ） ジョルジュ・J・F・ケーラー〔ドイツ〕 セーサル・ミルスタイン〔アルゼンチン、イギリス〕	免疫系の発達と制御における特異性に関する理論、モノクローナル抗体の作成原理の発見
1987	利根川進〔日本〕	抗体の多様性に関する遺伝的原理の発見
1996	ピーター・ドハーティー〔オーストラリア〕 ロルフ・ツィンカーナーゲル〔スイス〕	細胞性免疫防御の特異性に関する研究
2011	ブルース・ボイトラー〔アメリカ〕 ジュール・ホフマン〔フランス〕（ルクセンブルク生まれ）	自然免疫の活性化に関する発見
	ラルフ・スタインマン〔カナダ〕	樹状細胞と、獲得免疫におけるその役割の発見
2018	ジェームズ・P・アリソン〔アメリカ〕 本庶佑〔日本〕	免疫を抑制する分子の発見とガン治療薬の開発

領域でノーベル生理学・医学賞を授けられた研究者を図2-14にまとめた）。

B細胞が抗体をつくるようになるのは、B細胞が初めて抗原と遭遇したあとの話である。B細胞には、抗原と特異的に結合するレセプターがあり、そのレセプターを介して抗原を認識する。このレセプターは、B細

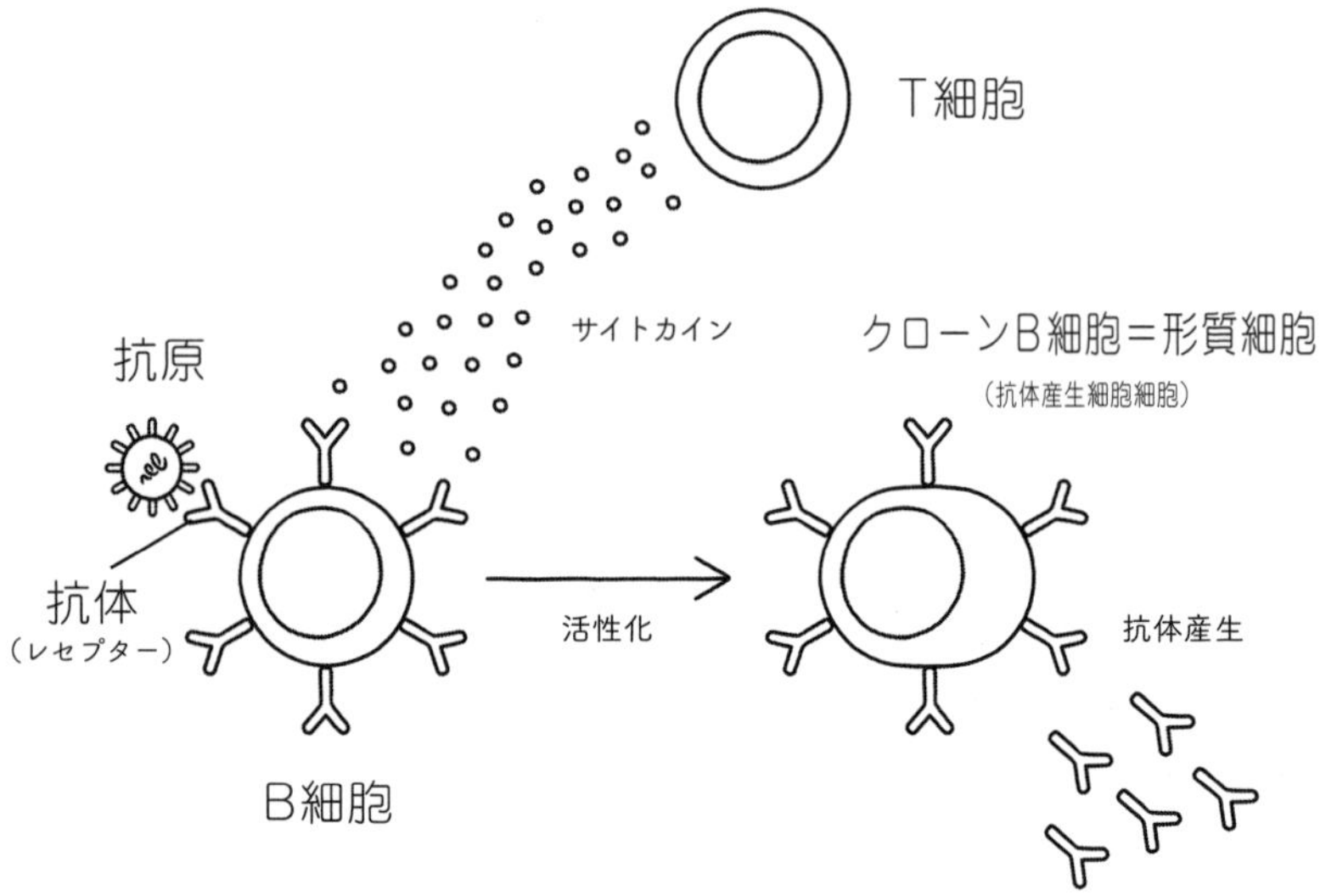

図2-15 B細胞の抗体産生

胞の表面にある抗体そのものである。

B細胞は、抗体を介して抗原を認識すると活性化し、細胞分裂によって自身のコピー（クローン）を無数につくり出す。そして、これら無数に生まれたクローンB細胞（娘細胞）から、抗体が大量につくり出される。この、抗体をつくれる状態になったクローンB細胞を「形質細胞（抗体産生細胞）」と呼ぶ（図2-15）。

このようにしてつくられる抗体は、親細胞のレセプターと同じ抗原特異性を持っている。すなわち、親細胞が認識した抗原とだけ特異的に結合することができる。

ここで、抗血清には複数の抗原を認識する抗体が含まれている、つまり、抗血清は「ポリクローナル抗体」と呼ばれるという話を思い出してほしい。

これら複数種類の抗体をつくり出しているのは、複数の抗原を認識する複数のクローンB細胞（抗体産生細胞）である。つまり、抗血清中に含まれる複数種類の抗体は、複数種類のクローンB細胞がつくりだしたものである。「ポリクローナル抗体」という名前の由来はここにある。

抗体は、生体内では常にポリクローナルな状態で存在している。既に述べたように、ひとつの抗原は多くの場合、複数のエピトープを持っており、たったひとつの抗原の侵入に対しても複数種類の抗体がつくられる。また、生物個体は生きているうちにさまざまな抗原と遭遇しており、それらに対応する抗体が生体中に存在している。

ポリクローナル抗体に対して、単一のクローンB細胞からつくられる単一の抗体が「モノクローナル抗体」だ。

生体内ではこのような状態はありえないが、単一種類のB細胞を取り出して実験環境下でクローンをつくり、モノクローナル抗体をつくり出す技術がある。この技術は1970年代に開発され、中心的な役割を果たした研究者は、1984年にノーベル生理学・医学賞を受賞した。

見えてきた治療薬の手掛かり

ここからが、私の研究に関する話である。

モノクローナル抗体の話をしたのは他でもない。この技術を使ってモノクローナル抗体をつくり出し、エボラウイルスに対する「中和抗体」と「ADE抗体」が存在するという仮説を実証することができたからだ。実際には、「中和活性もADE活性も示さない抗体」も存在し、大きく3つのグループに分けることができた。

もうひとつ、興味深い事実も明らかになった。

このときの実験では、病原性の強いザイール種と病原性の弱いレストン種のGPを用いてそれぞれの抗体を作製した。だが、レストン種のGPからは、ADE抗体がほとんどつくられることがなかった。この事実は、エボラウイルスの病原性には、このADE抗体が関わっている可能性を強く示唆している。

このとき得られたモノクローナル中和抗体は、後の治療法開発につながっていく。

一般論として、抗体を含む抗血清の投与は、感染症に対して一定の治療効果がある。先に紹介した破傷風やジフテリアに対する血清療法がその好例だが、エボラウイルスの場合、抗血清をそのまま治療法として使用するのは難しい。ADE抗体によって中和抗体の働きが相殺される可能性があるばかりか、場合によってはＡＤＥ抗体が症状を悪化させるリスクがあるからだ。

モノクローナルな中和抗体を使えば、このリスクを回避して、有効な治療薬の開発につながげられると期待された。理論上は、中和抗体だけを効率的に投与し、エボラウイルスの表面糖タンパク質ＧＰの働きを抑えることができる。

なお、抗血清や中和抗体を投与する治療法のことを「受動免疫法」と呼ぶ。通常の免疫反応（能動免疫）は、抗原の侵入に対して生体内で「能動的に」発動されるのに対し、受動免疫では、体外から投与された抗体や細胞によって、免疫が「受動的に」与えられる。

中和抗体による受動免疫法の効果を確認する実験は、アメリカのグループに先を越されはしたものの、我々の研究結果も上々の結果だった。中和抗体を投与したマウスの大半は、エボラウイルスに感染させても発症することなく生き延びた。中和抗体の投与が感染防御効果を発揮し、致死率を大幅に低減させたのである。

中和抗体に関する研究では、もうひとつ大きな成果もあった。中和抗体が、エボラウイルスの表面糖タンパク質ＧＰのどの部位をエピトープとして認識しているか、遺伝子コードレベルで突き止めることに成功したことだ。

なお、このときの実験では、致死性の高いザイール種のエボラウイルスの実物を使用した。当然、ＢＳＬ４施設が必要であり、実験のたびにカナダ・ウィニペグへ飛んだ。私の「もうひとりの師」、フェルドマン博士の協力があればこそ、一連の研究を前に進めることができた。

創薬研究最前線

2018年春の時点で、フィロウイルス感染症に対して有効な、認可された治療薬は存在しない。だが、創薬に向けた研究には、私の研究グループを含め、世界の研究者たちが力を入れて取り組んでいる。そのなかには、化合物でつくる一般的な薬のほかに、「抗体医薬」なるものが含まれている。

モノクローナル中和抗体を発見して以降、それを創薬につなげる私たちの研究の流れをざっと紹介しておきたい。

一般論として、モノクローナル抗体はさまざまな疾患に対して臨床現場で使われている。この「抗体製剤」(モノクローナル抗体)の産出法は、1970年代にその手法が確立して以降、進歩を遂げている。

1980年代半ばに最初に臨床現場で使われたモノクローナル抗体製剤は、マウスに抗原(病原体)を投与してつくられる「マウス型抗体」だったようだ。現代でも、抗体製剤研究の第1段階としてこのマウス型抗体をつくることはあるが、臨床現場でこの抗体をヒトにそのまま使うのは一般的ではない。

理由は、マウスとヒトでは抗体の形に微妙な違いがあり、異物として認識されてしまうからだ。

図2-16　モノクローナル抗体製剤の進歩

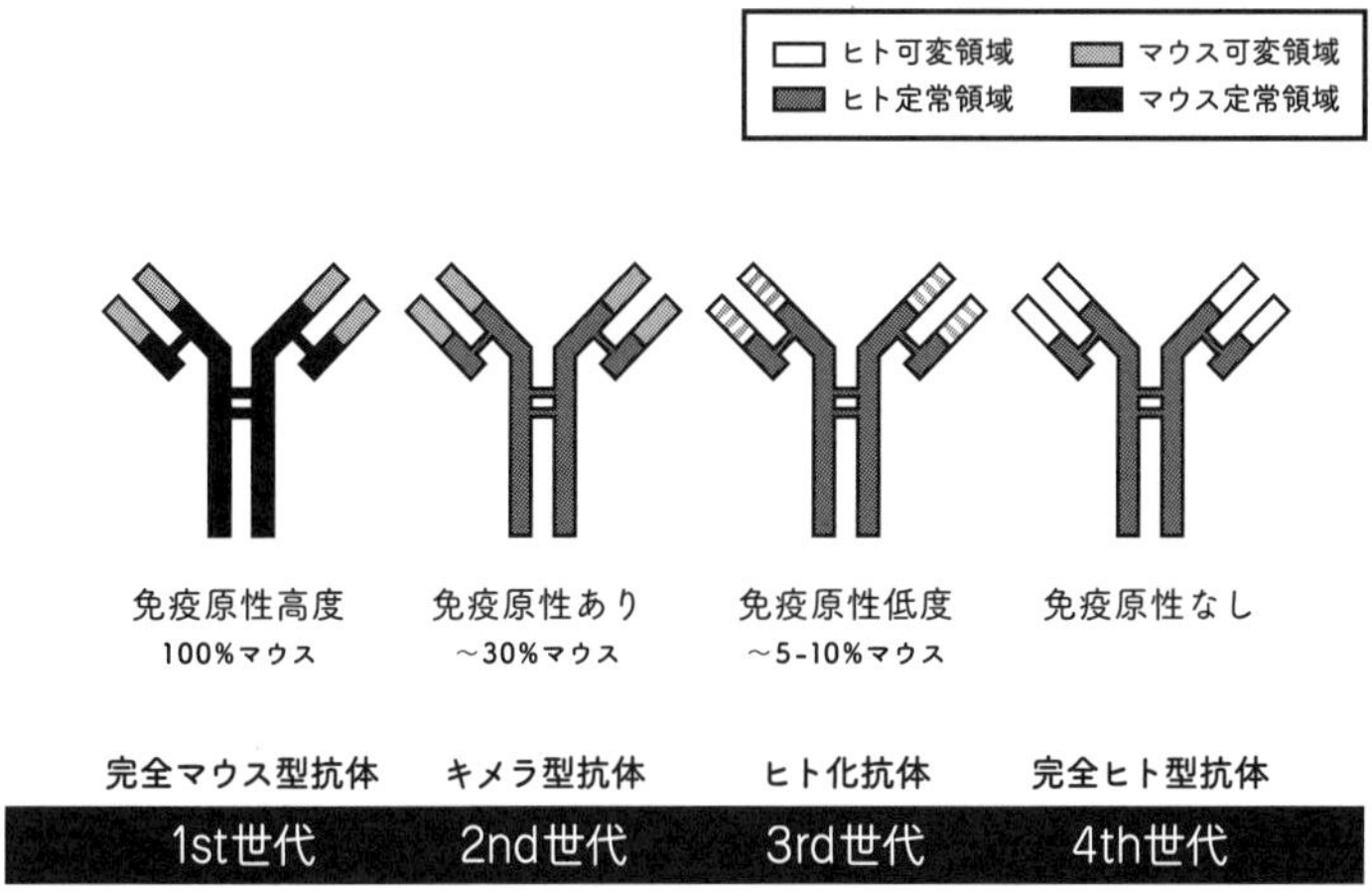

つまり、「マウスの抗体」をヒトに投与すると、それをヒトの免疫システムは抗原と認識し、「マウスの抗体に対する抗体」をつくり出してしまう。それでは受動免疫を効果的に誘導することができないばかりか、ひどいときにはアレルギーのような拒絶反応が起きてしまう。

そのため、現代の抗体製剤開発では、より安全性と有効性の高いモノクローナル抗体をつくるのが通例だ。それには次のようにいくつかの段階がある（図2-16）。

- ・マウス抗体の定常部（Fc部）をヒト型抗体に置き換えた「キメラ型抗体」
- ・マウス抗体を、定常部だけでなく可変部（Fab部）の過半もヒト型抗体で置き換えた「ヒト化抗体」

・もともとヒトの抗体からつくった「完全ヒト型抗体」

私たちがつくり出したモノクローナル中和抗体も、マウスにエボラウイルスGPを投与して得られたマウス型抗体だ。そのままでは、ヒト用の治療薬として使うことは難しい。研究を次の段階に進めるため、最低でも「キメラ型」、できれば「ヒト化抗体」をつくる必要があった。

2007年には、中和抗体の投与ではサルで感染防御が成立しなかったとする論文が出され、それを覆したい思いもあった。このときの論文では、1種類のモノクローナル中和抗体で実験を行っていたが、私たちには、中和抗体を複数組み合わせることで感染防御効果を発揮できるとの読みがあった。

だが、ここで思わぬ足踏みを強いられた。キメラ型抗体をつくるのにまず時間がかかり、それをサルでの実験用に大量に精製する段階でまた時間がかかってしまった。サルでの実験ができるレベルのキメラ抗体ができたときには2011年になっていた。フェルドマン博士は米国・モンタナに籍を移しており（2008年より米国NIHに所属）、BSL4施設での実験のために、幾度もモンタナに足を運んだ。

そのころ、ライバルの研究グループも、モノクローナル抗体製剤の開発に取り組んでいるとの情報をキャッチしていた。私たちがつくった抗体の効果を一歩でも先んじて確かめるべく、BSL4施設のあるモンタナに飛んだ。急ピッチで実験を進め、2種類の中和抗体のカクテル（組み合わせ）をサルに投与し、一定の感染防御効果があることを確かめた。

結果をまとめた論文が掲載されたのは2012年4月のこと。エボラ出血熱に対して、モノクローナル抗体の効果がサルにも認められることを世界で初めて実証した論文だった。

すべてのエボラウイルスに効く抗体

エボラ出血熱に対する初の創薬につながると期待したが、悔しいことに、製薬会社からはまったく見向きもされなかった。

だが、研究室を運営してきた立場からは、製薬会社の判断も理解はできた。研究室を「経営」していくのも研究者の大事な仕事である。

エボラ出血熱は、アウトブレイクが起こると大惨事になりかねないが、毎年決まって起こる流行性の病気ではない。感染症が起こる頻度も規模も読めない。つまり、製薬会社からすれば、薬がいつどれぐらい売れるのかの見通しを立てることができない（まったく売れない可能性もある）。

そもそも、製薬会社の研究開発の舵取りには、慎重なリスク判断が求められる。医薬品の開発と臨床試験には、長い時間と多額の資金が必要だ。そこまでしても、臨床試験で安全性や有効性に疑問符がつけば、開発に投じた資金は泡と消える。まして、日本の製薬会社からすれば遠いアフリカでの話である。

私が製薬会社の経営者だったとしても、研究開発費を回収できる見込みのないエボラ出血熱の創薬研究にはストップをかけるかもしれない。私たち研究者にできることは、薬としての有効性を科学的に実証するところまでだ。それをただやり続けるしかない。

私たちの論文から少し遅れ、ほかにも3つのグループが、同じような研究成果を論文で発表した。特に、3種類の抗体のカクテルを使用していたグループは、サルに対して100％の感染防御や治療の効果があると報告していた。私たちは時間では先んじたが、有効性では先を越された格好となった。

その研究グループが開発した抗体製剤こそ、2014年の西アフリカのアウトブレイクの際、感染者に対して使用され、ある程度の効果が認められた未承認薬「ZMapp」である。私たちが開発した中和抗体のカクテルも、日本でエボラ出血熱患者が確認された場合に投与される可能性があったが、出番はなかった。ヒトでの効果の確認も、ライバルのあとを追うことになった。

だが、研究に終わりはない。ライバルに先を越された悔しさがないと言えば嘘になるが、自分たちにできることを淡々と進めていくしかない。

実際に、その先に得られた新たな成果もあった。

そのひとつが、マールブルグウイルスに対する抗体による新たな感染阻害メカニズムの発見だ（2012年12月論文発表）。この抗体は中和活性を持たないが、細胞内に侵入したウイルスが細胞から出芽するのを効率よく阻害する働きをしている。インフルエンザの治療薬として有名なタミフルやリレンザと同じ働きだ。ウイルスそのものを無力化する力はないが、病気の進行を食い止める効果が期待できる。この抗体をもとにして、創薬につなげる研究にも取り組んでいる。

西アフリカのアウトブレイクの時期には、さらに重要な発見があった。

それまでつくられてきたモノクローナル抗体は、いずれもエボラウイルスザイール種にしか中和活性を示さないものだ。だが、エボラウイルス属には5つのウイルス種があり、ザイール種の他にもスーダン種、ブンディブギョ種はたびたびアフリカでエボラ出血熱の流行を引き起こしている。これらのウイルス種にも効果のある薬剤候補を見つけ、創薬につなげることが、エボラウイルス研究者にとって大きな目標となっていた。

研究室の大学院生からその吉報を聞いたのは、アウトブレイクの渦中のアフリカ大陸から帰国した2014年秋のこと。たった1種類のB細胞からつくられる、エボラウイルス属の5つのウイルス種すべてに対して有効な中和抗体の存在を、ついに突き止めることに成功したのだ。このときの一幕は、2015年1月にNHKの「プロフェッショナル　仕事の流儀」で放映され、一連の研究成果は2016年2月に論文で発表した。

西アフリカでのアウトブレイクが連日メディアで報道された影響で、社会のエボラウイルスに対する関心は、それ以前と比べものにならないほど高まっている（研究者の数もずいぶん増えた）。このときは、製薬会社と一緒に創薬を目指す共同研究が動き出した。目下、さらに効果的な中和抗体を探す研究や、それらの治療効果を確かめる実験に取り組んでいるところだ。

エボラウイルス迅速診断キット

感染症対策は、治療薬があればそれで事足りるわけではない。

患者に適切な治療を施し感染拡大を防ぐには、何より迅速かつ正確な診断が必要だ。だが、この「迅速かつ正確な診断」というのが難しい。

まず、フィロウイルス感染症の初期症状だけでは、インフルエンザやマラリアなどと区別がつかない。そのため、フィロウイルス感染の判定には、抗原抗体反応（4章116ページ）にもとづく診断法（ELISA法）や、遺伝子検出にもとづく診断法（RT-PCR法）などがとられるのだが、いずれも特別な装置が必要なうえ、判定には早くても数時間はかかり、「正確（高感度）」ではあっても「迅速」とは言えない。

ましてや、フィロウイルス感染症多発地帯のアフリカでは、医療や社会インフラの整備が遅れている。特に都市部から離れた小さな村落では、医療の訓練を受けた人材がいないことに加え、電力確保さえままならない。容態が悪化する患者を前に、診断もつかぬまま手をこまねいているうち、感染が拡大してしまうケースもある。西アフリカでのアウトブレイクではこうした要因が重なり、初動対応の遅れが感染拡大につながったことは4章で見た通りだ。

私たちはこうした課題の解決を目指し、エボラウイルスの迅速診断キットの開発に取り組んできた。医療用検査機器などを製造・販売するデンカ生研株式会社との共同研究である。

デンカ生研は、「クイックナビ™」というシリーズで、インフルエンザウイルスやノロウイルスなどの病原体を迅速に診断するキットを製造・販売している。このキットは、抗原抗体反応にもとづく簡易的な病原体検出手法「イムノクロマトグラフィー法」を用いており、15分ほどで診断結果が出る。「感度」では先に挙げた診断法にやや劣るが、「迅速性」と、電力やその他に特別な装置を必要としない点が優れている。

私たちはかねてより、デンカ生研とインフルエンザウイルス診断キットの共同研究を行っている。このキットの仕組みをそのままに、エボラウイルスの迅速診断キットの開発を目指した。

イムノクロマトグラフィー法のおおまかな仕組みは次の通りだ（189ページ図2-17）。キットには、セルロースの薄膜（薄い紙のようなもの）が敷き詰められており、血液サンプルなどのサンプルを数滴垂らすと、サンプルが薄膜一面に広がっていく。サンプルに抗原（病原体）が含まれていると、図中の「T」のライン（テストライン）に予め固着された抗体が、抗原を捕捉して発色する（発色する仕組みについてはさまざまな方法があるためここでは割愛する）。

なお、「T」の隣の「C」のライン（コントロールライン）は、抗原の有無にかかわらず、サンプルが染み渡ると必ず発色する。これは、サンプルが薄膜に染み渡ったかを確認するためのものだ。

結果は次のように判定する。

・「C」ラインが発色し、「T」ラインが発色しない：陰性
・「C」ラインと「T」ラインが共に発色：陽性
・「C」ラインが発色しない：薄膜に何らかの不具合がある（ただし、「T」ラインが発色していれば陽性の疑いがある）

エボラウイルス迅速診断キットの試作品が完成したのは2015年3月のことだ。「T」ラインに固着させたのは、エボラウイルスの核タンパク質NPと結合する抗体だ。以前にザンビアの共同研究者と共に作出しておいた（抗体作出の成果は2013年9月に論文発表）。

エボラウイルスに感染させたサルの血清を使ってキットの試験を行ったところ、見込み通り15分ほどで陽性反応が出た。

この迅速診断キットは、2017年と2018年にコンゴ民主共和国（旧・ザイール）でアウトブレイクが起きた際、デンカ生研からJICAを通じて合計2000個以上が現地に無償提供された。それぞれ流行初期のケースで陽性反応を示すサンプルを見出し、感染拡大の阻止に貢献することができた。また、流行中にもエボラ疑い患者の感染判定に大いに活用されたようだ。

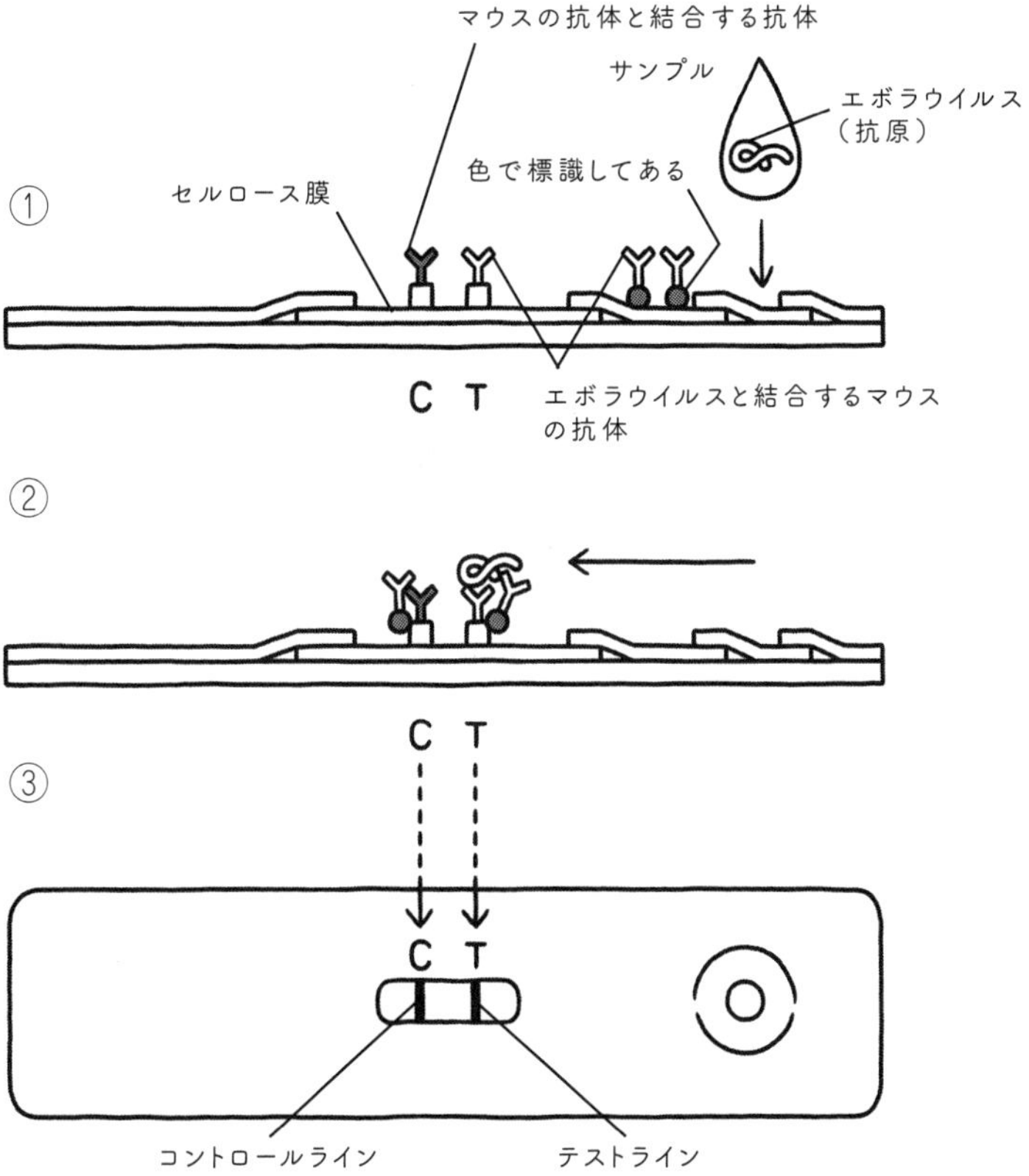

図2-17　**イムノクロマトグラフィー法を用いたエボラウイルス迅速診断キット**

偽エボラから生まれたワクチン候補

感染症対策のもうひとつの柱は、免疫を誘導して感染を防御するワクチンの接種である。だが、フィロウイルス感染症においては、従来のワクチン開発のアプローチがうまく機能していない。

ワクチンとは、病原体を意図的にヒトや動物に接種し、免疫を誘導することだ。もちろん、それによって病気を発症することがないよう、病原性を弱めたり無くしたりしている（ただし、ワクチン接種による副反応リスクをゼロにすることは難しい）。

ワクチンには、大きく分けると主に「生《なま》ワクチン」と「不活化ワクチン」の2種類がある。

前者は、病原体を他の動物や培養細胞に接種し、それを何度も繰り返して、新たな動物や細胞に適応進化した変異株をワクチンとして投与することだ。

たとえば、ヒトとマウスでは体内の環境にさまざまな違いがある。ヒトに対して病原性を発揮する病原体を、マウスの体内環境で感染を繰り返すと、そのうちマウスの環境に適応して変異が生じる。その変異病原体のうち、ヒトに対する病原性が弱まっている株を見つけ出し、それを「生きたまま」接種するのが「生ワクチン」だ。

一方、後者の「不活化ワクチン」は、病原体そのものではなく、病原体を「不活化＝死んだ」

状態にし（あるいは、分割された一部分だけ）を投与する。

両者はそれぞれ長所と短所がある。前者は「生きた」ワクチンのため、体内で増えていくことができる。その分、免疫誘導効果が高く免疫持続期間も長い。だが、生きているということは、まれに何らかの病気を発症する可能性があるほか、体内で変異を起こして、一度は弱めた病原性が高まるリスクがある。つまり、副反応などのリスクが不活化ワクチンより高い。

不活化ワクチンの長所と短所は、この裏返しだ。「死んだ」ワクチンの一部しか投与していないため、副反応のリスクは低いが（ただしゼロではない）、その分、免疫誘導効果が低く、免疫持続期間も短い。十分な免疫効果を出すためには、複数回の接種が必要なワクチンも少なくない。

ワクチンによる免疫誘導の効果と発症リスクは表裏一体、紙一重だ。

そもそも免疫システムは、病原体（異物あるいは抗原）を検出することによって発動するものだ。病原体そのものを投与した方が、免疫を誘導する効果は高いが、それによる発症リスクも高くなる。反対に、発症リスクを少しでも下げようとすると、その分だけ免疫誘導効果も下がる。

フィロウイルス感染症の場合、生ワクチンという選択肢はあまり考えられない。なぜなら、病原性を弱めることがそもそも可能かどうかという問題に加え、体内で変異が起きたときのリスクがあまりに大きいからだ。

そのため、不活化ワクチンの研究が行われているが、マウスやモルモットなどの齧歯類（哺乳綱ネズミ目）では一定の免疫誘導効果を示すものの、ヒトに近い症状を発症するサルでは十分な効果が認められないものが多い。

だが近年になって、新たなアプローチでのワクチン開発の有効性が確認され始めている。「ウイルスベクター」という手法だ。

ウイルスベクターとは、そのウイルスが本来持っている遺伝子とは異なる外来の遺伝子を、ウイルスの遺伝子内に組み込んだもののこと。それを細胞に感染させると、目的の遺伝子を細胞に発現させることができる。ベクターは「運び屋」という意味で、ウイルスに遺伝子を運ばせることからこの名が付けられた。

ウイルスベクターを用いた遺伝子導入法は、タンパク質の機能解析のような基礎研究から、遺伝子治療のような応用研究まで幅広く用いられてきた。この技術をワクチンに応用する研究が、さまざまな疾患で進んでいる。

ヒトに対して病原性のない別のウイルスをベクターとして使い、感染を予防したいウイルスの遺伝子の一部を細胞内まで運ばせる。それにより、細胞内で目的のウイルスのタンパク質の一部を確実に発現させ、免疫を誘導する仕組みだ。

エボラ出血熱に対しては、このアプローチで複数のワクチン開発が進んでいる。

そのうちのひとつが、私たちがエボラウイルスの研究を始めるために最初に開発した偽エボラウイルス（シュードタイプウイルス）、すなわち遺伝子を組み換えた水疱性口炎ウイルスを利用したものである。

運び屋（ベクター）であるVSVが運ぶのは、エボラウイルスの表面糖タンパク質GPである。このワクチンの開発には、かつて私が足繁く通った、カナダ・ウィニペグのNMLの研究チームと米国モンタナのRMLのフェルドマン博士の研究チームが研究開発を進めている（私自身がワクチン開発に関わっているわけではない）。

２０１４年の西アフリカのアウトブレイクの際には、未承認段階ながらこのワクチンが使用され、一定の安全性と効果が確認された。研究開発は臨床試験段階に進んでおり、効果も確認されている。２０１８年のコンゴ民主共和国でのアウトブレイクの際にも用いられ、現在、エボラウイルスのワクチンの最有力候補のひとつとなっている。

8章 エボラウイルスの生態に迫る

人獣共通感染症のための「先回り予防戦略」

話は再びザンビアである。

プロローグでも触れた通り、ザンビア大学獣医学部との国際共同研究は、日本の文部科学省のプログラムの枠組みのなかで実現した。文科省のこのプログラムは略称「J-GRID」と呼ばれ、2005年から5ヶ年計画で始まり、2018年現在は第3期のプログラムが進行中だ。このプログラムには、北海道大学をあわせて9つの大学が採択され、9つの国の研究機関と国際共同研究を行っている（197ページ図2-18）。

第1期（2005〜2009年度）の「新興・再興感染症研究拠点形成プログラム」の主たる目的は、世界各地で頻発していた新興・再興感染症を食い止めることにあった。そのために日本の知見や技術を活かせるように、国際研究協力の枠組みが整備された。

第2期（2010～2014年度）の「感染症研究国際ネットワーク推進プログラム」は、新興・再興感染症にとどまらず、国際的な感染症対策を進めることが目的に掲げられた。第3期（2015～2019年度）はそれをさらに発展させ、「感染症国際展開戦略プログラム」として展開されている。

北海道大学は、第1期より一貫して、「人獣共通感染症克服のための国際共同研究」に取り組んでいる。目的は「人獣共通感染症克服のための包括的研究開発」である。

人獣共通感染症は、病原体が自然界から人間社会に偶発的に供給されることで発生する。自然界を人為的に制御することは不可能である。ましてや、病原体となる細菌やウイルスなどの微生物は目で見ることができず、病原体の存在は発症によって検知されるケースがほとんどだ。人獣共通感染症を根絶することは、およそ不可能だと言える。

だが、人獣共通感染症対策として有効な手段は存在する。たとえば、自然界での病原体（ウイルス、細菌など）の生息状況を定期的にモニターし、ヒトへの感染リスクを最小限に抑える「先回り予防戦略」をとることだ。それにはまず、自然宿主を突き止めることが不可欠だ。ザンビアの森でのコウモリ捕獲大作戦はそのために行っている。

この研究プロジェクトに、私たちは次のような目標を設定して取り組んでいる。

J-GRIDで構築された海外の研究拠点ならびに既存の研究ネットワークを活用して、地球規模で病原体の生息状況を調べること（グローバルサーベイランス）。調査で分離される病原体や遺伝子を保管し、研究資産としてライブラリーを構築すること。人獣共通感染症克服のための「先回り予防戦略」を策定すること。人獣共通感染症対策専門家を、日本ならびにザンビアなどで養成することなどだ。

本プロジェクトが対象としている病原体は、フィロウイルスだけではない。私のもうひとつの研究対象であるインフルエンザウイルスに加え、感染症を引き起こすウイルスや細菌などについて、生態や感染メカニズムを幅広く調査している。4章でも触れたように、それらのウイルスを安全に扱うため、BSL3実験室も本プロジェクトのなかで整備した。

なお、本研究の事業主体は北海道大学だが、その中核を担うのは、2005年に学内に設立した「人獣共通感染症リサーチセンター」だ（私も発足当初から本センターに所属している）。センター所属の研究者が中心となり、学内の医学研究科や獣医学研究科などの研究者らと連携して研究に取り組んでいる。一部の研究は学外の大学・研究機関の協力も仰いでいる。

15年近くこの事業に取り組み、海外に研究拠点を維持して共同研究を続けていくことの重要性を強く感じている。共同研究先との関係が年々深まり、研究の質が向上していく。人材が育ち、一緒に取り組める研究が増えていく。

国境のない感染症から日本を守るためだけではなく、国際社会への貢献を続けていくために、この国際共同研究プログラムを継続していくことがきわめて重要である。

図2-18　感染症研究国際展開戦略プログラム（J-GRID）の活動拠点

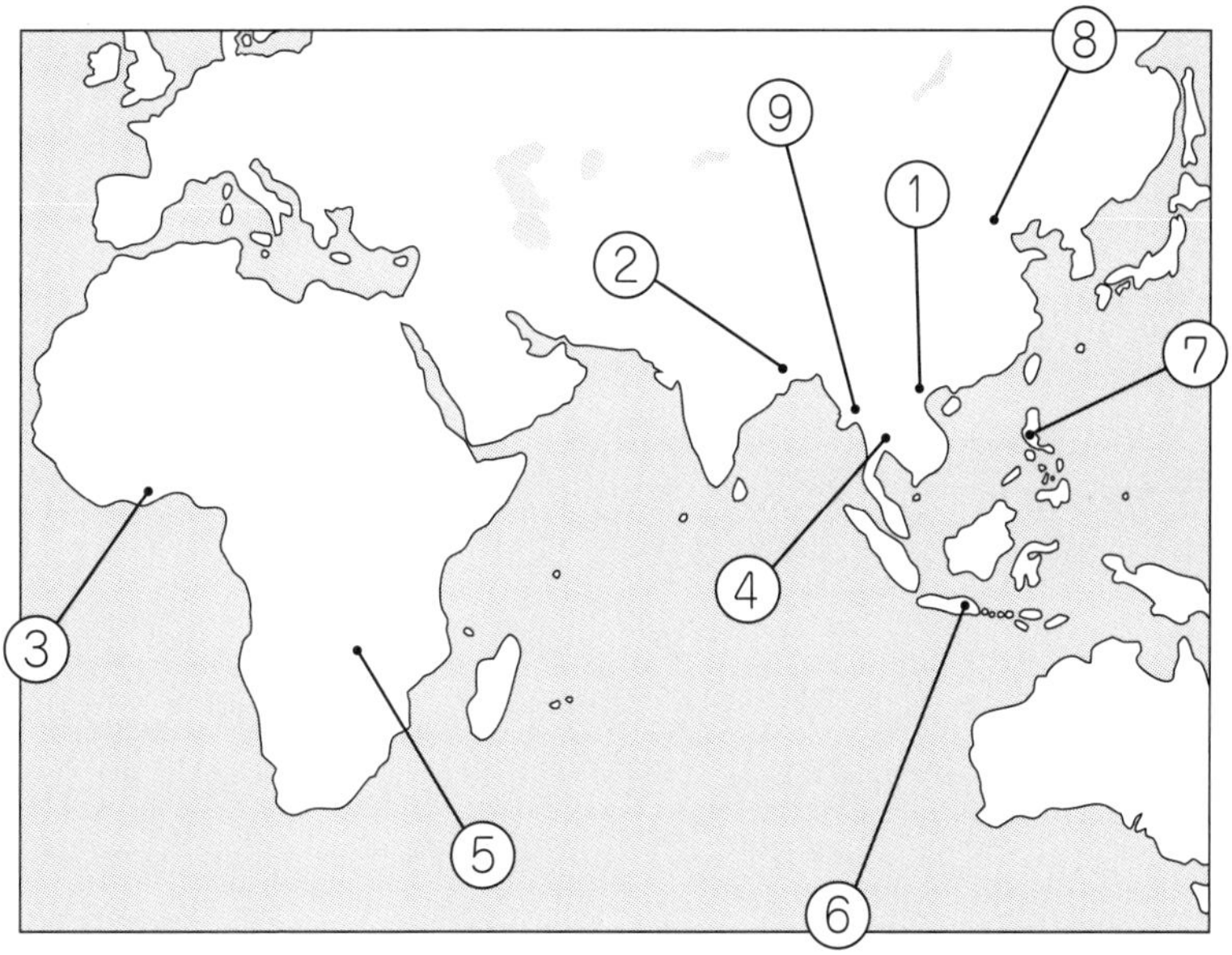

①ベトナム
《長崎大学 拠点》
・国立衛生疫学研究所
《国立国際医療研究センター 拠点》
・バックマイ病院など

②インド
《岡山大学 拠点》
・国立コレラおよび腸管感染症研究所

③ガーナ
《東京医科歯科大学 拠点》
・ガーナ大学野口記念医学研究所

④タイ
《大阪大学 拠点》
・国立予防衛生研究所
・マヒドン大学熱帯医学部
《動物衛生研究所 拠点》
・国立家畜衛生研究所

⑤ザンビア
《北海道大学 拠点》
・ザンビア大学、サモラ・マシェル獣医学部

⑥インドネシア
《神戸大学 拠点》
・アイルランガ大学熱帯病研究所

⑦フィリピン
《東北大学 拠点》
・フィリピン熱帯医学研究所

⑧中国
《東京大学 拠点》
・中国科学院 生物物理研究所
・中国科学院 微生物研究所
・中国農業科学院ハルビン獣医研究所

⑨ミャンマー
《新潟大学 拠点》
・国立衛生研究所
・ヤンゴン第二医科大学
・サンピュア病院
・ヤンキン小児病院

研究は人とのつながりで進む

ここで、北大がザンビア大学獣医学部と共同研究を始めることになった経緯についても触れておこう。

そもそもの話、ザンビア大学獣医学部は、1983年、日本の政府開発援助（ODA）によって設立された。北大は当時からザンビア大学獣医学部とつながりを築き、教育や研究を目的に研究者を現地に送り、現地から留学生や研究生を受け入れていた。

私が北大の大学院生だったころ（1993〜1996年）も、ザンビア大学獣医学部から研究室に留学生が来ていた。名前はアーロン・ムウェネ。同級生となった彼とは共に研究に励み、よく遊び、よく酒も酌み交わした（写真）。

アーロンは、私と同じく喜田先生の微生物学教室で博士号を取得し、ザンビアに戻って、ザンビア大学獣医学部で教鞭をとっていた。私たちが卒業するとき、アーロンとはこんな約束を交わしていた。

「いつかザンビアに行くから、そのときは一緒に研究をしよう」

こうした人的つながりがあればこそ、J-GRIDのプログラムのもと、国際共同研究をスムースに進めることが出来ている。

若かりし日のアーロンと私

2006年のザンビア訪問は、このときの約束から10年越しのものだった。首都ルサカの空港に降り立ったときは、アーロンと研究に励み、寝食を共にした月日の記憶が蘇った。

このプロジェクトの一環で、2007年には、ザンビア大学獣医学部内に北大のザンビア拠点を設立した。その際も、アーロンにはおおいに助けられた。研究は、人とのつながりで進んでいくものなのである。

2012年には、J-GRIDと並ぶもうひとつの大型国際共同研究事業が、ザンビアで動き出した。それが、「地球規模課題対応国際科学技術協力プログラム（SATREPS）」によるプロジェクト、「アフリカにおけるウイルス性人獣共通感染症の調査研究」である。

本プロジェクトには、北大人獣共通感染症リサーチセンターとザンビア大学獣医学部が共同で取り組んでいた。このプロジェクト発足も、アーロンとの結びつきを抜きにしては語れない。SATREPSは、JICA（国際協力機構）とJST（科学技術振興機構）、AMED（日本医療研究開発機構）が共同出資しているユニークな事業だ。

JICAは開発途上国への国際協力を行う外務省所管の独立行政法人、JSTは競争的研究資金を研究機関に配分する文科省所管の研究開発法人。AMEDは2015年に設立された内閣府所管の研究開発法人である。AMEDの設立目的は、医療分野における基礎研究から実用化までの研究開発が円滑に進むよう、環境整備を行うこと。具体的には、文科省・厚労省・経産省からの補助金をもとに、医療分野の研究予算を管理・配分する。

SATREPSの最大の特徴は、単なる研究プロジェクトではなく、JICAが関わる国際協力事業でもあることだ。国際共同研究により科学技術振興を目指すだけでなく、日本の科学技術による国際協力・開発途上国支援が、このプログラムの大きな柱のひとつになっている。すなわち、学術研究と国際協力が一体化した事業である。

人獣共通感染症は途上国で多発しているが、動物が病原体を運ぶため、国境はない。つまり、全世界がそのリスクに曝されている。その制圧を目指す私たちに、SATREPSは最適な環境を提供してくれた。

ザンビアのSATREPSプロジェクトは、J－GRIDのプロジェクトと協力しながら、研究や現地への技術移転に取り組んでいる。研究対象のウイルスは、フィロウイルスとインフルエンザウイルスを中心に、南部アフリカで流行する可能性のあるウイルスのほか、未知のウイルス探索も視野に入れている。

先述のように(4章107ページ)、2014年に西アフリカでエボラ出血熱のアウトブレイクが発生した際は、ザンビア政府から私たちのプロジェクトチームに支援要請が出された。ザンビア国内でエボラ疑い症例が出た場合、陰性・陽性の確定診断を下すためである。

私たちはザンビア国内でBSL3実験室を持つ数少ない研究機関のひとつであり、エボラウイルスに関する専門的な知見を有する唯一のチームだ。加えて、国際協力・途上国支援という枠組みのもと、現地スタッフによる診断体制づくりに貢献してきたことがザンビア政府から高く評価された結果だ。

2014年の私のザンビア滞在中には、疑いサンプルが持ち込まれ、現地スタッフの尽力もあり速やかに判定を下すことができた。これも先に述べた通り、2018年までに21例の疑いサンプルが持ち込まれ、私たちのチームで確定診断を下している。いずれも陰性であり、ザンビアではエボラウイルスはまだ確認されていない。

SATREPSプロジェクト「アフリカにおけるウイルス性人獣共通感染症の調査研究」は、2018年5月で終了した。ザンビア大学だけではなくザンビア政府関連機関との協力体制も確立し、アフリカにおける人獣共通感染症の克服を目指した研究活動を、今後も継続的に推進していく第一歩を踏み出すことができた。

2019年には、このプロジェクトを発展させた第2期プロジェクトを開始する予定だ。ザンビアでの活動を継続・発展させるのみならず、エボラ出血熱の多発地帯であるコンゴ民主共和国をフィールドに加え、フィロウイルス研究を大きく前に進めていくつもりである。

エボラウイルスは「どこ」にいるのか

2006年末にザンビアの森で始めたコウモリ捕獲大作戦は、その後、現在（2018年）に至るまで毎年続けている（年に数回実施することもある）。

10年以上にわたって捕獲したコウモリの数は1000頭以上にものぼるが、私たちのチームも世界の他の研究グループも、いまだにオオコウモリからエボラウイルスそのものを分離できてはいない。私たちが見つけられたのはエボラウイルスの「抗体」までである。

あまりにウイルスが見つからないため、エボラウイルスの自然宿主はオオコウモリではなく、別の動物だとする見方もある。有力候補としてかねてから指摘されているのが、野生の霊長類もしくはネズミなどの齧歯類（哺乳綱ネズミ目）だ。ネズミからはエボラウイルスの遺伝子が検出したという報告がひとつある。

サルについても少し触れておきたい。我々が実験に通常用いるサル（アカゲザルやカニクイザルなど）はエボラウイルスに感染すると急性出血熱を引き起こすため、自然宿主とは考えにくい。だが、野生のサルのなかにはエボラウイルスに対して抵抗性を示し、持続感染となる種も存在しているのかもしれない。

だが、既に見たように、オオコウモリからはエボラウイルス（ザイール種）の遺伝子断片も見つかっている（報告は1回のみだが）。抗体と遺伝子が見つかっていることを考えると、オオコウモリがウイルスの伝播や分布拡大に重要な役割を果たしていることは間違いなさそうだ。近縁種のマールブルグウイルスがオオコウモリから見つかっていることも、オオコウモリ自然宿主仮説を支持する。

フィロウイルスの自然宿主探しが足踏みを強いられているのはなぜか——。

ある生物がウイルスの自然宿主であると証明するには、感染力のあるウイルスそのものもしくはある程度の量の遺伝子（RNA）が、宿主個体ないし集団から長期的かつ持続的に分離され、他の生物への感染源になっていることを示さなければならない。野生動物からエボラウイルスそのものが見つかっていない状況では、何が自然宿主かを断定することは不可能である。

人獣共通感染症を引き起こすフィロウイルスが、自然界からヒトへどのように感染したか、これまでのアウトブレイクでは直接の感染源は、ほとんどの場合突き止められていない。だが、いくつかのケースでは、サルもしくはコウモリからヒトへ直接感染したことが分かっている。

フィロウイルスの自然界からヒトへの伝播経路を、これまでの発見や仮説からまとめると、**図2-19**のようになる。

サルやコウモリからヒトへ直接感染したケースは、図のaとbに該当する。また、両者の間にエボラウイルスに対して抵抗性のある動物が存在し（たとえばブタの可能性）、その動物からヒトに感染するルートも可能性としてはありうる（図のc）。

また、自然宿主の集団内では、霊長類に対して病原性の低いウイルスが維持されており、それが霊長類に感染すると、その個体あるいは集団内で変異を起こし、病原性を獲得して致死的感染を引き起こすという仮説もありうる（図のd）。あるいは、霊長類に対して高病原性のものが存在している可能性や、霊長類においても不顕性感染が実は頻繁に起きている（図のeおよびf）という可能性も否定はできない。

人獣共通感染症であるフィロウイルス感染症を克服するには、自然界でのウイルス分布状況をモニターし、ヒトへの感染を未然に防ぐ「先回り予防戦略」が必要である。そのためにも、自然宿主や伝播経路など、ウイルスの生態調査が不可欠である。

図2-19 フィロウイルスの推定伝播経路

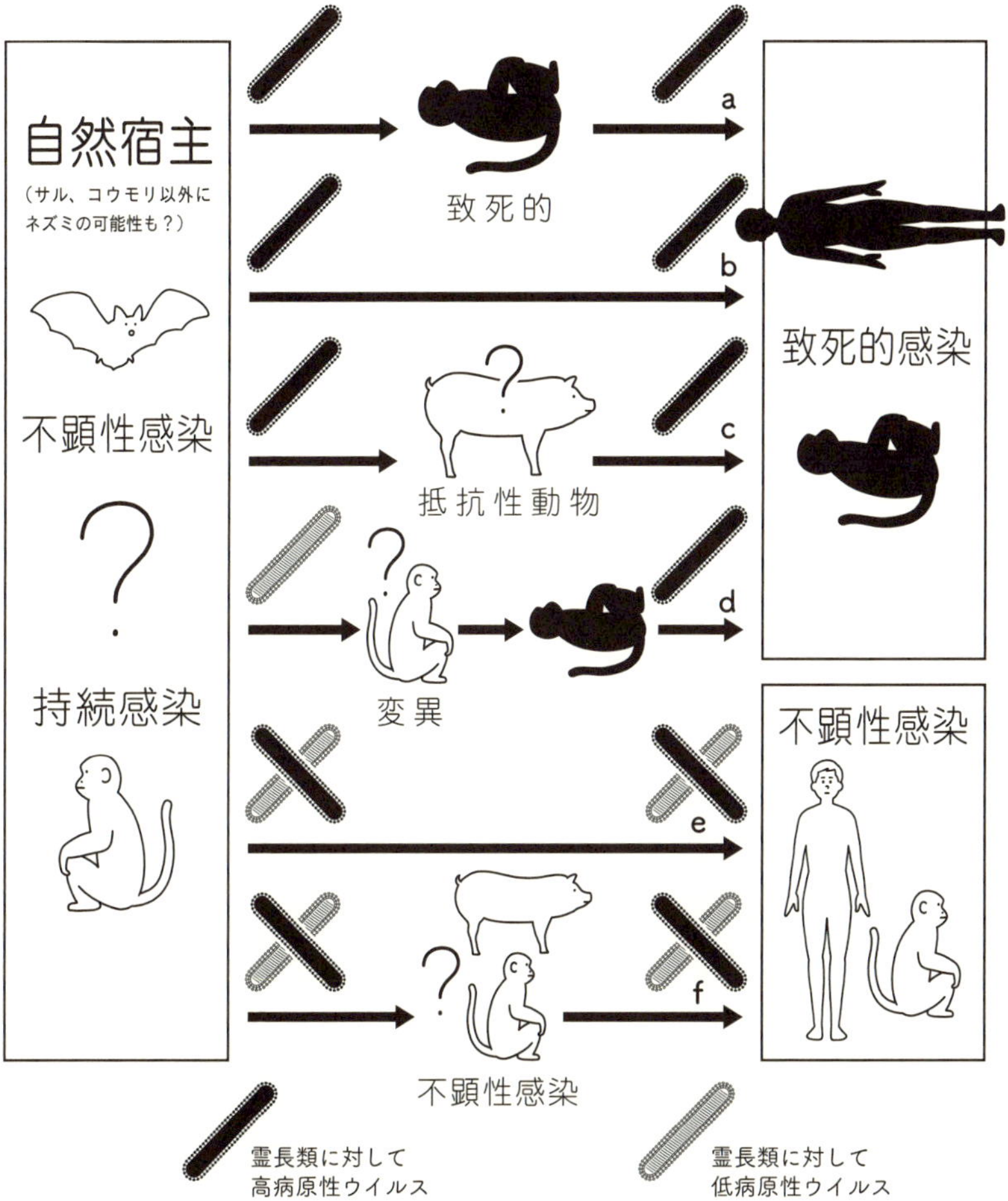

フィロウイルスに感染したサル（**a**）あるいはコウモリ（**b**）からの伝播が報告されている。仮説としては、霊長類に対して病原性が高いウイルスが抵抗性動物の不顕性感染を介して感受性霊長類に伝播する（**c**）。霊長類に対して病原性が低いウイルスが自然宿主に維持されており、病原性を獲得した変異ウイルスが病気を引き起こす（**d**）、などが挙げられる。また、霊長類の不顕性感染が頻繁に起きている可能性もある（**e** および **f**）。

ヒトでの流行とコウモリでの流行

エボラウイルスの生態や分布については、私たちがザンビアで行っているコウモリの調査から、興味深いデータが見えてきた。

フィロウイルスには3つの属と7つの種が存在し、感染の証拠となる抗体もウイルス種ごとに異なる。つまり、持っている抗体を検査すればどのウイルス種に感染していたかが分かる。

図2–20は、私たちがサンプリングしたオオコウモリ（*E. helvum*）が、どのフィロウイルスに対する抗体を持っていたかを示したものだ。抗体を持っていた個体数を母数とし、ウイルス種ごとの割合をグラフにまとめた。

グラフの右側には、ヒトでアウトブレイクを引き起こしたウイルス種を並べた。ここから相関関係らしきものが見えてくる。オオコウモリの集団内で優勢であったと思われるウイルス種と、ヒトの間でアウトブレイクを引き起こしたウイルス種には多くの場合で重なりが見られるのだ。

たとえば2006年と2007年には、オオコウモリの集団内でザイール種のウイルス感染が主に広まっていたことが、抗体の保有状況から推測される。対してヒトでは、2005年にコンゴ共和国で、2007年にコンゴ民主共和国で、ザイール種がそれぞれアウトブレイクを引き起こしている。前者は12名が感染し9名が死亡、後者は264名が感染して187名が命を落とし

図2-20　ザンビアのコウモリの疫学調査①

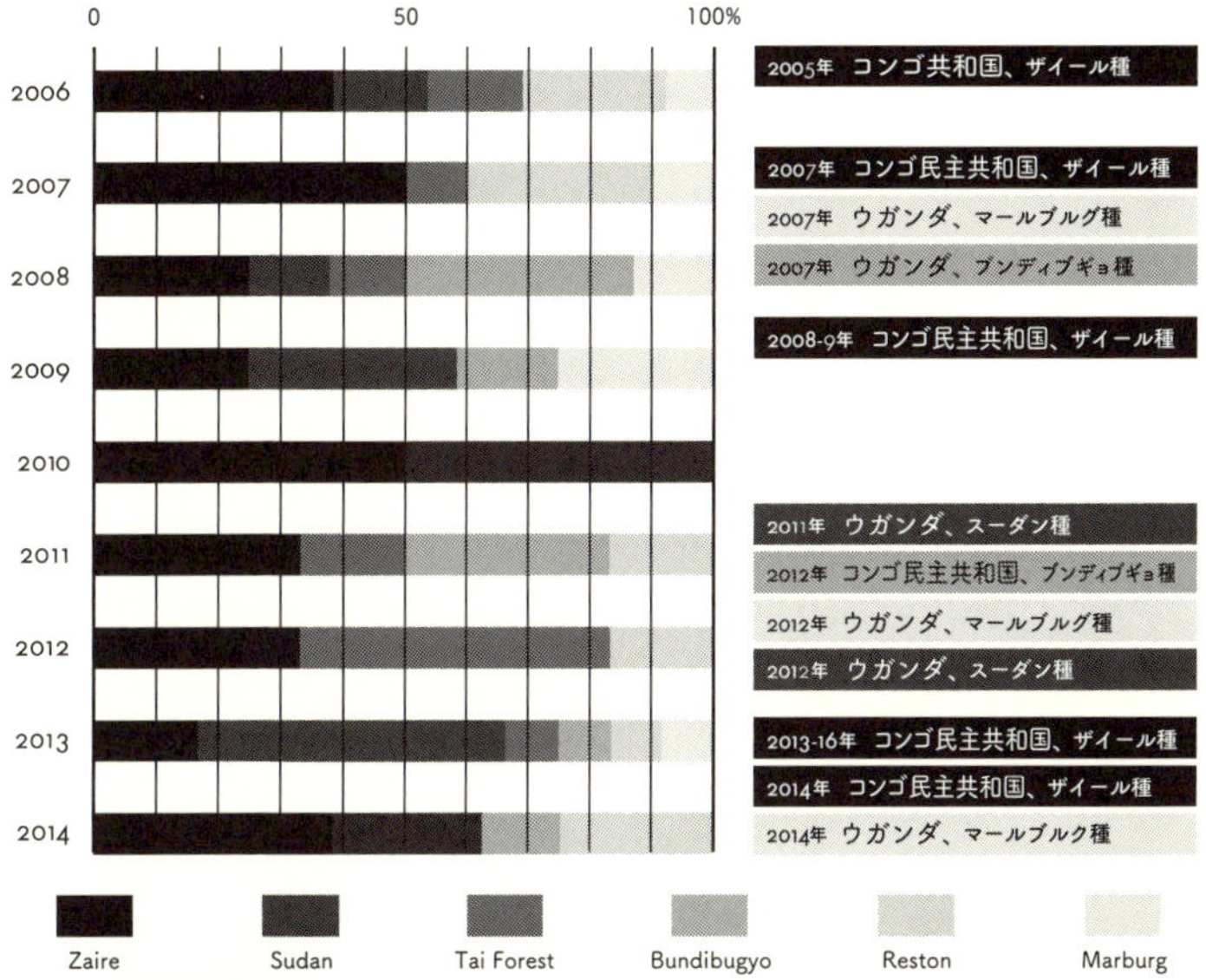

ストローオオコウモリ
（*E. helvum*）

E. helvum の血清が特異的に反応したウイルス種の割合を積み上げグラフで表した。グラフの右側に2005年以降にアフリカで発生したフィロウイルス感染症の発生年、地域および病原ウイルス種を時系列で示した。

た。

また、2007年にはウガンダでマールブルグ出血熱の小さな流行があったが（4名が感染し死亡）、オオコウモリでのウイルス分布状況をみると、2006年から2009年にかけて、マールブルグウイルスが集団内で一定割合存続し続けていることが分かる。

2007年から2008年にかけては、ウガンダでブンディブギョ種によるアウトブレイクが起きている（149名感染、うち37名死亡）。オオコウモリのサンプリングでは、2006年と2007年にはまったく見られず、2008年にブンディブギョ種の抗体を持つものが急激に増えている。さらには、2011年と2012年のウガンダでのスーダン種のアウトブレイク、2012年のコンゴ民主共和国でのブンディブギョ種のアウトブレイクにおいても、オオコウモリ集団内のウイルス分布との関連性が窺える。

いずれのケースにおいても、どちらが原因でどちらが結果かは判然としないが、オオコウモリ集団内でのウイルスの感染とヒトでの感染には、一定の関連性があるように見える。

このように、オオコウモリの集団内での感染状況をモニターすれば、近い将来、アウトブレイクが発生するリスクのあるウイルス種を予測することができるようになるかもしれない。いまはまだ、フィロウイルス感染症に有効なワクチンや治療薬は開発されていないが、いずれワクチンや治療薬が使われるようになったとき、こうした予測があれば、ウイルス種ごとに備えをしておくことも可能になる。「先回り予防戦略」の重要なアプローチになりそうだ。

図2-21　ザンビアのコウモリの疫学調査②

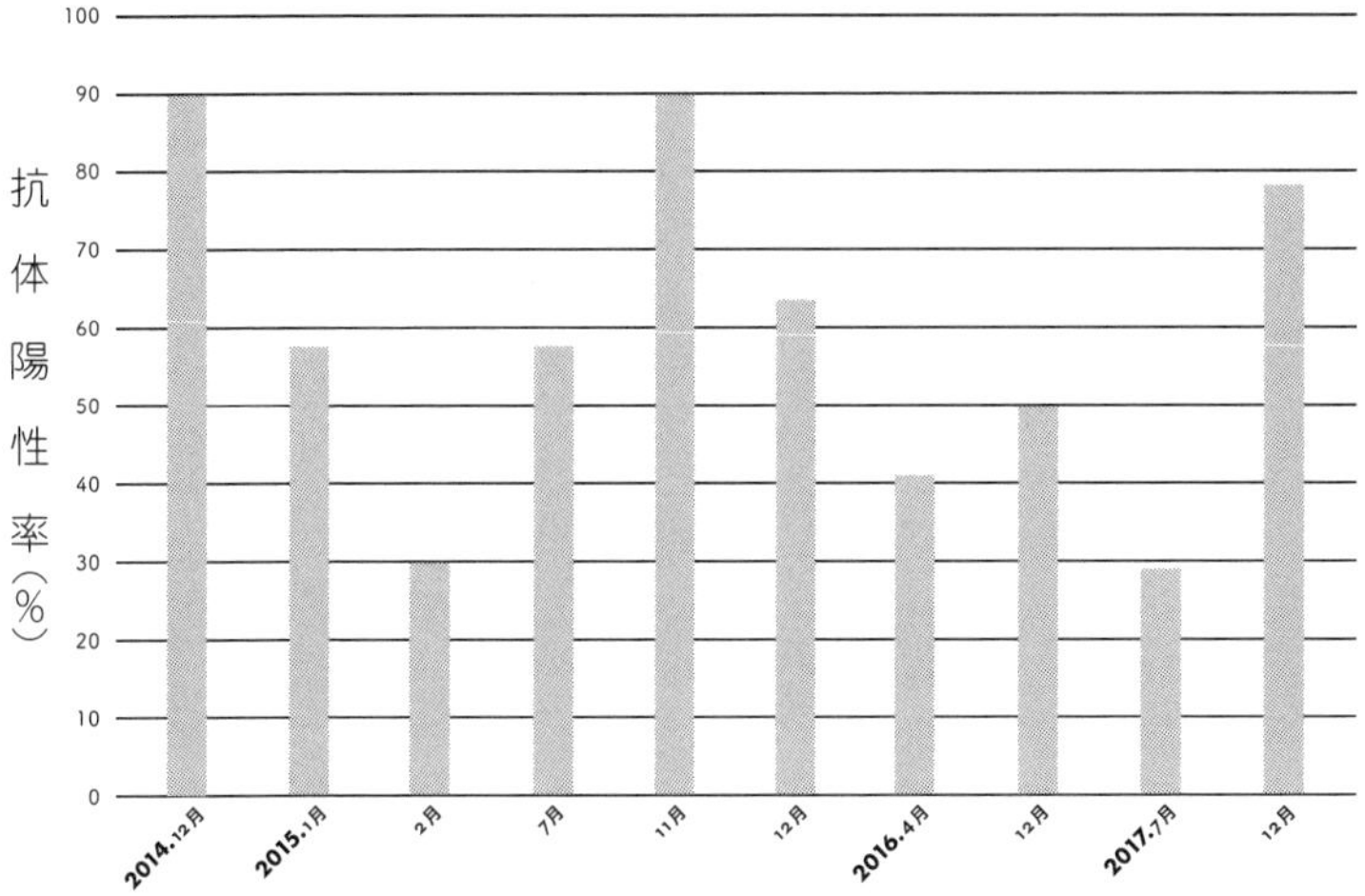

また、捕獲した別種のオオコウモリ（*Rousettus aegypiacus*）からも、非常に興味深いデータがとれた。2014年から2017年にかけて捕獲した290頭のうち、4割以上の127頭がマールブルグウイルスに対する抗体を保有していたのである（図2-21）。

ザンビアではマールブルグ出血熱の発生が確認されたことはない。だが、この結果は、ザンビアのオオコウモリ集団内でマールブルグウイルスの伝播が繰り返されている可能性を示唆している。このことを踏まえて、ザンビアでのマールブルグ出血熱発生のリスクを評価しなおす必要があるのかもしれない。

これらの仮説は、これまで蓄積したサンプルの分析を通じて見えてきたことだ。この仮説から、私たちが次に進むべき道筋が見えてきた。

当初は雲を摑むようにぼんやりしていたことが、一つひとつの研究の積み重ねによって、少しずつ視界がクリアになってくる。これだから、研究は面白くてやめられない。

フィロウイルスは、世界中にいるかもしれない

私たちのサンプリングデータは、もうひとつ興味深い事実を明らかにした。捕獲したオオコウモリのなかに、これまでアジアでしか確認されていないレストン種のエボラウイルスに反応する抗体を保有している個体が幾度も見つかったことだ。このことは、レストン種あるいはそれと類似している未知のフィロウイルスが、アフリカ大陸にも存在することを示唆している。

従来、フィロウイルスは世界の限られた地域に局在すると考えられていた。多くの種はアフリカ大陸サハラ以南にのみ存在し、ヒトには病原性を示さないレストン種のみが、例外的にアジアの赤道付近にも存在すると……。

だがフィロウイルスは、考えられているよりもはるかに広い地域に存在しているのかもしれない。2002年にフランス・スペイン・ポルトガルの洞窟から見つかった新種のフィロウイルス、クエヴァウイルス属ヨヴュ種の例も、そのことを示している。

私たちが行ったまったく別の研究結果も、そのことを強く示唆している。

2012年、インドネシアの研究者との共同研究で、オランウータンの血清中にフィロウイルスの抗体があるかを調べたときのことだ。それまでにも、フィリピンや中国でレストン種のエボラウイルスが相次いで発見されており、アジア地域のインドネシアからも、レストン種の抗体が発見されることは想定していた。

だがフタを開けてみると、レストン種だけでなく、それまでアフリカでしか存在が確認されていないザイール種やスーダン種、タイフォレスト種やブンディブギョ種、マールブルグウイルスに反応する抗体を持つものが見つかった。

フィロウイルスの分布域に関しては、地理的にだけでなく、宿主域という点でも新たな事実が見えてきている。かつては、フィロウイルスはコウモリを自然宿主とし、ときおり霊長類に感染すると思われていたが、それ以外の四足動物の感染あるいはその痕跡が見つかっている。

たとえば、2008年から2009年にかけて、フィリピンの養豚場で飼育されていたブタからレストン種が偶然見つかった。中国でも、ブタからレストン種の遺伝子が検出された。

また、2001年から2003年にかけて、ガボンやコンゴ共和国でアウトブレイク（ザイール種）が起きた際には、ゴリラやチンパンジーなどの大型野生霊長類だけでなく、ウシ科ダイカー亜科に属する動物からも、ウイルスの遺伝子が検出されている。さらに、同地域の村で飼われていたイヌのおよそ4頭に1頭が、エボラウイルスに対する抗体を有していたとの報告もある。これらのイヌに症状はなく、不顕性感染であったと考えられている。エボラウイルスは、哺乳類に幅広く感染するものなのかもしれない。

ブタのレストン種への感染については、私もたしかにその現実を確認した。フィリピンの研究者と共同で、同国のある養豚場のブタの抗体保有検査をした結果、養豚場で飼っていたブタの4割ほどから、抗体の陽性反応が出たのだ。

だが、このときの調査結果は、いまだに論文として発表できていない。ウイルスそのものの存在は確認出来なかった。論文の内容について同国研究者からの了解を得られていないからだ。

レストン種は、ブタに対して何ら症状も引き起こさないようである。すなわち、不顕性感染である可能性が高い。ヒトに対する病原性も確認されていないため、レストン種に感染したブタを食べてヒトが感染したとしても、実害はないかもしれないのだが、感染疑いの事実が公になることを、養豚場やフィリピン政府が好ましく思っていないのだ。たしかに、「エボラウイルスに感染したブタ」を食べたい、食べてもいいと思う人はそう多くないはずで、同国養豚業に大きな打撃を与えかねない。

人獣共通感染症の研究では、ときおりこうした壁に直面する。

人獣共通感染症の「先回り予防戦略」の観点からは、家畜・家禽の感染状況を調査することで、ヒトや家畜・家畜への感染被害を事前に食い止める（あるいは最小化する）ことができる。だが、こうした調査によって感染の事実が判明すると、畜産農家や農政が苦しい状況に置かれることもある。

家畜や家禽から、ヒトや家畜に病原性を示す病原体が見つかれば、家畜や家禽の殺処分が推奨される。日本のような先進国なら政府から補償金が支払われるが、そうでない国では政府の予算も潤沢ではない。殺処分を回避するべく、感染の事実を認めようとしないケースがある。先進国で補償金が支払われる場合でも、風評の被害を受けかねない。また、ヒトや家畜への病原性が低いものでも、社会の誤解による風評につながりかねない。

畜産農家からしてみれば、研究者による感染状況の調査は、決して歓迎できるものばかりではない。何事も起きないのであれば、できればそっとしておいてほしいというのが彼らの本音の場合もあるだろう。そうした彼らの理解を得たうえで、ウイルスの分布状況を調査するのも、私たち研究者がなすべき重要なことのひとつである。

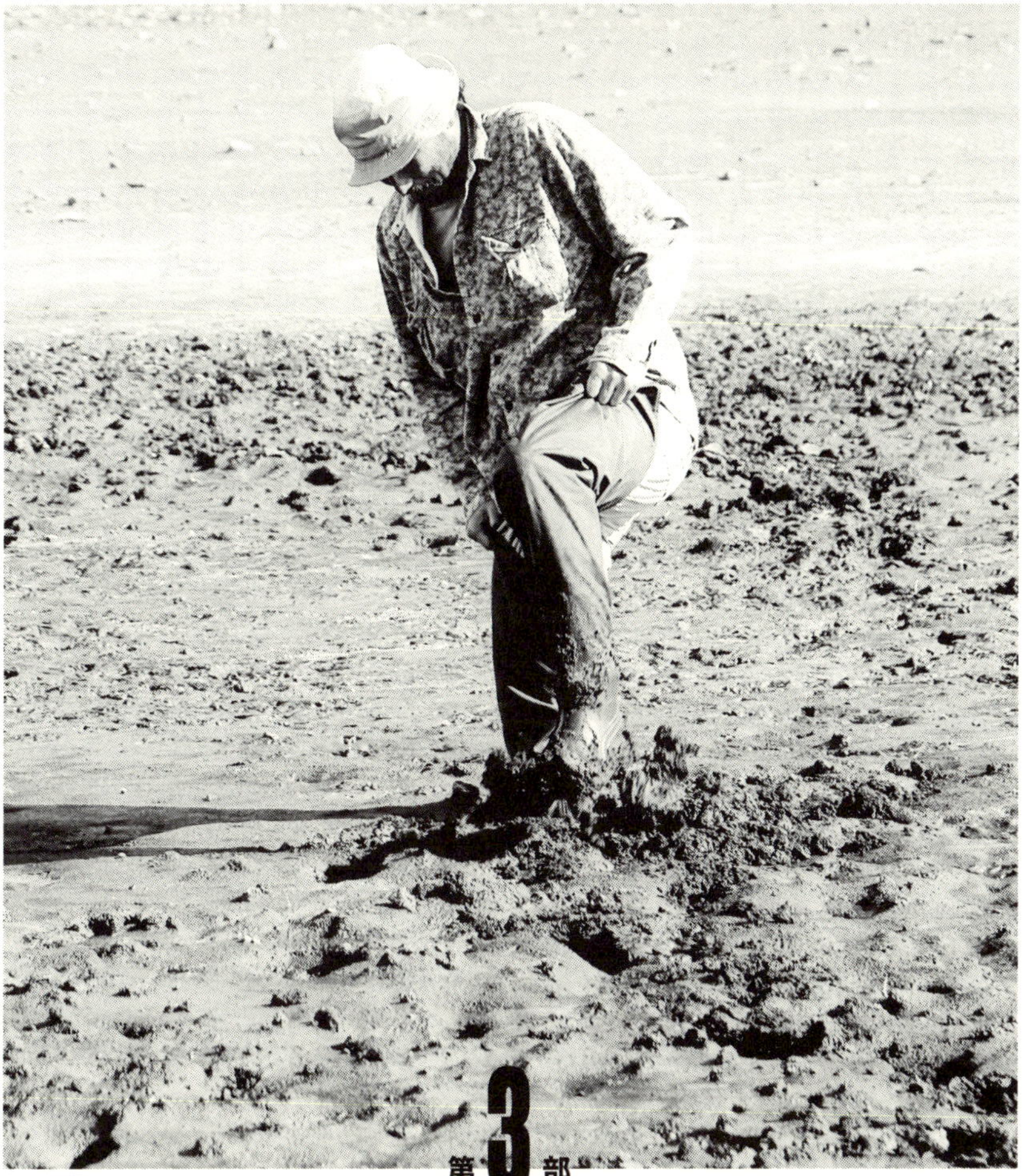

第3部

厄介なる流行りもの、インフルエンザウイルス

9章 1997年、香港での衝撃

ウイルス研究者たちを驚かせた、ひとつのニュース

1997年3月、私は米国メンフィスのセント・ジュード小児研究病院の河岡先生の研究室から、母校の北大獣医学研究科に戻ることが決まった。喜田先生のもと、微生物学教室の助手に就任することになったのだ。

その矢先、ひとつのニュースが飛び込んできた。香港の養鶏場で、7000羽近いニワトリがインフルエンザによって死んだというニュースだ。ニワトリが感染すると高い確率で死に至る、「高病原性鳥インフルエンザ」の流行発生である。

インフルエンザは、インフルエンザウイルスによって引き起こされる感染症である。ヒトが感染・発症すると、高熱や頭痛、関節痛や筋肉痛、倦怠感などの症状が見られることはよくご存じだろう。

だが、インフルエンザはヒトだけが感染する病気ではない。ニワトリやアヒルのような家禽や、カモやガンのような野生の水禽（水鳥）に加え、家畜として飼われているブタやウシやウマ、ペットとして飼われているイヌやネコ、他にもクジラやアザラシ、オットセイなど、数々の哺乳類にも感染する。すなわち、インフルエンザは人獣共通感染症である。

「インフルエンザ」という病名は、ヒトの疾患を指す言葉だが、ヒト以外の動物が感染あるいは発症した場合は、その動物種名を頭につけて呼ぶのが通例だ。つまり、鳥類の場合は「鳥インフルエンザ」、ブタの場合は「ブタインフルエンザ」、ウマの場合は「ウマインフルエンザ」という具合である。

通常、ニワトリやアヒルのような家禽が普通の「鳥インフルエンザウイルス」に感染しても、死に至るのはきわめて稀だ。軽い呼吸器症状や消化器症状が出るほか、産卵率が下がることが知られる（症状が出ないこともある）。すなわち、ほとんどの鳥インフルエンザウイルスは「低病原性」のものである。

それに対して、「高病原性鳥インフルエンザウイルス」に感染した家禽は、きわめて高い確率で死に至る。多くの場合、全身の臓器で出血を伴う組織破壊が起こる。河岡先生が、「エボラ出血熱と高病原性鳥インフルエンザが似ている」と言ったのはそのためだ。

動物の保健衛生を司る国際組織ＯＩＥ（国際獣疫事務局）によれば、「高病原性」は「最低8羽の4～8週齢（ひなから成鶏に成長する中間ぐらい）のニワトリに感染させて、10日以内に75％以上の致死率を示した場合」と定義されている。症状の進行が早く、感染して24時間以内に死ぬこともある。

厄介なのは、多くの家禽が狭い鶏舎で密集して飼われていることだ。そのため、鶏舎内の1羽が感染すると瞬く間に感染が広がり、家禽がバタバタと死ぬことになる。経済的な被害は大きい。

インフルエンザウイルスとは、共通した特徴を持つウイルスの総称だ。ヒトに感染するものとしては「A型」「B型」「C型」という3つの「型（type）」がある。このうちA型ウイルスが、ヒトを含めてさまざまな動物に感染する人獣共通感染症ウイルスである。

そのA型ウイルスは、「亜型（subtype）」という細かなグループに分類される。このとき香港のニワトリから検出されたのは、「H5N1」と呼ばれる亜型のウイルスだった（なお、すべてのH5N1ウイルスが高病原性鳥インフルエンザを引き起こすわけではない。ニワトリに感染しても低い病原性しか示さないH5N1ウイルスも存在する）。

それまでも、高病原性鳥インフルエンザは世界のあちこちで散発的に発生しては、適切な防除によって制圧に成功していた。そのためインフルエンザウイルスの研究者たちは、このときの流行もいずれは鎮静化するだろうと、事態の推移をいつもと同じように冷静に見守っていた。

「鳥インフルエンザ」が、「宿主の壁」を越えた!?

それからしばらくして、事態はさらなる展開を見せる。同じ年の8月なかごろ、やはり香港を震源とする新たなニュースが報じられた。

5月初旬、香港の3歳男児が激しい咳と高熱で病院に運び込まれた。即座に入院しさまざまな治療が施されるも回復せず、発病から2週間ほどで男児は短い生涯を終えた。気管分泌液からはインフルエンザウイルスが分離され、検査の結果、つい2ヶ月前に高病原性鳥インフルエンザの流行を引き起こしたばかりの「H5N1亜型」であることが、8月になって発表されたのである（男児の死亡からニュースが伝わるまでにタイムラグがあるのは、いくつかの理由がある。香港の検査機関で亜型を特定できず、米国・欧州にウイルスを送ったこと、論文発表のために時間がかかったことなどが挙げられる）。

高病原性鳥インフルエンザがヒトに感染し、ヒトの命を奪った――。

このニュースは、研究者たちに驚きをもたらした。当時の「常識」では、鳥インフルエンザウイルスがヒトに感染するのはきわめて稀で、たとえ感染しても症状が重篤化することはないと考えられていたからである。

この「常識」には、当時の研究成果を踏まえた確たる科学的根拠があった。

インフルエンザウイルスに限らず、あらゆるウイルスは、生物の細胞表面の「レセプター（受容体）」と呼ばれる部位と結合することで感染が始まることはこれまでにも触れてきた。A型インフルエンザウイルスは、多くの動物種に感染する人獣共通感染症ウイルスだとは言っても、「種の壁」、「宿主の壁」を越えて感染するのはそう簡単なことではない。動物種ごとに、細胞表面のレセプターの形状をはじめ、さまざまな生物学的違いが存在するからだ。

実際、鳥とヒトではレセプターの形が違うという研究報告が1990年になされていた。そのため、鳥で感染しやすいウイルスがヒトに感染するのは難しく、仮に感染できたとしてもウイルスはそれほど増殖することができず、症状が悪化することはないと考えられていたのだ。

ひょっとすると、これまでの「常識」が何か重要なことを見落としていて、鳥とヒトの間には、それほど大きな「種の壁」、「宿主の壁」がないのかもしれない。もしそうだとすると、鳥の間で流行しているウイルスが、ヒトにも感染する可能性がある。それが、鳥のみならず、ヒトをも死に至らしめるような高病原性のものであったら……。考えるだけでもおぞましい事態になってしまう。

だが、この1例だけでは、何らかの判断を下すには情報が少なすぎた。その男児が、鳥で増えやすいウイルスのレセプターをたまたま持っていたという可能性もある。あるいは、H5N1のウイルスが、検査の過程で紛れ込んだという可能性もないわけではない。

問題は、2例目、3例目の感染者が出た場合である。多くの研究者が、そうならないことを祈りつつ、事態の推移を見守っていたはずだ。

インフルエンザの流行や研究についてまとめたノンフィクション『四千万人を殺した戦慄のインフルエンザの正体を追う』（ピート・デイヴィス著、高橋健次訳、文春文庫）によれば、このとき次のような動きが起きていた。

8月の論文発表を受け、米国CDC（疾病予防管理センター）に籍を置く（当時）疫学者・福田敬二氏が、9月にかけて調査のために香港に入った。死亡した男児のほかに、「H5N1亜型」のインフルエンザウイルスに感染したヒトがいないか2000人を調査した結果、9人のサンプルから、ウイルスが感染したことを示す抗体が見つかった。幸い、発症者はひとりも見つからなかった。

10月初旬には、「ネイチャー」誌に短い論文が掲載された。死亡した男児から「H5N1亜型」のウイルスが見つかったことを、ウイルスの分離・同定に関わった研究者らが連名で投稿した論文である。それには、「A pandemic warning?（パンデミックへの警告?）」というタイトルがつけられていた。

人類と新たなインフルエンザウイルスとの遭遇が、過去に幾度ものパンデミックを引き起こしてきたこと。そして、「H5N1」がヒトから初めて検出されたウイルスであること。それらを踏まえ、「H5N1」が新たなパンデミックを引き起こしかねない可能性を、抑制した文体で指摘していた。

CDCの調査で新たな発症者がいなかったという安心感と、パンデミックへの警戒感——。

胸のうちに入り交じる相反する気持ちは、1日、また1日と経つにつれ、徐々に安心感の方が大きくなっていった。

そんな空気を一変させる事態が起きたのは、多くの研究者たちが「もう大丈夫だろう」と思い始めていた頃合いである。その余波は、私のところにまで押し寄せてきた。

渦中の香港へ向かう

「髙田くん、すまんが、これからすぐに香港へ向かってくれないか？」

1997年の11月も終わりに差し掛かったころ、私は微生物学研究室のボス・喜田先生から香港行きを打診された。いまでは、喜田先生は北海道大学人獣共通感染症リサーチセンターの統括を務めており、私も同じセンターで教授職に就いている（当時の私の役職は助手）。

「え、香港ですか……？」

「そうだ。H5N1の調査に向かってほしいんだ。今月に入って、H5N1のヒト感染例が続いて報告された。さっき連絡を受けてね。ウェブスター博士の要請で、緊急調査チームを結成することになった」

ウェブスター博士（ロバート・ウェブスター）は、私が前年所属していたセント・ジュード小児研究病院の研究者で、河岡先生のかつてのボスに当たる（河岡先生はこの年の7月、ウイスコンシン大学の教授になっていた）。ウェブスター博士は1970年代から80年代にかけて、現代につながるインフルエンザ研究の土台を築き上げた。押しも押されもしない、インフルエンザウイルス研究の世界的権威である。2019年には、博士の研究人生を振り返る書籍『Flu Hunter : Unlocking the Secrets of a Virus』が邦訳され、『インフルエンザ・ハンター——ウイルスの秘密解明への100年』（仮題）として岩波書店より刊行される予定だ。

ウェブスター博士は当時、WHO（世界保健機関）のインフルエンザ部門の長も務めていた。喜田先生とも懇意で、河岡先生は喜田先生によってウェブスター博士のもとに送り込まれた。

喜田先生は話を続ける。

「これ以上の感染拡大は食い止めなければならない。河岡くんもウェブスターも、現地へ向かう。感染のリスクもあるだろうが、行ってくれるかな?」

「分かりました。すぐに香港へ向かう準備に取り掛かります」

「現地では、香港大学のショートリッジ博士の研究室が拠点になる。無事と健闘を祈っているよ」

ショートリッジ博士（ケネディ・ショートリッジ）も、やはりインフルエンザ研究の権威である。ウェブスター、ショートリッジ両博士と河岡先生、日本からは私のほかに、現在は鳥取大学でインフルエンザ研究を続ける伊藤壽啓先生（当時は同大学助教授）と、米国在住の中国人研究者2名も加わり、香港での調査を行うことになった。鳥取大学の伊藤先生も、やはり喜田先生の教え子だ。

この時点で、11月に入って新たにH5N1によりインフルエンザを発症していた患者は3名（5月の3歳男児の症例を合わせると4名）。そのうち1名は12月に入ってすぐに、もう1名は12月半ばに亡くなることになるのだが、このときはまだそのことを知らない。

とはいえ、半年前にはヒトの命を奪ったウイルスである。それが広まりつつある現場に向かうのに、恐怖がなかったと言えば嘘になるかもしれない。

だが、この只中に飛び込むことで、H5N1がどのようにして生まれたか、どこから来たかを解明する手掛かりを得られるかもしれない。そう思うと、やはり研究者としての血が沸いた。それに私には、H5N1ウイルスへの感染を防ぐ「とっておきの秘策」があった。

怪しまれた500本の注射器

ボスの命を受け、香港に向かうことになった私は、新千歳空港にいた。

「あの、ちょっと、いいですか？」

チェックイン前の手荷物検査で、目の前の制服を着た検査員の男が、険しい表情で私を呼び止める。

「この大量の注射器と注射針は、いったい何に使うのですか？」

男は見るからに怪訝そうな顔つきで問いかけてきた。同時に私の目から視線を外し、私の全身を隈なく舐め回すように視線を這わせる。男の視線が再び私の目を捉えたときには、男の眉間の皺はさらに深くなっていた。

無理もない。私は髪を肩より下まで伸ばし、頭にはバンダナを巻いていた。「いかにも」な風貌である。そのために、目の前の男の心証が悪くなったのだと思うと、ふとため息がこぼれた。

香港では、ショートリッジ博士の研究室を拠点に検査を行うことになっていたが、そこにどれほどの研究設備があるのか、事前に情報を十分に得ることはできなかった(いまほどインターネットや情報通信が発達していなかった時代である)。

そのため、不測の事態に対応できるよう、日本から持って行ける道具や装備はすべて持って行くことにした。500本近い注射器と注射針を、手荷物として持ち込むカバンの中に入れていたのだ。

それが、空港の手荷物保安検査で疑いの的となった。私の風貌とあいまって、香港に怪しいクスリでも調達しにいくのではと疑われてしまったようである。

「そういうわけで、空港職員に事情を説明してください。鳥インフルエンザウイルスの調査のためだと言っても信じてもらえなくて……」

当時は携帯電話が少しずつ広まり始めたころで、まだ一介の研究者が当たり前に持つような時代ではなかった。チェックインカウンターの電話機を借りて研究室に電話をかけ、ようやく私の疑いは晴れた。調査の滑り出しに遭遇した、ちょっとした災難である。

相次ぐ感染者と犠牲者

香港に着くと、現地は騒然としていた。12月に入り、H5N1ウイルスでの死者と感染者が相次いで発表されたからである。

まず、12月に入ってすぐに、11月に感染が判明していた患者のうち1名が亡くなった。ふたり目の犠牲者である。そこから月末にかけて、数日おきに感染者が発表された（必ずしも全員が発症していたわけではなく、検査によって明らかになった感染も含む）。

さらに、既に感染が発覚していた患者のうち、12月中に新たに3名が命を落とした。年内には、5月の症例を合わせて18名の感染が明らかになり、うち5名が亡くなった（年が明けて、さらにもう1名が亡くなった）。

この事態を、香港メディアは連日のように報じた。そのため市内はちょっとしたパニック状態に陥っていたのである。

町のパニックを横目に、私たち調査チームは、市内のライブバードマーケット（生鳥市場）を連日訪ね歩いていた。

ライブバードマーケットとは、読んで字のごとく、生きた食用の鳥（主にニワトリやアヒル）を販売している市場のことだ。鳥をケージに入れて飼っておき、買い手がつくと、店の人間がその場で首を掻き切って譲り渡す。あるいは生きたまま持って帰る。肉は切り身で買うのが当たり前という、現代の日本人の私にはショッキングな光景だったが、香港はじめアジア各国ではごく普通に存在している流通形態だ。

ここには鶏舎よりもはるかに密集した状態で、ニワトリが飼われている。鳥を売るためのケージは何段にも積み重ねられ、所狭しと並んでいる。マーケット内のニワトリでH5N1の感染がまず広がり、何らかのきっかけでヒトに感染した可能性が高い。私たちはそう睨んでいた。

そのため私たちは、ライブバードマーケットにいるニワトリの、ウイルス感染状況を調査することを目指していた。もちろん、無断で調査するわけにはいかない。マーケットの責任者に調査を頼むのだが、多くの依頼は断られていた。

マーケットの側からしてみれば、自分の店の商品で感染が発覚すれば一大事である。その気持ちも分かるのだが、その間にも新たな感染者・犠牲者が出ている。事態の収拾のためにも、何が起きているかの正確な把握が重要だ。それには調査が欠かせないと説明するのだが、一向に聞き入れられない。チームには焦りが広がり始めた。

私たちをさらに追い詰めたのが、香港当局からのある発表だった。市内のライブバードマーケットや農場にいる100万羽以上のニワトリを、殺処分することを発表したのである。

私たちが調査したライブバードマーケット

殺処分は、これ以上の感染拡大を食い止め、混乱収拾のために必要な一手であることには違いない。だが、殺されてしまっては、ウイルスの性質や感染ルートを解明する手掛かりが失われてしまう。H5N1の調査に来た私たちにとっては大きな打撃となる。

失望感が生まれかけたチームの窮地を救ったのが、御大ウェブスター博士とショートリッジ博士のふたりだった。

事態の深刻さが日に日に増すなか、WHOからも有力者が香港に来ていた。ふたりはWHOの有力者と一緒に、香港政府と話をつけてきたようだ。結果、香港でも有数のライブバードの卸売市場で調査が認められた。殺処分が行われる1日か2日前のことである。

調査当日、私たちがマーケットに到着すると、入り口の前には報道関係者をはじめ黒山の人だかりができていた。その群衆のなか、私たちのチームだけが中に入ることを許された……のだが、私だけが入り口で呼び止められた。

「研究チーム以外は中に入れない」とのこと。

私は、右肩にテレビカメラを担いでいた。それは、日本のテレビ局のクルーから、「香港の様子を撮ってきてほしい」と託されたものだった。喜田先生が知己の報道関係者に香港での調査を伝えたようで、札幌を発つ前にテレビ局の人が研究室を訪ねてきていた。

私もチームの一員であることを説明し、中に入ることを許された。そこには、想像していた以上の光景が広がっていた。

ライブバードマーケットの惨状

ケージの中のニワトリが、次から次に倒れていく……。

これだけで、高病原性鳥インフルエンザと断定できるわけではないが、何らかの病気が蔓延していることは間違いない。チームの緊張感は一段と高まった。

病原体の存在が明白なこの状況下で、私たちはいま振り返ると不思議でしかない軽装備で調査にあたっていた。割烹着のような簡易な防護服と手袋、マスクという出で立ちで（次ページ写真）、ニワトリの肛門に綿棒を突っ込み腸の粘膜を採取し、ケージの床に落ちている糞を拾う（正確を期して言えば、ニワトリに「肛門」は存在しない。「総排泄孔」もしくは「クロアカ」とも呼ばれるひとつの穴から、便や尿、精子や卵などが排出される）。

いま同じ調査をするなら、全身を包む防護服に身を包んですべき作業である。なぜこのような

ニワトリの肛門からサンプルを採取しているところ。いまあらためて見ると驚きの軽装である

軽装備で感染リスクのある作業を行うことができたのか記憶が定かでないが、急ごしらえで臨んだ我々のチームには、そこまで備えておく時間的余裕がなかった。また、病原体のリスクに備える「バイオセーフティー」という概念が、現在ほどは浸透していなかったようにも思える。ウェブスター博士も伊藤先生も全員、そのような軽装で、高病原性鳥インフルエンザを発症したニワトリから、出来るだけ多くのサンプルを集めようと奮闘した。

ニワトリの腸の粘膜や糞をサンプルとして採取するのは理由がある。ヒトの場合、インフルエンザウイルスは主に上気道（口や鼻から喉、気管にかけての呼吸器）で感染・増殖するが、鳥の場合は呼吸器だけでなく腸でもよく感染・増殖するからだ。

その日、私たちは1000羽以上の個体からサンプルを採取し、ショートリッジ博士の研究室がある香港大学へと運び込んだ。6人がかりで数時間の作業だった。

サンプル採取までにも時間がかかったが、その後も次々と問題に出くわした。

病原体のなかでも感染力が強いインフルエンザウイルスを取り扱うには、本来であればBSL3施設が必要だ。ましてや、このときの調査対象は、ヒトに感染して死者を出している病原性の高いウイルスである。

だが、ショートリッジ博士がいた当時の香港大学には、そうした施設はなかった。ヒトを殺しかねないウイルスがいる可能性があるサンプルを、特別な安全対策が施されているわけではない、ごく普通の研究室で取り扱わなければならなかった。

決して望ましい事態ではないし、周囲からも白い目で見られた。それでも、手に入る設備で私たちがやらなければ、事態の真相に迫ることはできない。調査も終盤に差し掛かってようやく、屋上に簡易的なBSL3施設がつくられた。そのことが、事態の緊急性を物語っている。

サンプルが物語るマーケットの実情

続いて直面した問題は、採取したサンプルの中にあった。

香港での調査が雑誌の記事になった。急ごしらえされたBSL3施設のドアの向こうで、鶏卵を持っているのは私である

インフルエンザウイルスの感染状況を調べる方法は複数あるが、なかでも効率的かつ精度よく調べられるのは、採取したサンプルをニワトリの有精卵（孵卵器に入れて発育途中のもの）に接種して病原体を培養する「発育鶏卵法」という方法だ（12章320ページ）。サンプルにウイルスが含まれていれば、鶏卵の細胞でウイルスが大量に増殖する。そのため、ウイルスを容易かつ高い感度で検出することができる。

だが、腸の粘膜や糞便中には、さまざまな細菌も存在している。サンプルをそのまま鶏卵に接種すると、細菌感染により卵が死んでしまうことがある。こうした事態を回避するため、鶏卵培養の際には、細菌を殺す抗生物質をサンプルとあわせて接種するのが常だ。このときは、よく知られているさまざまな細菌に有効なペニシリンやストレプトマイシンを混ぜたのだが、サンプルを接種した卵のほとんどが腐って死んでしまったのだ。

卵が死んだ原因を調べてみると、これらの抗生物質では効果がない「薬剤耐性菌」だった。

これが意味するのは、香港のライブバードマーケットにいたニワトリたちは、抗生物質を含んだ餌を食べて育ってきたに違いないということだ。

薬剤耐性菌は、抗生物質が周囲に存在する環境で生まれてくる。抗生物質が選択圧となり、それを逃れられる変異を備えたものが薬剤耐性菌になっていく。ほとんどのサンプルから薬剤耐性菌が検出されたということは、普段から抗生物質の選択圧がニワトリの体内にかかっていることを物語っている。

薬剤耐性菌のせいで卵が死んでしまうアクシデントで、調査は1週間ほど足踏みを余儀なくされた。卵を殺した細菌を同定し、それらに効く抗生物質を取り寄せ、それをサンプルに混ぜてもう一度鶏卵培養する。

結果、H5N1やH6N1、H9N2の亜型のインフルエンザウイルスや、鳥類に病気を引き起こすニューカッスル病ウイルス(Newcastle disease virus：NDV)などが次々と検出された。予想通り、ニワトリが密集するライブバードマーケットは、ウイルスの宝庫になっていたのである(さらに言えば、薬剤耐性菌の温床にもなっていた)。

実はこのとき、私個人はもうひとつのハプニングに見舞われていた。マーケットでは、ニワトリだけでなく、あちこち駆け回るネズミも捕獲していた。ネズミがウイルスを媒介している可能性も考えられたからだ。捕獲したネズミを解剖し、臓器を取り出してすりつぶし、注射器で鶏卵に注入しようとしたときのこと。うっかり手元が狂って自分の指に針を刺してしまった。

ネズミはさまざまな病原体を媒介する。もし、このときのネズミが何らかの病原体（特に出血熱ウイルス）を持っていたとしたら……。感染する恐怖で心は動揺し、その夜は高熱にうなされる夢を見た。幸い、そのネズミは病原体を持っていなかったようで、私が病気を発症することはなかった。

H5N1ウイルスの出処

ウイルスの揺籃《ゆりかご》であるライブバードマーケットで、軽装備のまま作業をしていた私たちは、大量のウイルスに曝されたはずだが、幸い誰も感染はしなかった。

先に触れた、ウイルス感染を防ぐための「とっておきの秘策」とは、自分で研究していたワクチンである。病原性のないH5亜型のワクチンを試作し、マウスで効果があることを確認していた。もちろん医療承認などされていない。ヒトでの効果を確かめるため、というのは比較実験ができないので言い過ぎだが、我が身を感染から少しでも守ろうととった手である。

私が感染しなかったのは、ワクチンのおかげかどうかは分からない。ワクチン未接種の他の研究者も感染していないのだから、ワクチンがなくても私も感染を免れたのかもしれない。ワクチンは保険と考えれば、十分に機能を果たしたとも言える。

ところが、調査終盤になって思わぬ事態が起きた。私たち若手研究者同様、現場でウイルスと濃厚接触したと思われる御大ウェブスター博士が、突然、高熱を出したのである。香港ではH5N1ウイルスでヒトが6名亡くなっていただけに、メンバー一同騒然とした。

急いで検査を行ったところ、幸いにもインフルエンザではなかった。博士は当時65歳、非常事態を前に大立ち回りを演じて（写真）疲れが出たのだと思われる。この結果に、一同ほっと胸を撫で下ろしたのは言うまでもない。あとで聞いたら、ウェブスター博士も私と同じ「秘策」を使っていたようだ（つまり、自作のワクチンを接種していた）。

香港を騒然とさせた高病原性のH5N1ウイルスは、ウェブスター博士らの後の調査で、中国本土からもたらさ

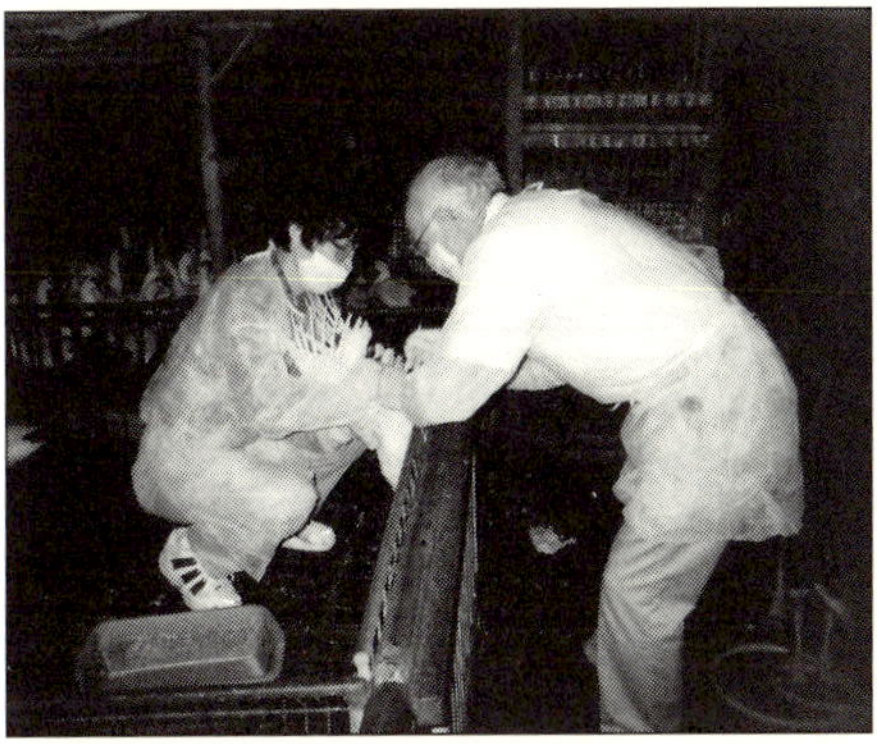

現場で奮闘中の御大ウェブスター博士（右）

れたウイルスとつながりがあることが明らかにされた。

1996年初春、中国の南部、香港を囲むように広がる広東省（Guangdong）で、高病原性鳥インフルエンザが幾度か発生していた。そのなかに、既にH5N1ウイルスが誕生していた。H5N1ウイルスは、農場で飼われていたガチョウ（Goose）に出血多量や神経障害を引き起こし、40％を超える高い確率で死に至らしめたようだ。

だが、このときの報告を、世界の多くの研究者はあとになって知る。論文は中国語のみで書かれており、中国以外の研究者が目にすることはなかったからだ。その事実が後に英語でも報告され、H5N1ウイルスの出処を探る研究が活発になった。

それらの研究の一環で、広東省のガチョウから発見されたH5N1ウイルス（Goose Guangdongウイルスと呼ばれている）の遺伝子の一部が、香港でヒトから分離されたウイルスに、ほぼそのまま受け継がれていることが明らかになった。突き止めたのは、ウェブスター博士らである。

私たちが調査を終え、香港当局の殺処分により感染も収束したころには、1998年はもう明けていた。香港にはあわせて1ヶ月ほど滞在し、新年も現地で迎えた。

これで日本に帰ってホッとひと息つけると思った帰路の途中、最後のダメ押しのように災難に見舞われた。新千歳空港に着陸し、日本語が通じる安心感が芽生えて束の間のことだ。税関で、私はまたしても呼び止められた。

「そのケースを開けてください」

このとき咎められたのは、ライブバードマーケットの調査の映像をとらえたカメラが入ったケースだ。言われるままにケースを開けたが、税関担当者の疑いはそれだけでは晴れなかった。

「ケースのクッションを剝がしてもらえますか？」

この手のケースは、機材が損傷しないよう中にクッション材が入っている。麻薬の密売人は、こうしたケースのクッション材の裏側にブツを入れて運ぶことが多いらしい。それを剝がして身の潔白を示せというのだ。私の風貌はそれほど怪しかったのだろうか……。

横柄な態度にムッときたが、不承不承に従った。当然、何も出てこない。

「はい、けっこうです」

向こうの返答はそれだけである。クッション材がバラバラになったケースをもとに戻すのを手伝おうという素振りも見せない。なんたることか……。

行きは注射器が怪しまれ、現地ではウイルスや耐性菌にまみれ、帰りはカメラケースが疑われ……。1997年末の行く年と来る年は、私の研究史上でも稀に見る大騒動に見舞われた。

10章 インフルエンザウイルスの正体に迫る

発見なるか、古代のウイルス——1993年 米国・アラスカ

時は1993年夏、6年間の獣医学部を卒業し、博士課程に進学して間もない私は、喜田先生と共に北米大陸北西端のアラスカにいた。私にとって初めての海外だった。

そこはアラスカ州中部のフェアバンクスから飛行機で1時間ほど、北極圏の際《きわ》に位置する永久凍土地帯である。日本からアラスカ南部の州都アンカレッジまで、シアトルを経由して飛行機で十数時間。そこで車を借りて中部のフェアバンクスへ向かい、そこからは、湖に着水できる特殊なセスナをチャーターして向かった。

永久凍土とは、土の間の水分が凍結し、氷のように固くなった大地のことだ。とはいえさすがに夏だけあって表面は溶けている。あちこち湖や沼ほどの水たまりが点在し、さながら湿地帯のようだ。そのうちのひとつに、私たちを乗せたセスナは着水した。水辺には草が生い茂り、辺り

には数えきれないカモがいる。

カモをはじめとする野生の水禽（水鳥）は、こうした北極圏周辺の永久凍土地帯で春から夏にかけて繁殖のために過ごし、秋になると南下して暖かいところで冬を越す。春になるとまた北極圏近くへ戻り、北半球を縦断するように暮らしている。

A型インフルエンザウイルスの自然宿主は、こうした野生の水禽であり、ヒトのインフルエンザウイルスもこれらのウイルスが起源だ。それを仮説として提唱・実証したのは、インフルエンザウイルス研究の世界的権威であるウェブスター博士や喜田先生だ。

ときは1970年代、遺伝子配列を解読する技術を人類はまだ持ち合わせていない。その時代に、ウイルス（抗原）と抗体の反応（抗原抗体反応）を調べる血清学的な手法だけで、A型インフルエンザウイルスの起源が野生の水禽に辿り着くことを証明したのである。

私の師である喜田先生も、カモとインフルエンザウイルスの関係について、重要な研究成果を残している。カモはインフルエンザウイルスに感染しても症状を示すことなく、腸でウイルスが増えることを実験で明らかにした。糞と一緒に水中に出たウイルスは、別のカモの口から摂取され、腸で増えてまた糞と一緒に出てくる。このようにして、インフルエンザウイルスは自然界で存続しているのである。

このときのアラスカ行きの目的は、カモの糞を拾ってその中のインフルエンザウイルスを調べることだった。そして、それはウイルスが自然界でどのように存続しているかを実証するうえで、重要な意味を持つことになった。

このアラスカでの研究は、前年の1992年に始まっていた。私が獣医学部6年生で喜田先生の研究室で2年目を迎えた年だ。生まれてから日本を出たことがなく、フィールドワークへの憧れが強かった私は、喜田先生や研究室のスタッフの先生方が、アラスカに旅立って行かれるのを羨望の眼差しで見つめていた。

喜田先生がアラスカ大学の研究者から聞いたところによれば、アラスカでは1年に1ミリメートルずつ永久凍土が堆積していくらしい。とすれば、10センチメートル掘れば100年前の土を手にすることができる。

インフルエンザウイルスは、鳥の場合は上気道だけではなく腸管にも感染する。そのため、ウイルスに感染したカモの糞にはウイルスが含まれている。数メートル土を掘り、そこにカモの糞があれば、何千年も前のウイルスの姿を捉え、RNAを検出することができる。太古の地層から掘り出したDNAをもとに恐竜を再現する映画『ジュラシック・パーク』(1990年に原作の小説が出版、映画は1993年に公開)さながら、大昔のインフルエンザウイルスの姿に迫ろうという壮大な研究だった。

このスケールの大きな喜田先生の研究に、私も何としても加えてもらいたいと思っていた。だが、学部生が海外に連れて行ってもらうことは難しい。博士課程に進学したこの年、私は猛烈な勢いで、喜田先生に何度も何度もアピールした。

――私をアラスカに連れてって

『私をスキーに連れてって』という映画（1987年公開）にあやかり、研究室にそんな張り紙までした。

「夏までに論文を投稿できたらな」

私の粘り勝ちで、先生はそう条件付きで認めてくれた。幸いにも、前年から続けていた実験で、ようやくいい結果が出た。それを急いで論文にまとめ、指定された期限にギリギリで間に合った。こうして私は、アラスカ行きを勝ち取ったのである。

だが、この壮大な試みは、後に喜田先生も認めておられるように、科研費を得るための「夢のような話」の要素が多分にあった。

RNAはDNAと違って物質として不安定だ。紫外線に曝されれば容易に壊れるし、熱やさまざまな物質の影響を受けやすい。さらに土の中には多くの雑菌がいて、RNAを分解する酵素を持つものもいる。永久凍土からRNAを検出するのが容易でないことは、喜田先生も分かっていたはずである。

純粋な学生だった私はそのことをひとり疑問に思い、インフルエンザウイルスと北大獣医学部の建物近くを掘った土を混ぜ、しばらく放置したものからRNAを検出できるかを試してみた。結果、土の中からRNAを検出することはできなかった。こんな短い期間でRNAの痕跡がなくなるというのに、いくら永久凍土とはいえ、何千年も前のRNAを検出できるとは到底思えなかった。だが、アラスカ行きの芽を自分で摘む気にはなれず、喜田先生には事を伏せておいた。

インフルエンザウイルスは、どこで生き延びているのか

喜田先生の名誉のために補足しておくと、このときのアラスカ行きには、『ジュラシック・パーク』さながらの壮大な試みのほかにも、いくつか重要な目的があった。

ひとつは、野生の水禽がどの亜型のインフルエンザウイルスを持っているかを調べることだ。渡り鳥の群れが多く集まる永久凍土帯で糞を採取すれば、その実像に迫ることができる。

もうひとつの目的は、A型インフルエンザウイルスの自然宿主が水禽であるとの仮説を、グローバルな視点で実証することにあった。

ウェブスター博士が提唱したこの仮説にもとづき、野鳥からウイルス分離を試みる複数のプロジェクトが1970年代に実施されたが、実態解明にまではつながらなかった。1980年代に入り、ウェブスター博士らのグループが、A型ウイルスの遺伝子が水禽に由来することを分子生物学的に突き止めることに成功した。だが、インフルエンザウイルスが自然界でどのように存続しているか、生態は未解明なままであった。

そのころ有力視されていた別の学説では、インフルエンザウイルスの存続にとって重要なのは

北極圏近くではなく、中国南部だと考えられていた。パンデミック（世界的大流行）を引き起こす新たなウイルスは、中国南部から生まれてくるという仮説である。

中国南部は、渡り鳥の越冬地である。そこでは、野生の水禽が家禽や家畜と頻繁に接触しうる。当然ながら、家禽や家畜はヒトと接触する機会が多い。水禽によって運ばれたウイルスは、家畜や家禽、さらにはヒトに感染する。

このような場では、ある動物個体が、複数の亜型のインフルエンザウイルスに感染することもありうる。そうした動物の体内で、複数のウイルス遺伝子が混ざり合うと、新たな遺伝子の組み合わせのウイルスが誕生する（これを「遺伝子再集合（genetic reassortment）」と呼ぶ。11章294-295ページ）。それがヒトに感染する力を獲得すると、ヒトにとっては免疫のないウイルスとなり、大きな脅威になる。

このように、ヒトが免疫を持たない新たなウイルスが中国南部で誕生し、パンデミックを引き起こしていると考えられていた（事実、1997年に香港を揺るがせたH5N1も、中国南部の広東省を震源としている）。この仮説の提唱者のひとりが、香港大学のショートリッジ博士である。

だが喜田先生は、インフルエンザウイルスの存在様式について別の見方をしていた。

秋にシベリアから日本に飛んでくるカモからは多くのウイルスが分離されるが、春先に南から北へ戻るカモからはウイルスが分離されない。ウェブスター博士の話では、北米大陸でも同じ傾向が見られるという。北方のアラスカから飛んでくるカモはウイルスを持っているが、南方から北へ向かうカモにはウイルスがめったに見られない。

ウイルスは、カモの体内に7日ほどしかいられない。北から南へ向かうカモの体内にいたウイルスは、南に向かう途中で体外に排出されてしまう。それでも南下するカモから毎年のようにウイルスが見つかるのは、北のどこかにウイルスが保存されている場所があるからではないか。すなわち、インフルエンザウイルスの存続にとって重要なのは中国南部ではなく、北極圏周辺ではないか――。喜田先生のアラスカ行きには、そのことを確かめる狙いもあったのだ。

アラスカでは、永久凍土から大昔のインフルエンザウイルスやRNAを検出することはできなかったが、その他の目的は見事に果たすことができた。

まず、湖や沼の畔で拾った糞からは、さまざまな亜型のインフルエンザウイルスが次々と見つかった。また、カモが営巣する湖の水からも、ウイルスを検出することができた。インフルエンザウイルスは、感染したカモの糞から湖水へと流れ出し、湖にいる他のカモが水を飲む際に経口感染する。

しかも、湖水中のウイルスは、カモが湖を去ってしばらく経っても検出された。アラスカでは、9月も半ばになると湖が凍り始める。

それを見て喜田先生はこう考えた。湖水中のウイルスは、冬に湖が凍っている間凍結保存され、春にカモが戻ってきたときに、再びカモに感染するのではないかと――。

その実証のために、当時の研究室の助教授と助手の先生方が、冬のアラスカに調査に行ったことがある。湖は当然ながら凍っている。凍りついた湖から水を採取するには、湖面に張った氷に穴を開けねばならない。

そのための道具探しが研究室で盛り上がり、ワカサギ釣り用の手動のドリルがよいとの結論になったのだが、冬のアラスカは一面の雪、湖面がどこかすら分からず、うまくドリルを活用することはできなかったようだ。結局、ウイルスが湖で凍結保存されていることの確認は出来ていない。

このとき採取した糞や湖水からのウイルス分離作業は、セント・ジュード小児研究病院（米国テネシー州メンフィス）のウェブスター博士の研究室で行った。その研究所には、大先輩である河岡先生も在籍されており、私はこのとき河岡先生と初対面を果たしていた。

インフルエンザウイルスとインフルエンザ菌

「インフルエンザ（Influenza もしくは Flu）」とは、38度以上の高熱、上気道の炎症（鼻水・くしゃみ・喉の痛みなど）、激しい頭痛や関節痛などの全身の痛みや倦怠感、突然の発熱などを伴う感染症だ。一般的な「かぜ（Cold）」もウイルスや細菌などによる感染症で、両者は混同されがちだが、かぜの場合、発熱や倦怠感は軽微もしくはまれで、現代の臨床的にはインフルエンザと区別される。

アラスカでは古代のウイルスを発見できなかったが、人類はインフルエンザと古くから付き合ってきたと思われる。古くは古代ギリシャのヒポクラテス（紀元前460ごろ-紀元前370ごろ）が、インフルエンザと思われる流行病について記録を残しているし、その後も歴史のなかで、インフルエンザの流行と思われる記録はいくつもある。

日本でも、いくつかの記録が残されている。平安時代の歴史書『日本三代実録』（901年）や長編物語の『源氏物語』（1008年初出）、室町時代の歴史物語『増鏡』（1300年代半ばごろの作品と推定）などには「咳逆《しはぶき》」もしくは「咳逆疫《しはぶきやみ》」との記述があり、これがインフルエンザであったと考えられている。江戸時代には、「お駒風」、「谷風」などと呼ばれた悪性のかぜの流行の記録があり、やはりインフルエンザではないかと見られている。

「インフルエンザ」という病名は、16世紀のイタリアでつけられた。語源は、イタリア語で「天の影響」を意味する「influentia coeli」だ。毎年冬になると流行していたことから、この名で呼ばれるようになったようだ。ただし、インフルエンザの症状はかぜや肺炎と区別しにくく、何をもって「インフルエンザ」とするかは曖昧なところもあったことだろう。

なぜインフルエンザが流行するか、その原因は長く謎に包まれていた。

インフルエンザに科学のメスが入り始めたのは、細菌学や微生物学が勃興し始めた19世紀終わりごろのことである。インフルエンザは何らかの病原体が引き起こす感染症だと考えられるようになり、病原体探しが盛んに行われるようになった。

1892年、最初に病原体候補として提唱されたのは、いまの名前で「インフルエンザ菌（*Haemophilus influenzae*）」と呼ばれる細菌である。最初に断っておくと、後の研究でインフルエンザとの関係は否定されたが、名前はそのまま残っている。

この細菌は、1889年から1891年にかけてロシアやヨーロッパで流行していたインフルエンザの患者から分離された。100万人が亡くなったと伝わる大流行である。分離したのは、細菌学の父と言われるロベルト・コッホの弟子のリヒャルト・プファイファー（独：1858-1945）と北里柴三郎だ。

1892年と言えば、タバコモザイク病の研究において、細菌よりも小さな病原体の存在がようやく最初に発見された年だ（2章71ページ）。人類はウイルスに関する知見をほとんど持ち合わせておらず、インフルエンザ菌が比較的多くのヒトに見られる細菌であることなどの要素が絡み合い、インフルエンザの病原体であるとの報告がなされたのであろう。

ふたりによる発表直後から、多くの医師や細菌学者らが追試を行い、賛否両論が寄せられ物議を醸したが、論争はなかなか決着を見なかった。

なお、このときの1889年からの流行が、パンデミックとして紹介されていることもあるが、私としては違和感がある。

当時も蒸気機関車（鉄道）があったとはいえ、遠くまで移動できる人も、移動の速度や範囲も限られていたはずだ。じわりじわりと数年かけて、ロシアやヨーロッパに広まったのだろうが、現代の私たちがイメージする「パンデミック」とはかなり様子が違ったのではなかろうか。私たちが頭に描くインフルエンザのパンデミックは、20世紀以降の人類が直面した新たな出来事だと思うのである。

史上最悪のパンデミック、スペインかぜ

インフルエンザの病原体論争のさなかに、人類は、史上最悪と言われるインフルエンザのパンデミックに見舞われた。1918年に発生した「スペインかぜ（Spanish Flu）」である（厳密には「かぜ」ではないが、用語として定着している表記に従う）。

世界人口の3分の1近い5億人が罹患し、そのうち4000万人～5000万人、一説では1億人が亡くなったともされ、第1次世界大戦を終わらせる要因のひとつになったとも言われる。感染者の致死率は2％（50人に1人）とも、2・5％（40人に1人）を超えるとも報告されている。毎年流行する「季節性インフルエンザ」での致死率が0・1％（1000人に1人）以下と推計されており、スペインかぜの致死率の高さが際立っている。日本では、約2300万人が感染し、約38万人の死亡者が出たと報告されている（日本の死亡者数は45万人との推計もある）。

後の研究で、このときのウイルスの病原性の高さが科学的にも示されたが（河岡先生が重要な

研究をなしている)、被害のすべてを、ウイルスの病原性の高さだけで説明するのは無理があると言えるかもしれない。当時はいまほど医療設備が整っていなかったことに加え、細菌による2次感染を防ぐ抗生物質も開発されていなかった。また、ときはちょうど第1次世界大戦のさなか。兵士を中心に大勢の人が広範に移動していたこと、参戦国が流行の発表を控え、警戒や対策が疎かにされたことも、被害が拡大した要因のひとつのようだ。

なお、このときのパンデミックに付けられた「スペインかぜ」という名称が、当時の情勢を静かに物語っている。

このパンデミックの発生地は、いまでは米国だと考えられている。

1918年初春に米国内の兵舎で発症が確認され、米国兵士が船でヨーロッパに出兵する船内で感染が広がった。兵士がヨーロッパの戦線に赴く過程で感染がさらに拡大し、4月にはフランス戦線に、4月末にはスペインに、6月には英国にまで及んだという。そして、非参戦国だったスペインで、インフルエンザの流行がようやく発表され、「スペインかぜ」と呼ばれるようになった。日本や中国でも、ヨーロッパとほぼ同時期に感染が確認された。

このときも、インフルエンザの病原体に関する論争は続いていた。有力なのは細菌説だった。米国政府は感染拡大を食い止めるため、インフルエンザ菌を抗原とするワクチンをつくり、市民や兵士に接種したものの、効果は認められなかった。

人類が、インフルエンザの正体を掴み始めたのは、1930年代に入ってのことだ。

まず1931年に、インフルエンザ症状を示したブタから、細菌ではない病原体の存在が検出されたと報告された（病原体の検出自体は1930年）。

この研究の背景にあったのも、やはりスペインかぜの流行だ。1918年、米国での流行と同じ時期に、米国の養豚場で感染症の発生が確認されていた。「Spanish Flu」にちなんで「Hog Flu（豚インフルエンザ）」と呼ばれていた。同様の感染症が1928年と1929年にも起こり、1928年時の流行を調査し、このときの発見に至った。

そして1933年には、そのころヒトの間で流行していたインフルエンザの患者から、初めてヒトのインフルエンザウイルスが分離された。

突き止められた、インフルエンザの真犯人

こうして、1930年代にインフルエンザの病原体はウイルスであるとする見方は確定に至る。その後も多くの研究者が、スペインかぜを引き起こしたウイルスの探索を続けた。

そのころ、ブタからウイルスを発見した研究者が新たな発見をした。スペインかぜの生存者の血清を分析した結果、スペインかぜを引き起こしたウイルスは、1930年にブタから分離されたウイルスと近い関係にあることを明らかにしたのである。

だが、研究はその後難航し、1918年のウイルスの正体を掴むまでに長い時間を要した。次のブレイクスルーは、20世紀も終わりに近づいた1997年3月にようやく起きた。奇しくも、香港で高病原性鳥インフルエンザウイルスがヒトに感染し、大騒動を巻き起こした年である。

米軍の研究施設に所属する研究者が、施設に保管されていたスペインかぜの犠牲者の病理標本から、インフルエンザウイルスのRNA断片を検出。遺伝子配列を解析した結果、H1N1亜型のウイルスに特徴的な配列が見られた。そのことは、科学誌「サイエンス」にて報告され、研究者の間で大きな話題となった。

その年の夏、同じ研究者がさらなる手掛かりを掴んだ。アラスカの永久凍土地帯の墓地に埋葬されたスペインかぜの犠牲者の遺体を発掘・解剖し（もちろん許可を得ている）、ウイルスRNAの全長を発見したのである。

2005年になってウイルスRNAの全配列が解読され、ことここに至ってスペインかぜがH1N1亜型によるものであることが確定した。また、1918年のウイルスの遺伝子配列は、野生の水禽で保持されているウイルスの配列と近く、鳥から何らかの形でヒトに感染した可能性が高いことも明らかになった。

2007年には、河岡先生らのグループが、この遺伝子配列をもとに、人工的にウイルスを作出する「リバースジェネティクス法」によってウイルスの全貌を復元することに成功した。そして、1918年のウイルスが高い病原性を示した理由を分析している。

なお、ニワトリに対して高い病原性と致死性を示す「高病原性鳥インフルエンザ」と思われる感染症も、「fowl plague（家禽ペスト）」の名で、もっとも古いものは1878年に記録が残されている。1901年から1903年にかけて病原体が分離されたが、それがインフルエンザウイルスと判明したのは1955年のことである。

1918年のスペインかぜのあと、人類は20世紀に2度、インフルエンザのパンデミックを経験している。

ひとつは、1957年に起きた「アジアかぜ（Asian Flu）」（H2N2亜型）だ。同年2月に中国南部で流行が始まり、3月には中国国内に、4月には香港に、5月にはシンガポールと日本でも感染が確認された。世界で100万人以上が死亡し、日本では約5700人が命を落とした。このときの致死率は0・4％（1000人に4人）と推計されている。

もうひとつは、1968年に香港から世界に広がった「香港かぜ（Hong Kong Flu）」（H3N2亜型）だ。香港では、発生から数週間で人口の15％に相当する50万人が罹患する伝播力の強さを見せた。このときも、全世界で推定100万人が亡くなったと見られる。ちなみに、1968年は私が生まれた年である。

また、パンデミックと呼べるほどの規模ではないが、1977年には「ソ連かぜ（Russian flu）」（H1N1亜型）の名で知られる小さな流行もあった。

ソ連かぜのウイルスは、1933年にヒトから分離されたウイルス（H1N1）と遺伝子配列がよく似ていた。ヒトに感染したインフルエンザウイルスは、ヒトの免疫システムによる選択圧を受け、遺伝子配列が変化し進化を遂げる。そのため、同じ亜型でも数十年も経つと遺伝子配列は大きく変わるのが通常だ。

にもかかわらず、ソ連かぜのウイルスが、1933年のウイルスの遺伝子配列上の特徴を保持していたのはなぜか。真相は突き止められていないが、1933年のウイルスを冷凍保存していた研究所から、何らかの原因でそれが漏れ出てしまったからではないかとの推測もある。

ソ連かぜの流行以降、毎年流行する季節性インフルエンザは、年によってばらつきはあるものの、「A型H1N1亜型」と「A型H3N2亜型」、「B型」のウイルスによって引き起こされてきた。少し前まで、インフルエンザの流行報道で使われる「Aソ連型」と「A香港型」という名前は、それぞれH1N1亜型とH3N2亜型のことを指していた。

21世紀のパンデミック

2009年4月下旬、WHOがインフルエンザのパンデミックを宣言し、世界各国へ警戒を呼びかけた。メキシコと米国で、ブタで流行していたインフルエンザウイルスがヒトにも感染し、多数の患者と死者が出ているという。さらには、ブタからヒトだけでなく、ヒトからヒトへの感染が確認され、さらなる感染拡大が懸念されたためである（WHOの定義では、警戒レベルに応じてパンデミックに複数のフェーズが設けられている。4月下旬から段階的にフェーズが引き上げられ、6月には最高警戒水準の「フェーズ6」が宣言された）。

このときのウイルスも「H1N1亜型」であるが、季節性インフルエンザを引き起こしていたソ連型由来のH1N1ウイルスとは、抗原性（259ページで詳述する）の観点で大きな違いが見られた。同じ亜型のウイルスであっても、多くの人が免疫を持っていないため容易に感染することが想定され、感染の広がりが懸念されたのである。

WHOの集計によれば、このときのパンデミックで、全世界で1万8311人以上が命を落とした（2010年7月9日発表）。感染者数の集計は、2009年11月27日に62万2482人超とされたのが最後で、以降は死亡者数のみが集計された（感染者数の集計が困難だったためと思われる）。

日本では1年あまりで推計約2000万人が罹患し、うち約1万8000人が入院、203名の死亡が報告されている。ただし、死亡率は人口10万人あたり推計0・16と低かった。通常の季節性インフルエンザの患者数は推計でおおむね年間1000万人前後であり、このときパンデミックを引き起こしたウイルスは、たしかに感染力は強かったが、病原性はそれほど高いものではなかった。

現在では、このときのパンデミックウイルスの系統を受け継ぐH1N1亜型ウイルスが定着し、季節性インフルエンザを引き起こしている。それにより、ソ連かぜ系統のH1N1亜型ウイルス（Aソ連型ウイルス）による流行はほぼ見られなくなった。

にもかかわらず、いまでもテレビなどでは、「H1N1亜型」ウイルスのことを「Aソ連型」と呼ぶことがあるようだが、この表記は間違っている。2009年のパンデミックウイルスの系統を受け継ぐものは、「AH1pdm09」と表記するのが正しい。「pdm09」は、「2009年のパンデミック」という意味である。

「新型インフルエンザウイルス」の混乱

なお、このときのパンデミックは、日本で「新型インフルエンザ」や「ブタ（あるいは豚）インフルエンザ」と呼ばれた。

前者は、2008年5月に改正された感染症法で、「新たにヒトからヒトへ感染する能力を有することとなったウイルスを病原体とするインフルエンザ」への警戒のために定められた、病名を指す行政用語である。ヒトの間で免疫ができていないウイルスによるインフルエンザを、「新型インフルエンザ」と呼ぶことになったのである。

もともとこの概念は、1997年の香港事件を受け、鳥インフルエンザウイルスがヒトに感染してパンデミックを引き起こすことへの懸念から法律に盛り込まれた。それを2009年のパンデミックに対しても適用したことで混乱が生じたのだが、そもそもの話をすれば、病名として「新型インフルエンザ」を定義したこと自体に無理があるように感じる。

ヒトが免疫を持たないパンデミックウイルスは、たしかに感染が爆発的に拡大する恐れはあるものの、その症状が大きく変わるわけではない。病名は同じ「インフルエンザ」にすべきであるし、季節性インフルエンザを起こす普通のウイルスと異なる規制を設ける意味はないのではないか。パンデミックを引き起こすほどの伝播力を持つウイルスは、ヒトを高い確率で死に至らしめるような高い病原性はおよそ持ちえないと考えられるからだ。

ヒトに感染しやすいウイルスは、主に上気道（口や鼻から喉、気管にかけての呼吸器）の細胞にあるレセプターを認識して感染することが明らかにされている（11章289ページ）。だからこそ、飛沫によって容易に伝播する。

一方、病原性の観点で警戒すべきは、高病原性の鳥インフルエンザウイルスがヒトに感染し、非常に高い確率でヒトを死に至らしめるケースだ。

だが、この手のウイルスが認識するレセプターは、ヒトの上気道細胞には通常存在しない。存在するのは肺の奥にある細胞だ。そのため、これらのウイルスがヒトに感染するのは、ウイルスを深く吸い込むような濃密な接触があった場合に限られる。その場合、感染者は高い確率で肺炎を発症し、命の危険に曝されることになるのだ。

すなわち、インフルエンザウイルスの場合、感染部位によって伝播力と病原性が左右される。効率的に伝播するには、上気道細胞に感染する必要があるが、感染が肺に及ばなければ、病原性はそれほど高くならないと思われる。パンデミックは、上気道細胞に感染するウイルスによって引き起こされるはずであり、それらのウイルスは、いずれすぐに（おそらく次の年には）季節性インフルエンザの原因ウイルスになると考えられる。

また、「ブタ（豚）インフルエンザ」や「鳥インフルエンザ」という名称も、ヒトの病気に当てはめるのはやはりおかしい。「ブタインフルエンザ」とは、ブタがインフルエンザを発症した場合の病名だ。「鳥インフルエンザ」も然りである。ブタや鳥由来のウイルスがヒトに感染したとしても、病原体がインフルエンザウイルスであることには変わりはない。動物由来であるとはいえ、インフルエンザウイルスが「ヒト」に感染したのだから病名は「インフルエンザ」であるべきだ。そこに動物の名前を冠するのは、やはり変なのである。

どうしても違う名前をつけろと言われれば、「（ヒトの）鳥インフルエンザウイルス感染症」であればまだましだろう。こういう場合、英語では「zoonotic influenza」と呼ぶようになった。気の利いた日本語訳が思いつかないが、逐語訳をするならば、「人獣共通インフルエンザ」ということになる。

インフルエンザウイルスの分け方

インフルエンザウイルスとは、共通した特徴を持つウイルスの総称だ。そのなかには、ヒトに感染する「A型」「B型」「C型」に加え、ヒトでの感染は確認されていない「D型」の4つの「型(type)」がある。

それぞれ正式名称は次の通りである。これらは、同じウイルスファミリー(オルソミクソウイルス科：*Orthomyxoviridae*)に分類される、異なる「属(genus)」に含まれるウイルス種の名称である。

- A型インフルエンザウイルス(*Influenza A Virus*)
- B型インフルエンザウイルス(*Influenza B Virus*)
- C型インフルエンザウイルス(*Influenza C Virus*)
- D型インフルエンザウイルス(*Influenza D Virus*)

A型ウイルスは、鳥類や哺乳類の数々の動物に感染する人獣共通感染症ウイルスである。

B型とC型は、ヒトに感染してインフルエンザ症状を引き起こすが、動物には一部の例外を除いて感染が確認されていない。B型はアザラシでの、C型はブタでの感染がわずかに確認されているのみで、これらはヒトが「自然宿主」であると言ってもいい。D型はウシやブタでの感染が確認されている。

これらの型の分類は、血清を用いた抗原抗体反応によって決定されてきた。

血清とは、血液中の凝固成分を除いた液体成分のことだ（7章167ページ）。抗原（病原体などの異物）が体内に侵入すると、免疫システムは抗体を産生し、抗体は血液によって全身を巡り、抗原に対する防御体制を敷く。抗原と抗体は、カギとカギ穴のように特異的に結合する性質を持っており、両者を混ぜると凝集して複合体（抗原抗体複合物）を形成する。これが抗原抗体反応である（4章116ページ）。

特定の抗原Xに対してつくられる抗体xは、抗原Xとしか基本的には反応しない。つまり、ウイルスXに対してつくられる抗体xは、ウイルスXとしか反応しない（抗体xはウイルスYとは抗原抗体反応を起こさない）。

この、特定の抗原がそれに対する抗体としか反応しない性質を「抗原性」と呼ぶ。この性質を利用して、インフルエンザウイルスの型の分類は決定されてきた。

1933年に初めてヒトで分離されたのが、いまでは「A型」と呼ばれるウイルスである。1940年には、インフルエンザ症状を起こすものの、A型ウイルスに対する血清とは抗原抗体反応を起こさないウイルスが新たに分離され、「B型」と呼ばれるようになった（それにあわせて「A型」という呼び名が導入されたようだ）。

そして1947年には、A型・B型のいずれに対する血清とも反応しないウイルスが分離され、「C型」と呼ばれるようになった。A型・B型・C型の分類基準は、1953年のWHOのインフルエンザ専門家委員会で正式に決定された。D型は、2016年に国際ウイルス分類委員会で正式に認められた新しいウイルスである。

棘だらけのインフルエンザウイルス

A型・B型・C型のインフルエンザウイルスに共通するのは、ヒトにインフルエンザ症状を引き起こす点である。ただし、C型インフルエンザウイルスはヒトに感染しても大人の場合は症状が軽く、主に子どもへの感染例でインフルエンザ症状が確認されている。

ウイルスの形態や構造も、すべての型のインフルエンザウイルスでよく似ている。インフルエンザウイルスの粒子は、多くは直径80〜120ナノメートルの球状のエンベロープウイルスである（長さ1〜2マイクロメートルの紐状のものもある）。エンベロープ表面には、棘のようないくつもの突起が確認される。

これらの突起はいずれも糖タンパク質で、「スパイクタンパク質」と呼ばれる。A型とB型は、「ヘマグルチニン（略称HA）」と「ノイラミニダーゼ（略称NA）」と呼ばれる2種類のスパイクを持つ。

エンベロープを持つインフルエンザウイルスは、1章で見たように（38-41ページ）、「(細胞膜への)吸着」→「(細胞内への)侵入」→「膜融合」→「脱殻（カプシドの解体）」→「(ウイルス遺伝子の)複製・(タンパク質の)合成」→「集合」→「出芽（放出）」という流れでウイルスが増殖する。

HAは「(細胞膜への)吸着」の際、宿主細胞のレセプター（受容体）と結合する役割を果たす。一方のNAは、「出芽（放出）」の際に細胞膜のレセプターからウイルス自身を切り離す酵素として機能する。C型は、HAとNA両者の役割を兼ね備えた「ヘマグルチニン-エステラーゼ（略称HE）」という1種類のスパイクを持つ。

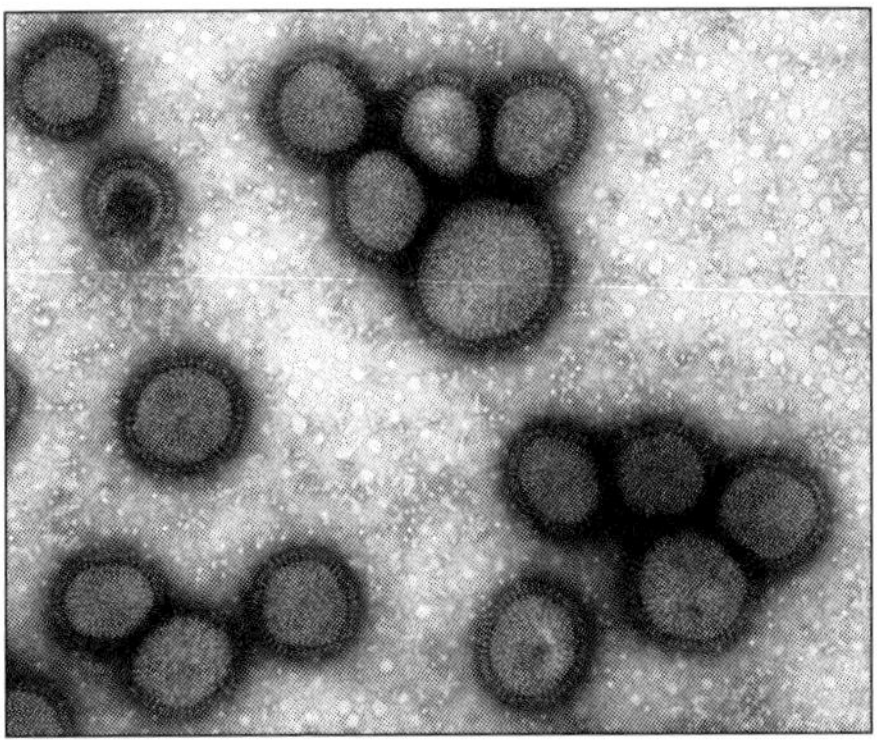

インフルエンザウイルスの電子顕微鏡写真

インフルエンザウイルスのゲノムはマイナス鎖一本鎖（2章49ページ）のRNAである。エボラウイルスはRNAがすべて1本につながっているが、インフルエンザウイルスの場合は、ウイルス粒子内で物理的に複数本に分かれている。これを「分節型」といい、A型・B型は8本、C型は7本のRNA分節を持つ。

それぞれのRNA分節は、ひとつないし複数のタンパク質をコードしている。A型インフルエンザウイルスのRN

A分節と合成されるタンパク質の関係は、**図3－1**に示す通りである。

8本の分節の塩基配列の長さの順に、PB2・PB1・PA・HA・NP・NA・M・NSと名前がつけられ、同名のタンパク質をコードしている。ただし、PB1からは3種類、MとNSからは、それぞれ2種類のタンパク質がつくられ、ウイルス遺伝子全体で少なくとも12個のタンパク質が合成されることが分かっている。

B型の分節構造もA型とよく似ているが、NA分節やM分節でのコードのされ方に違いがあり、11個のタンパク質が合成される。また、C型はHA・NA分節に代わるHE分節を持ち、M分節から合成されるタンパク質とその過程も、A型ともB型とも異なる。ウイルス全体では最終的に10個のタンパク質が合成される。

合成されるタンパク質の働きの概要は次の通りだ。

PA・PB1・PB2は、ウイルスRNAを複製する酵素（RNAポリメラーゼ）を構成している。三者に共通するPは「polymerase」の頭文字である。HA・NAは既に見たとおり、役割の異なるスパイクタンパク質だ。核タンパク質NP（nucleoprotein）はRNAと結合してカプシドを形づくる。

M分節からつくられるM1は、ウイルス粒子の構造を維持するうえで重要な役割を果たしている（Mは「基質」を意味するmatrixの頭文字）。M2はHA・NAと共にエンベロープ上に存在しており、ウイルスが細胞に感染後、粒子を解体（脱核）する際に重要な役割を果たしている。

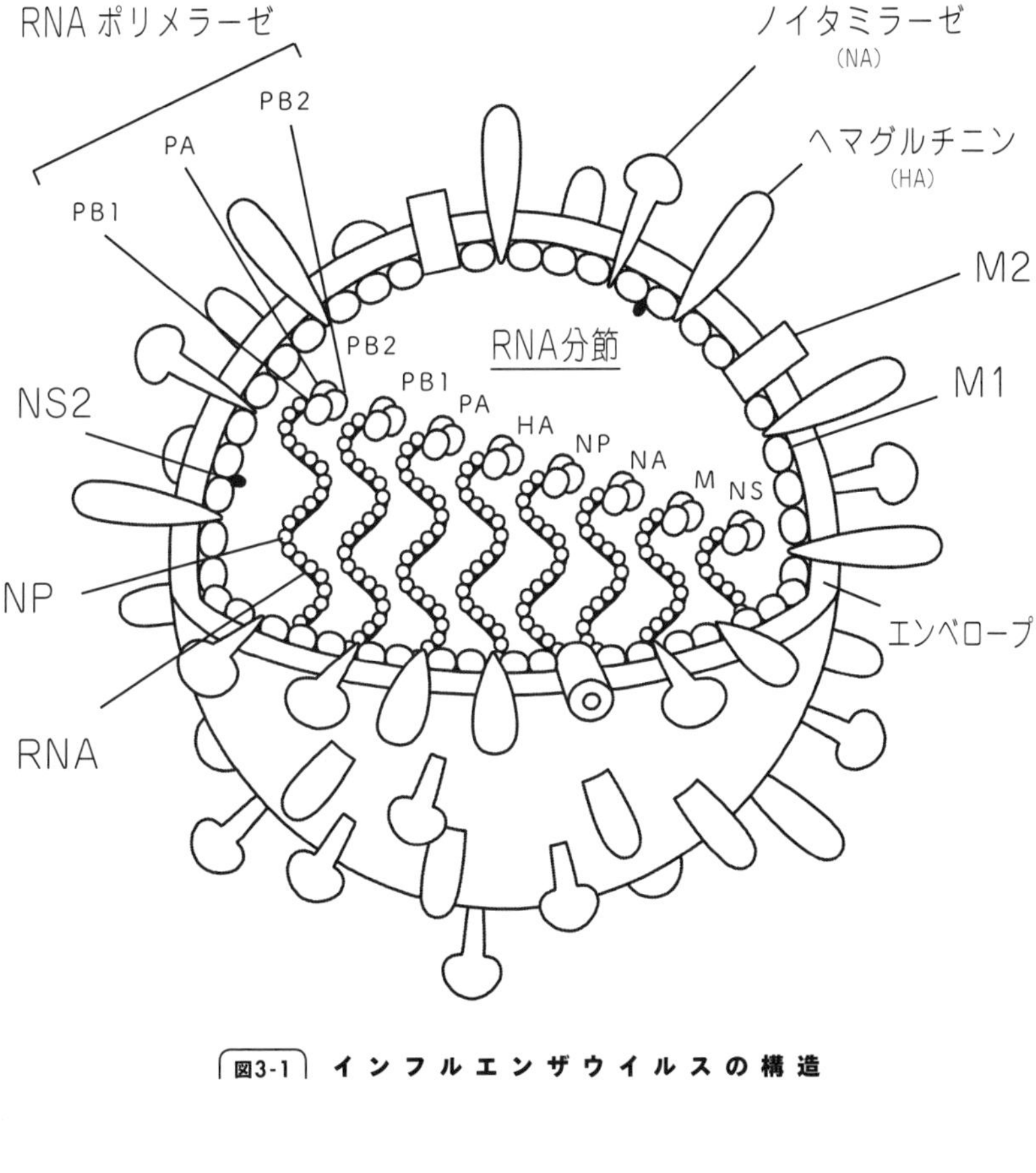

図3-1 インフルエンザウイルスの構造

NS分節からは、宿主の免疫システムを攪乱する（インターフェロンの作用を抑制する、5章144ページ）NS1と、ウイルスRNAの輸送に関わるNS2がつくられる。NSは「non-structural（非構造的）」の略称であり、これらふたつのタンパク質はウイルス粒子の構造形成に関与せず、ウイルス粒子の外で働いていると思われていたのだが、それを覆す研究成果も報告されている。ウイルス粒子中に含まれるタンパク質の詳細な解析によって、NS2は微量ながら粒子中にも存在することが明らかにされた。

なお、A型・B型・C型ウイルスの抗原性の違いは、NPやM分節から生成されるタンパク質の形状の違いであることが分かっている。これらのタンパク質はウイルス粒子中に大量に存在し、それらに対する抗体も大量につくられる。

異なるタンパク質に対しては、異なる抗体がつくられる。そのため、A型ウイルスに対する血清（抗体を含む）は、B型・C型とは抗原抗体反応をほとんど起こさない。その他についても同様である。また、これらをコードしている遺伝子の配列も、型として分けるに十分な違いが確認されている。

新たなインフルエンザウイルスの発見か

ここまで詳しい説明はしてこなかったが、A型ウイルスは「亜型（subtype）」という細かなグループに分類され、「H●N○」という形で表記される（●と○の部分にはそれぞれ数字が入る）。HとNは、それぞれHA（ヘマグルチニン）とNA（ノイラミニダーゼ）のことを示している。Hは1～16の16種類、Nは1～9までの9種類が存在することが、学説上広く受け入れられている。亜型はHAとNAの組み合わせによって決まり、両者の掛け算で144種類に分けられる。

鳥類では、HA16種類とNA9種類それぞれにつき、すべてのウイルスが分離されている（両者を組み合わせた144種類すべての亜型が自然界から分離されているわけではないが、人工的には作出できている）。このうち、高病原性鳥インフルエンザを引き起こす病原体として確認されているのは、H5またはH7の亜型のウイルスである（ただし、H5とH7の亜型のウイルスが、すべて高病原性を示すわけではない）。

一方、これまでヒトでの流行が確認されているのは、HAはH1～H3までの3種類、NAはN1とN2の2種類のみ、亜型で言えば、H1N1（スペインかぜ・ソ連かぜ）、H2N2（アジアかぜ）、H3N2（香港かぜ）の3種類である。また、毎年ヒトで流行する「季節性インフルエンザ」は、現在はA型のH1N1亜型、H3N2亜型とB型のウイルスによって引き起こされている。

なお、19世紀に流行したインフルエンザを引き起こしたウイルスのなかには、H3N8亜型があったとする研究報告もある。当時生きていた人が持つ抗体が、H3N8ウイルスと反応する（抗原抗体反応）という研究なのだが、抗体の検出は要するに状況証拠でしかなく、実態を反映しているのか定かではない。

A型ウイルスの亜型も、抗原性の違いによって分類されてきた。たとえばH1に対する抗体は、H2〜H16に対しては抗原抗体反応をほとんど示さないし、N1に対する抗体も、N2〜9に対しては抗原抗体反応をほとんど示さない（その他も然り）。つまり、A型ウイルスのHAやNAには一括りにできない多様性があり、産出される抗体も多様だということだ。別の言い方をすると、B型やC型に亜型が存在しないのは、B型のHAやNA、C型のHEには、亜型に分けるほどの多様性がないということでもある。

なお、HAとNAの抗原性の違いにもとづくこの亜型の分類は、遺伝子解析によっても支持された。遺伝子配列の共通点や違いを調べてみると、同じ亜型のウイルス株は共通の遺伝子配列を持っている。遺伝子配列の違いが、抗原性の違いとなって現れていると言える。

ひとつ補足しておくと、ここで記したHAやNAの種類は2018年時点での数だ。発見のたびに数が増えてきた経緯があり、本書執筆時点においても、新たにHAとNAを増やそうという提案がなされている。

そのきっかけとなったのが、2012年から2013年にかけて発表された論文だった。中南米で2009年に捕獲されたオオコウモリ（フルーツバット）から、これまで発見されているのとは異なる特徴を持った、「A型インフルエンザウイルスに似たウイルス」が発見されたと報告されたのである。このような回りくどい言い方をしているのは、まだこれがA型インフルエンザウイルスであると、研究者の間でも結論が出ていないからだ。

このコウモリから見つかったのは、発見者らが「H17N10」、「H18N11」と呼ぶ、新たなHAとNAを持ったウイルスである。これらを「A型インフルエンザウイルス」に分類するには、いくつかの問題が横たわっている。

まず、ウイルス本体ではなくRNA遺伝子しか見つかっていない。ウイルスの実態が分からなければ、ウイルスの形状や病原性についての判断は困難だ。

さらには、A型の自然宿主たる野生水禽からウイルスが確認されていない。ウイルス種の判定において、宿主もひとつの判断要素である。

検出された遺伝子の配列も、「A型らしからぬ」特徴を示している。

「H17」や「H18」をコードしている遺伝子配列は、たしかに16種類の既知のHAの配列と似ているところがあるが、HA以外のすべての遺伝子は、既知のA型ウイルスの配列と異なり過ぎている。かといってB型やC型に近いわけでもない。特に問題なのは亜型の分類基準のひとつとなっているNAだ。「N10」や「N11」はもはやNAと呼べないほど異なっている。

私たちは、新たに発見されたH17やH18の遺伝子を発現させてHAをつくり、シュードタイプウイルス（偽インフルエンザウイルス）を作成して感染実験を試みた。

それによると、実際に発現してきたＨＡタンパク質は、たしかにA型ウイルスのＨＡと同様に、宿主細胞のレセプターに結合して膜融合を担うことが確認されたが、既知のA型ウイルスとは、細胞側のレセプターが大きく異なっていることも明らかになった。

このウイルスを、大きな括りで「インフルエンザウイルス」とするのは妥当な判断と言えるかもしれない。だが、新たな亜型と認定するのか、それとも新たに型を設けるのか、なかなか結論を出せない厄介な問題になりそうだ。

ようやく最近になって、この問題を解く糸口が見え始めている。遺伝子から人工的にウイルスを作出するリバースジェネティクス法によって、「コウモリインフルエンザウイルス」（仮称）の遺伝子からウイルス粒子がつくり出され、さまざまな実験が行われている。徐々に、このウイルスの生物学的な特徴が解明されていくだろう。

近年のウイルスの検出技術の進歩のおかげで、この「コウモリインフルエンザウイルス」だけでなく、さまざまな新しいウイルスあるいはウイルス遺伝子の断片が、野生動物や節足動物から見つかってきている。これらのウイルスがヒトや家畜に病原性を示すのかどうか、研究者として確認しなければならないことは無数にある。だからこそ、研究に終わりはない。

命がけのカモの糞拾い――1997年　ロシア・シベリア

本章冒頭で触れたアラスカでの調査には続きがある。

1997年、北大獣医学部微生物学教室の助手として米国から戻ってきた年の夏、同様の目的の調査を、今度はユーラシア大陸のシベリアで実施した。アラスカでの調査は自ら志願したが、このときは研究室のスタッフの一員になっていたため、頼み込むまでもなく問答無用で喜田先生に連行された。

このときの調査はアラスカよりも一段と過酷だった。しかも年の瀬には、高病原性鳥インフルエンザのヒトへの感染で騒然とする香港への出動を命じられた。怒濤の1年である。

目的地は、ロシア連邦内で最大の面積がある極東のサハ共和国である。かつてはヤクート自治区と呼ばれた共和国は、全土が永久凍土地帯であり、共和国の3分の1以上が北極圏に含まれる。首都ヤクーツクは北極海に注ぐレナ川沿いにあり、永久凍土地帯に建設された世界最大の都市だ。冬場は気温マイナス40度を下回る日が多いが、夏にはプラス30度を超えることもしばしばある、寒暖差の激しい地域だ。

札幌から新潟へ移動し、新潟からハバロフスク経由でヤクーツクまで飛行機で向かう。そこで定員10名ほどの船をチャーターし、レナ川を北上して北極圏を目指す。微生物学教室のメンバーと、ロシアで共同研究をしていた研究者、船員合わせて総勢8名のクルーである。ヤクーツクからは船で往復10日ほどの旅路だった。

北極圏が近づくと、川の周囲に湿地帯が広がり、カモの営巣湖沼があちこちにある。めぼしいところを見つけては接岸し、カモの糞を拾い歩く。そのころには、既に私はカモ糞拾いの有段者になっていた。

レナ川沿いで1000個ほどの糞を拾ったが、ふたつのことに悩まされた。

ひとつは、一帯に草が生い茂り、大量の蚊が飛び回っていたことだ。湿地帯を歩くため、濡れてもいいようにレインコートを上下着込み、太腿まである長靴を履き、頭に防虫ネットをかぶって蚊を凌いだ。もうひとつは、野生動物に襲われる危険があったことだ。そこらじゅうに、クマらしき足跡がある。一行は鉄砲を携え、命がけの糞拾いツアーだった。

道中では、いくつもの珍事に遭遇した。

レナ川にはチョウザメが生息している。チョウザメの卵を塩漬けにしたのが、高級食材のキャビアである。密漁者があとを絶たないようで、船には密漁取り締まりの査察官が同乗していた。船旅の途中は、接岸して船内に泊まるわけだが、船を拠点に査察官が密漁を取り締まり、旅の途中で幾度か密漁者を捕まえていた。生きているチョウザメは放流させることになるのだが、死んでしまったものはどうしようもない。密漁者から没収し、かといってそのまま捨てるわけにもいかず、一行でチョウザメを食べることになった。

そのときのキャビアの美味たるや、いまも忘れることができない。それ以前にもキャビアを口にしたことはあったが、市販されているキャビアは、長期輸送に耐えられるよう多くの塩が使われている。そのため塩気の強い魚卵という印象が強かった。

このとき食べたのは、新鮮な卵を控えめの塩で一夜漬けにしたキャビアである。キャビア本来の深い味わいを口いっぱいに堪能し、ウォッカが進んだのは言うまでもない。ウォッカのつまみにはチョウザメの肉の塩漬けも供され、その味もまた格別だった。朝飯には、やや二日酔いの朝にはちょうどよい、塩漬けチョウザメのスープが出た。

食べものの思い出はほかにもある。宿泊地近くの森に分け入ると、あちこち

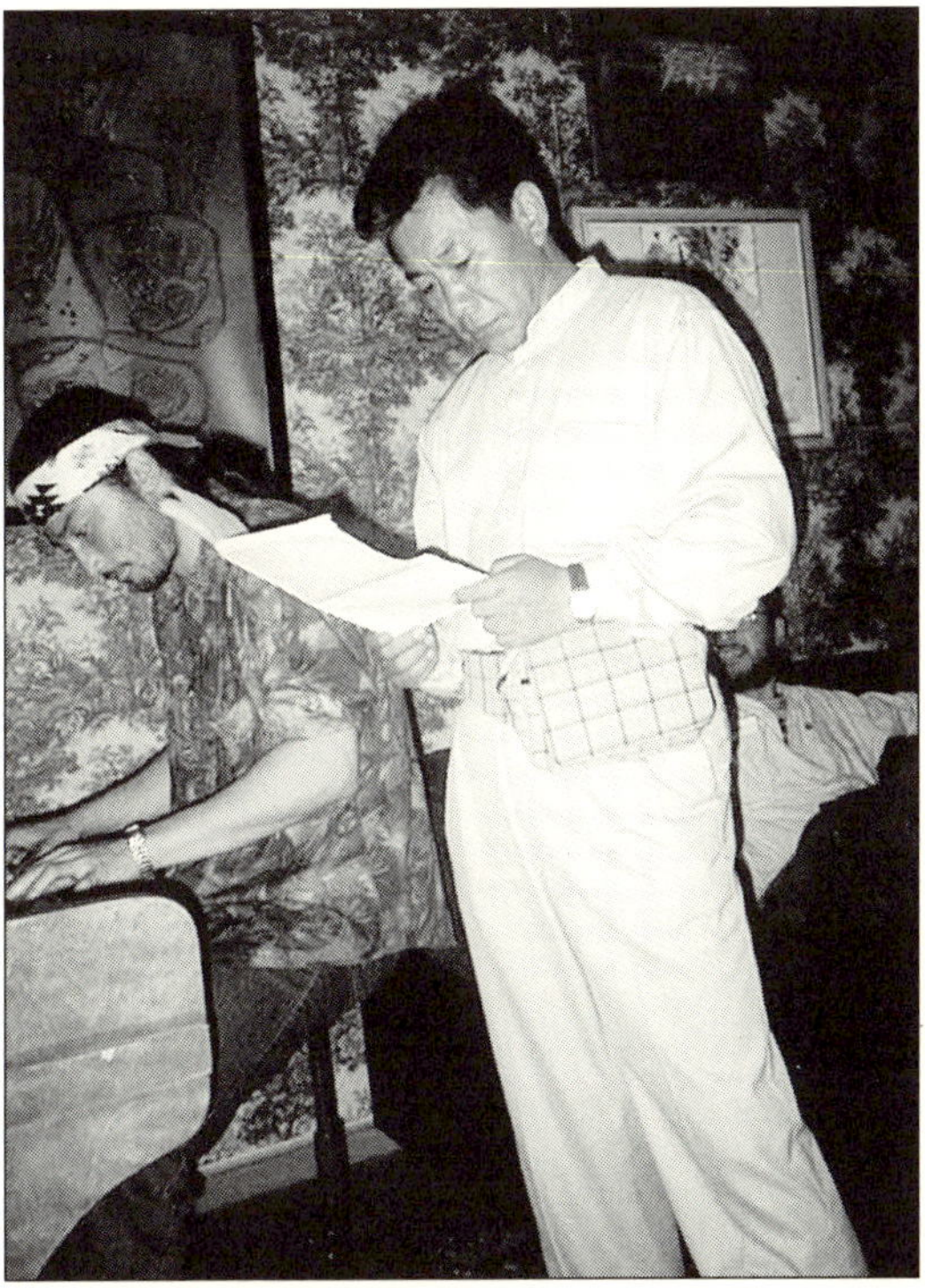

ロシア民謡を歌う喜田先生（右）とピアノで伴奏する私（左）

にキノコが生えている。それを同行のロシア人がとってきてくれたり、近くに住むおじさんが、ヘラジカを仕留めたとかで、足1本を分けてくれたりした。ヘラジカの肉にかぶりつく喜田先生のお顔がなんと幸せそうだったことか。

通訳はハバロフスク在住の方で、ご夫人が当地のホテルの要職に就かれており、宿の手配などでも力を貸してくれた。帰り道の途中では夫妻の自宅に招かれ、喜田先生がロシア語でロシア民謡を歌い、私がピアノ伴奏をするという一幕もあった（前ページ写真）。

調査の結果は、あまり芳しくなかった。命がけで拾った1000個ほどの糞は、船で持ち帰る間に十分に冷やしておくことができず、サンプルが劣化してしまったのだろう。通常の糞拾いなら、たいてい数%ぐらいのサンプルからウイルスを検出できるのだが、このときは1000個のうちの数個という有り様だった。

ウイルスを探しにどこまでも――1998年 ロシア・シベリア再訪

翌年もシベリア調査が実施されたが、前年の反省を生かしてアプローチを変更することにした。船だと時間とお金がかかりすぎ、ウイルス検出効率が低すぎたためだ。

出てきた代替案はふたつ。

ひとつは途中で半野生のウマを捕まえて、それに乗っていくという案。もうひとつは、道なき道をトラクターで切り拓きながら突き進むという案。といっても、トラクターにそう何人も乗れるわけではない。運転手以外はトラクターに荷台を引かせてそこに荷物ともども乗り込むという。どちらの案になってもハードになるのは目に見えていたが、結局はトラクターで行くことにした。

これがまた、前年を上回る過酷な旅となった。ヤクーツクからロシア製の乗り心地の悪いジープで行けるところまで北へ向かい、そこでトラクターに乗り換える。ジープとトラクターでそれぞれ5～6時間ほど走っただろうか。

トラクターは、森の中で木をなぎ倒しながら、湿地帯の沼地に幾度もはまりかけながら、荷台を馬力で引きずって行った。荷台は当然激しく揺れる。クッションなどあるはずがない。途中で荷台の車輪が片方取れたのに、気づかず数十メートル走ってしまうくらいのひどい振動だった。

帰り道、この荷台とももうあと少しでお別れという出発地点まで数キロほどのところで、ついにトラクターごと沼にはまって動けなくなってしまった。屈強なロシア人が斧で木を切り、トラクターの車輪に噛ませて抜け出そうと試みるもうまくいかない。

結局、ロシア人が村まで歩いて救援トラクターを呼びに行くことになり、往復で2時間以上も戻りを待つ羽目に……。その間、野生動物の襲撃を警戒し、蚊に悩まされ続けたのは苦痛でしかなかった。

このときは食料をほぼ現地調達でまかなった。多少の食料は持参したが、毎食分を持って行くと荷物が一気に増える。湖や川で魚を捕まえ、焼いたり茹でたりして食べる。フナは臭いと聞いていたが、このとき塩ゆでして食べたフナは臭みもなくコクがあって美味だった。

これほどきついフィールドワークはあとにも先にも記憶がないが、ここまでではないにせよ、フィールドワークにアクセスの苦労はつきものだ。

ウイルスがどこにいるかは調べてみなければ分からない。野生水禽の群れのなかで、どのようなインフルエンザウイルスがどれだけ保有されているかは、水禽のいるところに行かなければ分からない。フィロウイルスの自然宿主探しも、やはり実際にその場に行って捕まえてみなければ結果は分からないのである。

11章 インフルエンザウイルスは、なぜなくならないのか

ライブバードマーケット、再び
――2011年 インドネシア・ジャワ島

2011年2月、私はインドネシア第2の都市、ジャワ島東部の海に面したスラバヤのライブバードマーケットにいた。

マーケットの規模は、1997年に香港で見たものと比べると小さい。だが、何羽ものニワトリを入れた中ぶりの段ボール箱ほどのケージが数段積み重ねられ、それが列をなしているのは同じだ。ここにどれほどのニワトリがいるのだろうか。

私がインドネシアを訪ねたのは、現地の大学の研究者と、フィロウイルスの共同研究を行って

いたからだ。オランウータンの血清中に、フィロウイルスに対する抗体があるかを調べる研究についてては先に触れた通りだ（8章211ページ）。それと並行して、鳥インフルエンザの調査を行うことになった。東アジアや東南アジアの各国では、2003年の終わりごろから、H5N1亜型による高病原性鳥インフルエンザがまたしても猛威をふるい始めていた。

実は、1997年に香港で100万羽以上のニワトリを殺処分し、撲滅できたと思われていた高病原性のH5N1ウイルスは生き長らえていた。2001年5月には、香港のライブバードマーケットで多くのニワトリが死に、H5N1ウイルスが検出された。それは、1997年に検出されたウイルスの系統に連なるものだった。

このときもライブバードマーケットや養鶏場のニワトリを殺処分し、感染拡大を食い止めることができたが、その後もH5N1はどこかに潜んでいた。

2002年1月にも香港の養鶏場でH5N1が検出され、2003年2月にはヒトへの感染・死亡例も確認された。中国南部の福建省（台湾と海を挟んで向かい、香港の北東）に旅行した香港在住の家族5名のうち4名が、旅行中や香港に戻ってきてから肺炎症状を発症、うち2名が死亡したのである。福建省を旅行中に死亡した8歳女児の死因は不明だが、香港の病院で死亡した父親（33歳）と、発症後回復した母親と9歳男児からH5N1ウイルスが検出された。

このように、H5N1の再出現は散発的に確認されていたが（というよりは、中国国内でずっと流行していたものと考えられる）、気づいたときには手の打ちようがないほど感染が広まっていた。2003年12月に韓国のニワトリでH5N1の流行が発生したのを皮切りに、日本やベトナム、中国、タイ、インドネシア、カンボジア、マレーシア、ラオスなど、東アジアから東南アジア各国で、H5N1ウイルスによる高病原性鳥インフルエンザが発生、一部の地域ではヒトへの感染も確認された。

日本でH5N1が確認されたのは、2004年1月から2月にかけてのことである。1月に山口県の養鶏場で、ついで2月に大分県や京都府の養鶏場でニワトリの大量死が確認され、それぞれH5N1ウイルスが検出された。日本国内では1925年以来79年ぶりの高病原性鳥インフルエンザの発生であり、大々的に報じられたので覚えている人も多いかもしれない。

H5N1の爆発的な流行を受け、2004年には、アジアでのさらなる感染拡大を食い止めるため、北大の研究チームもさまざまに力を尽くした。

8月には、北大でWHO主催の動物インフルエンザ診断のトレーニングが喜田先生のご尽力で開催され、私も講師のひとりとして参加し、アジア各国の研究者や技術者たちにインフルエンザの専門知識や診断技術を伝えた。10月には、JICA（国際協力機構）のプログラムでタイに赴き、高病原性鳥インフルエンザの診断技術を研究者や技術者たちに伝えてきた。

こうした国際協力も、アジアの先進国として、日本の研究者が果たすべき大きな役割のひとつである。

渡り鳥が、高病原性鳥インフルエンザを運ぶ

2004年に日本で確認されたH5N1の高病原性鳥インフルエンザウイルスは、各地で発見されたウイルスの遺伝子解析の結果、中国南部から韓国を経由して日本列島に持ち込まれたと推測されている。

その中国が、H5N1による高病原性鳥インフルエンザを初めて公表したのは2004年2月末のことだ。後の調査で、2003年11月にもヒトでの感染・死亡例があったことが判明している。

中国への疑いをさらに強めることになったのが、翌2005年4月に起きたひとつの事件だ。中国のほぼ中央に位置する内陸部の青海湖（Qinghai Lake）で、渡り鳥（白鳥やインドガン）の大量死が起きた。H5N1の感染によるものである。

青海湖は、渡り鳥の飛翔ルート上に存在する。野鳥たちは中国南部で冬を越し、春の訪れと共にシベリア目指して北上し、この地で羽根を休める。そこで見つかった野鳥がH5N1に感染していた事実は、ウイルスが中国南部からもたらされたことを強く示唆する。

1996年にH5N1ウイルスが広東省のガチョウ（Goose Guangdong）から発見されて以来、その系統を受け継ぐウイルスは、中国南部のライブバードマーケットや養鶏場で感染を繰り返し、

生息域を広めていた。その一部が、北方から飛来してこの地で越冬する渡り鳥に感染した可能性が大きい。

この青海湖での一件は、研究者たちに重大な懸念を抱かせた。

中国南部から北へ向かう渡り鳥から高病原性のH5N1ウイルスが検出されたということは、このウイルスがシベリアにまで運ばれ、渡り鳥の営巣湖沼で、水を媒介にしてウイルスが渡り鳥の集団内で感染を繰り返す可能性があるからだ。そうすると、秋に渡り鳥が南下する際、H5N1ウイルスをユーラシア大陸に広く運びかねない。

その懸念は、すぐに現実のものとなった。それまでH5N1ウイルスが検出されていなかった西アジアやアフリカで、H5N1ウイルスに感染した野鳥が発見されるようになり、エジプトやトルコでは、2006年からヒトでの感染や死亡例も報告されるようになった。広東省のガチョウに起源を持つH5N1ウイルスは、渡り鳥を媒介にして60ヶ国以上にまで広がっていったのである。

日本もたびたびH5N1による高病原性鳥インフルエンザに見舞われている。

2008年春には、日本列島を北上中のオオハクチョウが、青森県と北海道で何羽も死んでいるのが発見され、H5N1の感染によるものと分かった。このときはゴールデンウィーク返上で、北大チームがウイルス確定診断を行った。

2010年から2011年にかけては、日本各地でH5N1に感染した野鳥が発見され（63羽）、

24ヶ所の養鶏場で、ニワトリへの感染も確認された。いずれのウイルスも、大陸から飛来した渡り鳥によってもたらされたと見られている。

2014年以降には、H5ではあるが別のNAを持つ高病原性鳥インフルエンザウイルスも発生した。H5N8ウイルスが韓国・日本・中国・台湾・ロシア、欧州やアフリカの各国で、H5N6ウイルスが韓国・ベトナム・中国（香港含む）・日本で検出された。

これらのウイルスも中国南部で誕生し、渡り鳥によって感染が拡大したと考えられている。これらのウイルスのHAは、蔓延していたH5N1ウイルスと同じ系統に属する。すなわち、H5N1ウイルスが別の亜型のウイルスと混ざり合い、「遺伝子再集合」（294-295ページで詳述）を起こして生まれたものである。

変異が生まれるライブバードマーケット

ニワトリやアヒルなどが密集して飼われているライブバードマーケットは、鳥インフルエンザへの対策を難しくする一因になっている。いろいろな亜型のウイルスが次から次へと宿主個体であるニワトリやアヒルに伝播し、容易に感染を繰り返すことで、厄介な問題が引き起こされる。

インフルエンザウイルスは、RNAを遺伝子に持つ。RNAは複製時にDNAよりはるかにエラーが起きやすく、親ウイルスから多様な遺伝情報を持った子孫ウイルスが生まれてくる。既に紹介した「準種（quasispecies）」という概念である（2章64ページ）。

さまざまな選択圧がかかる環境では、遺伝的多様性を備えた集団が生存に有利である。ニワトリの体内にも免疫システムが備わっており、体内に侵入してきたウイルスを排除しようと選択圧がかかる。そのような環境で、子孫ウイルスのなかに宿主の免疫を逃れる形質を新たに獲得したものがいれば、それが容易に感染を繰り返し、その子孫ウイルスが次第に集団内で優位になっていく。

免疫システムは、抗原タンパク質の全体像を認識するのではなく、その一部である抗原決定基（エピトープ）を認識し、それに対して抗体や細胞傷害性T細胞（キラーT細胞、4章116-117ページ）をつくり出している。エピトープは、遺伝子配列（アミノ酸配列）のたったひとつが置き換わっただけでも大きく形状が変わりうる。そのため、複製エラーが頻繁に起こるRNAを遺伝子に持つインフルエンザウイルスでは、感染を繰り返すうち、免疫を逃れる変異体が選択されるようになり、ウイルスの抗原性が徐々に変化していく。

このように、宿主の免疫システムとのせめぎ合いを通じて抗原性が徐々に変化することを「抗原ドリフト（抗原連続変異：antigenic drift）」という。「ドリフト（drift）」には「外的な力でゆるやかに動く」という意味があり、ウイルスのわずかな遺伝子配列の置換によって、抗原性が変わっていくことを示している。

特に、細胞への感染の際に重要な役割を果たす表面糖タンパク質HA（ヘマグルチニン）において、抗原ドリフトはきわめて重要な意味を持つ。抗原ドリフトによってHAの抗原性が変化すると、宿主の免疫を逃れることができるようになるからだ。

宿主の免疫システムは、最初の感染でHAを抗原として認識し、HAの働きを無力化する中和抗体をつくり出して迎撃体制を一度は確立する。だが、抗原ドリフトによりHAの抗原性が変化すると、つくり出した中和抗体が効かなくなってしまう。

病原体から身を守るはずの免疫応答が、ウイルスの変異を促す選択圧になり、ウイルスへの守りを難しくしているのだから、何と皮肉なことだろうか。

ウイルスに意志や知性はない。が、まるで意志や知性があるかのごとく宿主の免疫を逃れる変異を繰り返し、感染を続けている。

ライブバードマーケットは、抗原ドリフトが起こる格好の場だ。ウイルスは感染を繰り返すうち、変異を積み重ねて抗原性が変わっていく。さらに厄介なのは、ライブバードマーケットがあるいくつかの国で、鳥インフルエンザ対策としてワクチン接種が行われていることである。

ワクチンは宿主の抗体産生を誘導するが、一般に、現行のインフルエンザワクチンでは、感染（ウイルスの体内への侵入）そのものを防ぐことはできない。実用化されているワクチンは、感染後の発症や重症化を防ぐ目的で開発されたものである。

ワクチンを接種したニワトリがインフルエンザウイルスに感染して発症しなかった場合（ワクチンの効果があったと言えるのだが）、発症しないため感染に気づかず、その個体が感染源になる可能性がある。また、ワクチンによって誘導された中和抗体は、ウイルスからしてみれば新たな選択圧となり、それが抗原ドリフトを加速させることになる。

さらに、複数の亜型ウイルスが同時に宿主個体に感染すると、RNA分節が混ざり合う「遺伝子再集合」が起こり、抗原性のまったく異なる新たなウイルスが誕生することもある。いわゆる新型ウイルスは、この遺伝子再集合により生まれてくる。

鳥インフルエンザの流行を食い止めるためにもっとも有効なのは、感染が確認されたマーケットや養鶏場で、全数殺処分（摘発淘汰）をすることである。この病気（高病原性鳥インフルエンザ）は致死率が高く、診断も比較的容易である。ワクチンを使用していなければ、発生後すぐに発見でき、それからすみやかに殺処分することで完全に制圧可能だ。

そのため、ＯＩＥ（国際獣疫事務局）は鳥インフルエンザの流行対策として摘発淘汰を推奨しているが、殺処分には補償の問題も絡むため、財政事情の厳しい途上国には、ワクチン接種も例外的に認められている。

２０１８年3月時点のＷＨＯの集計によれば、これまでに、インドネシア・エジプト・ベトナム・カンボジア・中国などでＨ５Ｎ１ウイルスのヒトへの感染・死亡例が発生している。

このうちカンボジアを除く４ヶ国は、近年行なわれたＯＩＥの調査に対して、鳥インフルエンザ対策としてワクチン接種を行っていると回答し、いまもワクチン接種を続けていると見られる。一方、2006年に鳥インフルエンザへの対策としてワクチン接種が公式に禁止されたタイでは、2007年以降、H5N1ウイルスのヒトへの感染が報告されなくなった。

H5N1ウイルスによる鳥インフルエンザの被害拡大、ヒトへの感染の広がりは、ワクチンの濫用によるところも大きいのである。

病原性の違いを生むわずかな変異

これまで、ニワトリに対して高い病原性を示すウイルスは、H5亜型のほか、H7亜型のものが見つかっている（H5とH7以外で高病原性のものは確認されていない）。

ただし、H5とH7のウイルスがすべてニワトリに対して高病原性を示すわけではない。低病原性のH5亜型、H7亜型ウイルスも存在する。こうした病原性の差がどこにあるのか、両者の違いが、これまでの研究でかなり明らかになってきている。

大ざっぱに言うと、ウイルスの病原性は、ウイルスが宿主体内のどの臓器（細胞）でどれだけ増殖できるかによって決まる。

低病原性のインフルエンザウイルスは、ニワトリの呼吸器や腸管でしか増殖できない（局所感染）

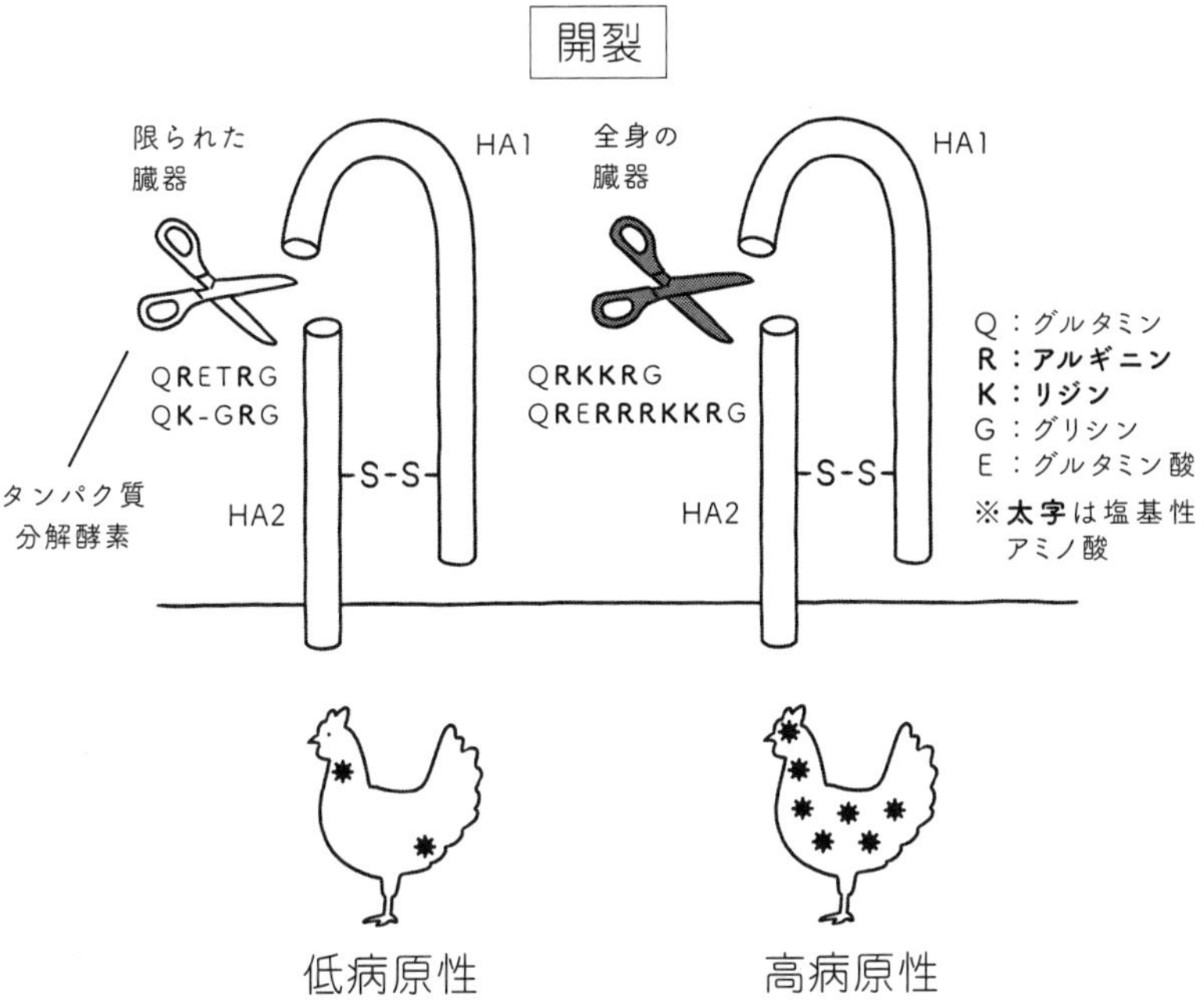

図3-2 HAタンパク質の開裂と病原性の関係

が、高病原性のウイルスは、ニワトリの脳を含む全臓器で増殖する（全身感染）。そのため、全身の臓器がダメージを受け、エボラ出血熱にも似た出血症状を示す。

局所感染と全身感染を分けるのは、端的に言えばHAの構造や特性の違いである。

HAは、宿主細胞のレセプター（受容体）と結合するほか、「膜融合」の段階でも重要な働きをする。膜融合を起こすには、HAタンパク質がふたつに切り離される「開裂」と呼ばれる反応が不可欠だ（**図3-2**）。HA1とHA2にHAが開裂しなければ膜融合が始まらない）。

開裂は、宿主細胞が持つタンパク質分解酵素の働きによって引き起こされる。低病原性のウイルスは、ニワトリの呼吸器と消化管の細胞に局在する特殊な酵素を利用するのに対し、高病原性のウイルスは、ニワトリのすべての細胞内部にある酵素を利用する。

こうした酵素反応の違いは、ＨＡの開裂部位のアミノ酸配列が異なることによる。高病原性ウイルスの開裂部位には、アルギニンやリジンといった塩基性アミノ酸が複数並んでおり、このような配列はニワトリの全身の細胞にある酵素によって認識される。一方、低病原性ウイルスの開裂部位には塩基性アミノ酸の連続配列は存在せず、呼吸器と消化管の細胞だけが持つ特殊な酵素によって認識される。

高病原性ウイルスの特徴であるこのアミノ酸配列は、Ｈ５とＨ７のウイルスにだけ現れる。しかしなぜ、Ｈ５とＨ７でだけ、この高病原性のアミノ酸配列が現れるのか。私たちは最近の研究で、この疑問を解く鍵をＨＡの遺伝子配列上に発見した。

Ｈ５とＨ７ウイルスの開裂部位をコードするＲＮＡの周辺には、特徴的な塩基配列が見られる。実はそこが、ＲＮＡ塩基が挿入されやすい構造になっている。その部分に特定のＲＮＡ塩基配列が複数挿入され、塩基性アミノ酸に対応するコドンの連続配列ができると、ニワトリの全身の酵素で認識されて開裂する。高病原性ウイルスになるかどうかは、基本的にＨＡの遺伝子配列によって最初から決定されているのである。

ほかにも、ＨＡの開裂のしやすさを左右する要因がある。そのひとつが、開裂部位近くの糖鎖の存在だ。

開裂部位のすぐ近くに糖鎖があると、それが酵素の邪魔をして開裂が起きにくくなる。すなわち病原性が低くなる。一方、開裂部位の近くに糖鎖がない、あるいは糖鎖があっても物理的にある程度離れていると、糖鎖が酵素の邪魔をすることがない。そのため開裂が起きやすくなって病原性が高くなるのだ。このことは、河岡先生が若いころに発見していた。

糖鎖の有無や位置を決めるのも、やはり開裂部位近くのアミノ酸配列による。わずかなアミノ酸配列の違いにより、糖鎖の有無が決まったり、その位置が変わったりする。このわずかな配列の違いが、ウイルスの病原性を左右しているのだ。

もともと低病原性だったウイルスが、わずかな遺伝子配列の変化（それがアミノ酸配列の変化につながる）により、高病原性ウイルスに変わりうる。ニワトリの集団内で感染を繰り返すうち、ニワトリの全身の臓器で増殖する高病原性のウイルスがわずかでも生まれたら、あっという間に感染が広がり、ニワトリを次から次へと殺していくことになるだろう。

変異により病原性が高まる脅威は、2000年代半ば以降、別の形でも現実化している。

1997年以来、鳥インフルエンザの被害やヒトへの感染をたびたび引き起こしてきたH5N1ウイルスだが、当初はA型インフルエンザウイルスの自然宿主たるカモに対しては、さしたる病原性を示すことはなかった。

A型ウイルスはカモや野鳥の体内環境に適応し、共生とも言える関係を築いてきたと思われていたが、2005年に起きた中国・青海湖での野鳥の大量死は、こうした従来の常識を一変させた。ニワトリの体内で変異を繰り返したH5N1ウイルスが野鳥に「逆感染」し、野鳥に対しても高い病原性を示すことになったのである。

ただ、そういうウイルスは、自然界では長くは維持されないはずである。実際、最近では野鳥から分離されるH5N1ウイルスの病原性は弱くなっている。野鳥の体内で選択圧が働き、野鳥の体内環境に適応した変異体が選択された結果であろう。

鳥とヒトの間に横たわる「宿主の壁」

A型インフルエンザウイルスは、多くの動物種に感染する人獣共通感染症ウイルスだが、「種の壁」、「宿主の壁」を越えて感染するのはそう容易なことではないと何度も述べてきた。家禽類で流行するインフルエンザウイルスは、ヒトには感染することがないというのがかつての「常識」だった。

それには確かな科学的根拠もあった。鳥類とヒトでは、インフルエンザウイルスが結合する宿主細胞のレセプターの形が違うという研究報告が、1990年になされていたのである。

たびたび紹介してきたように、インフルエンザウイルスは、表面のスパイク糖タンパク質HA

を使って宿主細胞表面のレセプターと結合する。インフルエンザウイルスのレセプターは、シアル酸という分子を末端に持つ糖鎖だ。ガラクトースと呼ばれる糖の末端に、シアル酸が結合している。その部位を、インフルエンザウイルスは特異的に認識して結合するのである。

鳥類とヒトでは、この、シアル酸とガラクトースとの結合の仕方に違いがある。

鳥類では、シアル酸とガラクトースが「α2－3」と呼ばれる様式で結合している糖鎖が、主に腸管の細胞に存在する。鳥類に感染しやすいウイルスは、それをレセプターとして認識する。対してヒトでは、シアル酸とガラクトースが「α2－6」と呼ばれる様式で結合している糖鎖が、主に上気道（口や鼻から喉、気管にかけての呼吸器）の細胞に存在し、ヒトに感染しやすいウイルスはそれをレセプターとして認識する。

この結合様式の違いは、糖鎖の末端の形状の違いとなって表れる。「α2－3」結合だと、糖鎖の末端が直線的に伸びるのに対し、「α2－6」結合だと、シアル酸のところで糖鎖の末端が折れ曲がる。この形の違いが「宿主の壁」となり、鳥類とヒトの間でウイルスの行き来を難しくしていると考えられていた（次ページ図3－3）。

「宿主の壁」に対するこの常識を覆すことになったのが、1997年の香港で高病原性鳥インフルエンザを引き起こし、ヒトにも感染して死亡者を出したH5N1亜型のウイルスである。先にも触れた通り、その後もたびたびヒトへの感染・死亡例が報告されている。

日本でも、H5N1のヒトへの感染が疑われるケースが起きている。2004年2月に京都で

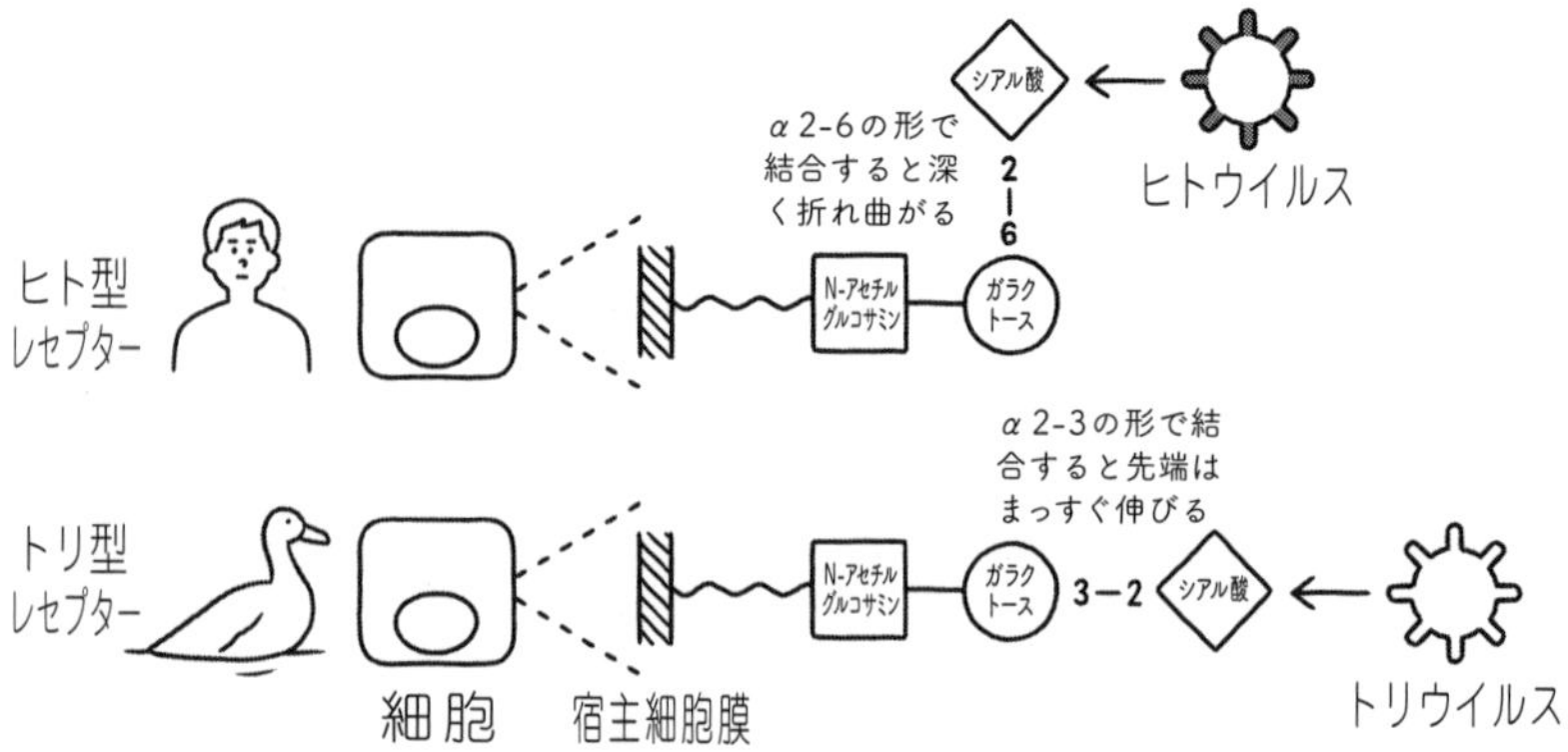

図3-3　インフルエンザウイルスのレセプターの構造と特異性の違い

鳥インフルエンザの発生が確認された際、養鶏場の作業員や消毒などに携わった関係者58人の血液を検査したところ、5人から抗体が見つかっていた。

それ以降も、家禽類で確認されたH5N1以外のH5亜型やH7亜型のウイルスが、ヒトにも感染するケースが幾度も報告されている。たとえば、H5N1と並び、家禽類からヒトへの感染例が多数報告されているのがH7N9亜型のウイルスである。2013年3月に中国で確認されて以来、中国を中心に1567名が感染、少なくとも615名が死亡している（2018年3月時点）。

何が「宿主の壁」を越えさせるのか

一体、インフルエンザウイルスはどのようにして「宿主の壁」を越えたのだろうか。

これまでの研究で、いくつかの理由が明らかにされてきた。

まず、ヒトの体内には存在しないと思われていた「α2－3」結合の糖鎖が、ヒトの肺の細胞にも存在することが確認された。この事実は、想定されるニワトリからヒトへの感染経路と、ヒトに感染・発症した場合の臨床所見とも合致する。

ニワトリに感染していたウイルスがヒトに感染するのは、ニワトリとヒトが濃密に接触した場合に限られる。すなわち、ライブバードマーケットや養鶏場のようにウイルスに感染したニワトリが多数存在している場所にヒトが長時間居続けたり、そこでニワトリに直接触れたりする場合だ。このとき、何らかのきっかけでヒトが大量のウイルスを深く吸い込むと、ウイルスが肺に達して「α2－3」結合の糖鎖を持つ細胞に感染すると考えられる。H5N1ウイルスがヒトに感染して重篤な症状を引き起こすケースでは、肺が大きな損傷を受けているのはそのためだ。

ニワトリからヒトへ、「宿主の壁」を越えてきたウイルスが、さらに別のヒトへ感染したケースは皆無ではないが、その確率はきわめて低い。それは、鳥類に適応したウイルスはやはり「α2－3」結合の糖鎖を強く認識するからだと思われる。

インフルエンザウイルスのヒトからヒトへの感染は、上気道の細胞で増殖していたウイルスにより、くしゃみや咳などの飛沫によって伝播されるのが一般的だ。

対して鳥からヒトに感染してきたウイルスは、ヒトの肺でしか増殖することができない。そのため、くしゃみや咳などの飛沫にウイルスが混ざる可能性が低くなる（加えて、その飛沫を肺まで深く吸い込む可能性もそれほど高くはない)。それが、ヒトからヒトへの感染は容易には起こらない理由と考えられる。

ただし、この糖鎖末端の形状の違いによる「宿主の壁」は、遺伝子配列上はごくわずかな差でしかないことも分かってきた。

シアル酸を含む糖鎖末端を認識するのは、インフルエンザウイルスのHAである。「α2－3」結合の糖鎖(鳥類の腸管とヒトの肺に存在)と結合するHAと、「α2－6」結合の糖鎖(ヒトの上気道に存在)と結合するHA。両者の遺伝子配列を比較したところ、レセプターとの結合部位付近の数個のアミノ酸の変異が、鳥類からヒトへの感染に重要な役割を果たしていることが明らかになった。

実際、過去にパンデミックを引き起こしてきたH1N1(スペインかぜ)、H2N2(アジアかぜ)、H3N2(香港かぜ)も、HAの起源を遺伝子配列で遡ると、すべて鳥類で流行していたウイルスに辿り着く。すなわち、もともとは「α2－3」結合の糖鎖としか結合できなかったウイルスが、わずかな遺伝子配列の変異によって「α2－6」結合の糖鎖と結合するようになり、それがヒトでのパンデミックを引き起こすことになったのである。

ほかにも近年の研究により、鳥類とヒトの間に存在する新たな「宿主の壁」と、それを乗り越えるメカニズムが次々と明らかにされている。

インドネシア・スラバヤのマーケットを見て歩いていると、買い手がついたのか、店の主がケージから1羽のニワトリを取り出した。するとおもむろに、刃物でニワトリの首を掻き切り、ニワトリを締め始めた。

生きたニワトリが密集しているライブバードマーケットは、ウイルスの感染が広がりやすい環境だ。そのような場で、ヒトがニワトリとこれだけ濃密に接触すると、ニワトリからヒトへの「宿主の壁」を越えて感染が起こるリスクも当然高まる。

しかし、鳥の間でウイルスが受け継がれているだけでは、パンデミックウイルスが出現する可能性がそれほど高くなるとは思えない。乗り越えなければならない宿主の壁が多数あるからだ。

現時点では、ヒトへの感染が確認されているH5N1やH7N9の鳥インフルエンザも、ヒトからヒトへ効率よく感染できるようにはなっていない。すなわち、宿主の壁を完全に越えたわけではない。

この段階のうちに、すなわちウイルスがヒトからヒトへの感染能を獲得する前に、鳥インフルエンザの問題は、鳥のなかだけで終わらせなければならないのである。

ブタから生まれたパンデミックウイルス

インフルエンザウイルスでは、宿主の免疫システムとのせめぎ合いを通じて、HAの抗原性が徐々に変化する。この「抗原ドリフト（抗原連続変異）」こそ、ヒトの間で季節性インフルエンザが毎年流行する要因だ。HAの抗原性が年々変化するため、感染やワクチン接種によりつくられた抗体の効果は、年を経るごとに限定されていく。

だが、インフルエンザウイルスでは、よりダイナミックな変異も起こりうる。それが、抗原ドリフトと対になる概念として、「抗原シフト（抗原不連続変異：antigenic shift）」と呼ばれる変異だ。インフルエンザウイルスが複数のRNA分節に分かれている（A型ウイルスの場合は8分節）がゆえの現象である。

ある宿主個体は、同時に複数のインフルエンザウイルスに感染することがありうる。ウイルスが宿主の個体内で感染・増殖する際、ウイルスを構成するタンパク質や自身のRNAのコピーを宿主細胞につくらせ、それらの部品をひとつに集めて子孫のウイルス粒子が形成される。

このウイルス粒子形成の際、宿主個体が同時に複数のインフルエンザウイルスに感染していると、別個のウイルスに由来するRNA分節が混ざり合うことがある。ウイルスXに由来する分節

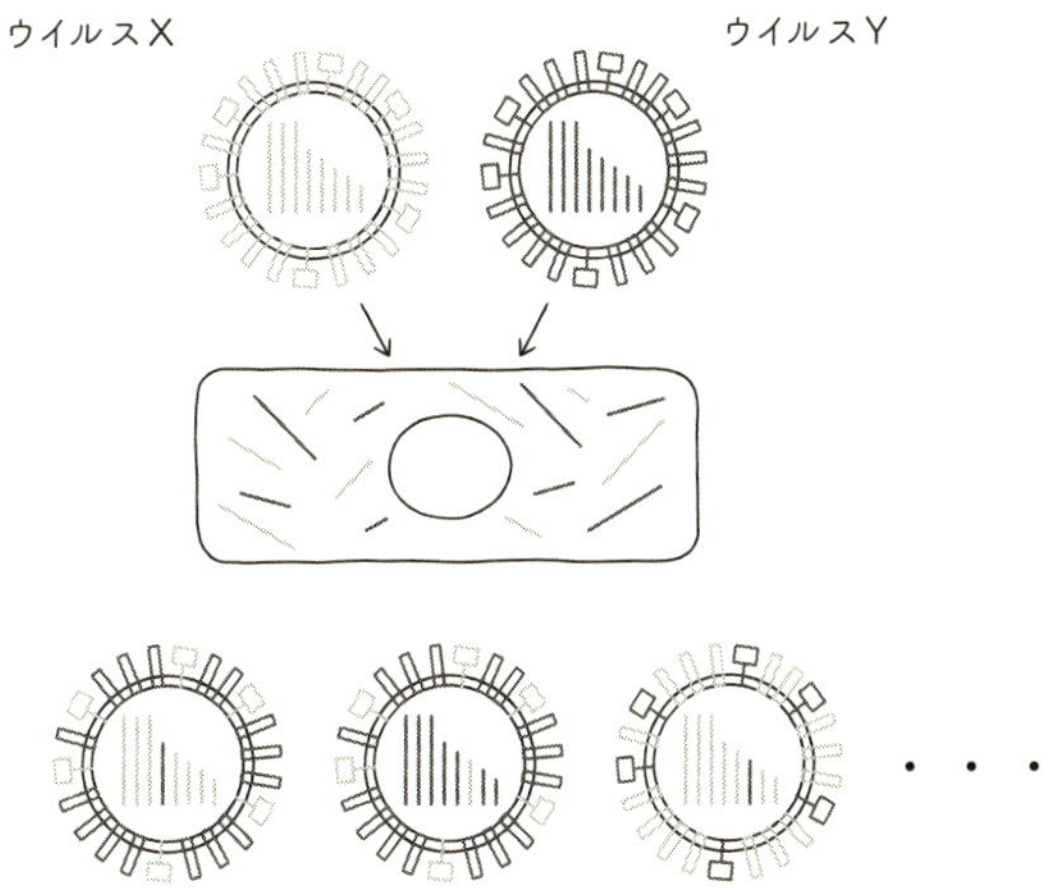

ひとつの細胞が同時に複数のインフルエンザウイルスに感染すると、ウイルスが細胞内で増殖する際、RNA分節が混ざり合ってさまざまな組み合せのウイルスができる。

図3-4 遺伝子再集合

とウイルスYに由来する分節が、ランダムに組み合わされる可能性があるのだ。この、遺伝子分節の組み合わせ変換を「遺伝子再集合」という（図3-4）。

その結果、それまで存在していたウイルスとはまったく異なるRNA分節の組み合わせを持った、新たなウイルスが誕生する。これが「抗原シフト」である。

抗原ドリフトが、分節内のアミノ酸配列が連続的に変異して起こる、「ゆるやかに動く」(drift)連続した抗原性の変異であるのに対し、抗原シフトは、RNA分節の組み合わせのシャッフルによって起こる、抗原性の不連続的な変化だ。抗原ドリフトがマイナーモデルチェンジなら、抗原シフトはフルモデルチェンジとたとえることができる。

抗原シフトが起こると、HAやNAが入れ替わったウイルスが誕生するため、過去に獲得された免疫（抗体）がほとんどまるで役に立たない。免疫がない状態でウイルスに曝されるため感染が大きく広がり、パンデミックが引き起こされる。

実際、1957年のアジアかぜ（H2N2）や1968年の香港かぜ（H3N2）を引き起こしたウイルスは、遺伝子再集合（抗原シフト）によって生まれたと考えられている（スペインかぜについてはよく分かっていない）。

アジアかぜのH2N2は、スペインかぜのH1N1と、そのころ鳥の間で流行していたH2N2とで遺伝子が混ざり合ってできたものだ。鳥由来のH2N2ウイルスから、HA（H2）とNA（N2）、RNA複製酵素（ポリメラーゼ）をつくる遺伝子のひとつであるPB1を受け継ぎ（それ以外はスペインかぜ由来の遺伝子を受け継いだ）、さらにはヒトへの感染能を獲得した。

香港かぜのH3N2は、アジアかぜ由来のH2N2と、そのころ鳥で流行していたと思われるH3亜型のウイルス（NAは不明）とが混ざり合ったものだ。大半の遺伝子はH2N2に由来するが、鳥由来のH3亜型ウイルスから、HA（H3）とPB1を受け継いだ（図3-5）。

このような遺伝子再集合が起きるのは、ブタの体内だと考えられている。

ブタの呼吸器には、ヒトの上気道に存在する「α2-6」結合の糖鎖と、鳥類の腸管（とヒトの肺）に存在する「α2-3」結合の糖鎖の両方が存在する。そのため、ヒト由来のウイルスと鳥由来のウイルスが同時にブタに感染しうる。それらのウイルスの遺伝子がブタの体内で混ざり合い、

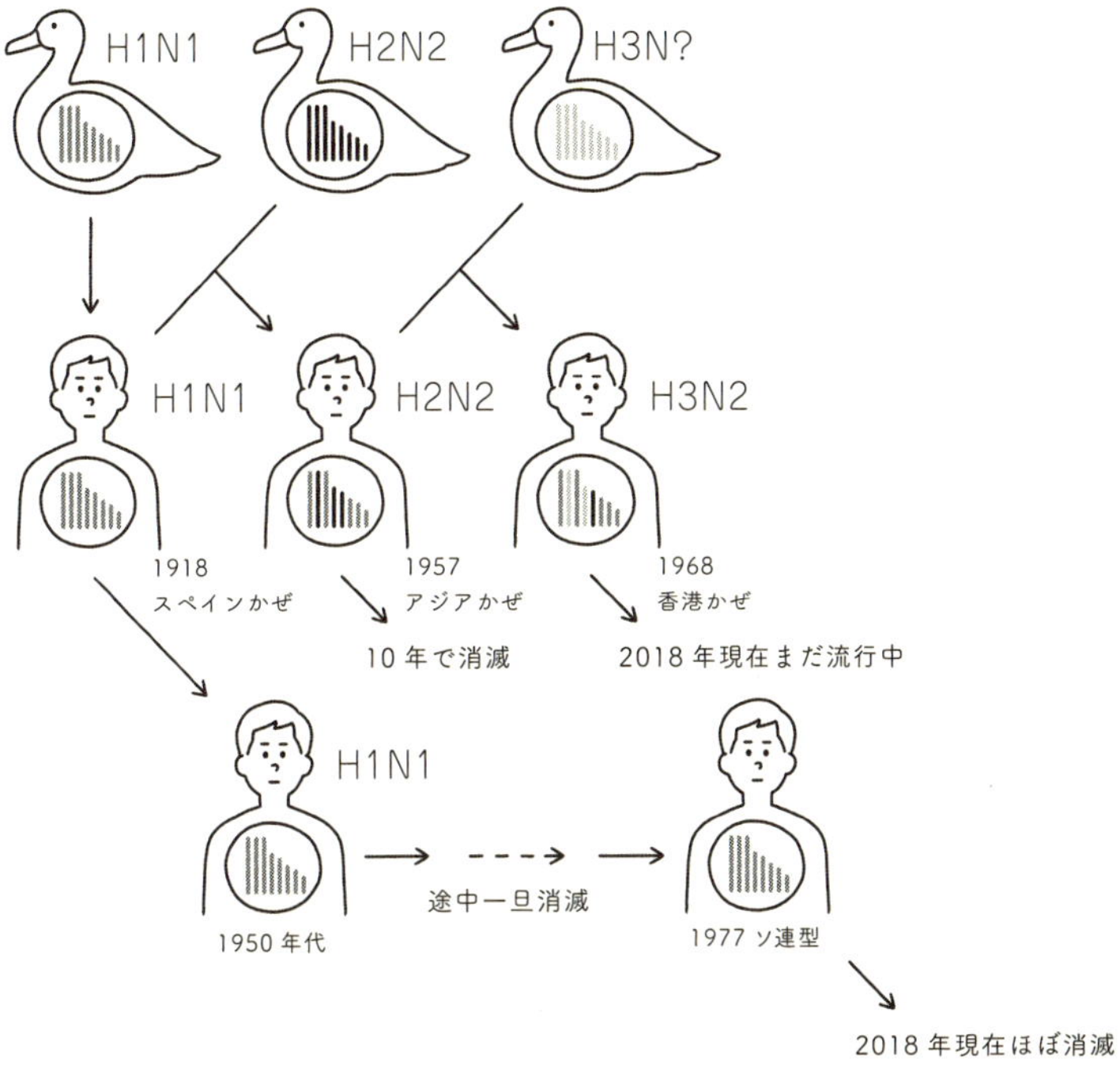

1918年に発生したスペインかぜは、水禽類で流行していた低病原性インフルエンザウイルスにルーツがある。そのRNA分節の一部は1957年のアジアかぜ、1968年の香港かぜに受け継がれている。

図3-5　20世紀にパンデミックを引き起こしたインフルエンザウイルスの系譜

それまでにない新たな遺伝子の組み合わせのウイルスが誕生するのだ。

パンデミックと季節性インフルエンザ

1章の冒頭で、私のウイルス研究が、ブタの飼育とインフルエンザウイルスの感染実験から始まったことに触れた。

時は1989年、当時はまだHAの亜型がH13までしか知られていなかったころである。喜田先生が行っていた感染実験は、およそ300頭のブタに、鳥類由来の13種類の亜型のウイルス64株を接種するというものだ。3年がかりの大がかりな実験だった。

まず、ブタの鼻にウイルスを含んだ液体を垂らし、感染したかどうかを調べるため、毎朝毎晩ブタの鼻水をぬぐい、定期的に採血をする。実験に使うのは乳離れしたばかりの子ブタで体重は数キロほど。見た目はかわいらしいが、鼻に触れたり採血のために押さえつけようとすると断末魔のような金切り声を上げて鳴き叫ぶのが辛かった。

実験を進めていくうち、最初は小さかったブタがみるみる大きくなっていったのにも手を焼いた。実験では、1頭あたり数週間かけて感染の経過を見ていた（インフルエンザウイルスは1週間ほどでブタの体内からいなくなる）。その間に、数キロほどだったブタは10キロを超え、実験が終わるころには屈強な男子でないと持ち上げられなくなる。

実験用具の多くを自分たちで手づくりしたのも思い出深い。たとえば、鼻水をぬぐうのには綿棒が適しているが、ブタの鼻のサイズに合う手頃なものがなかった。そこで、焼き鳥の竹串を使い、尖った先端部分を切り落とし、綿を自分たちで巻き付けた。竹串から綿が外れてしまわないように、竹串のあちこちに切り込みを入れ、綿を絡ませる技が要求されたものだ。鼻水をぬぐったあと、試験管内に収まるよう、串を折るための切れ目を入れるのも大事なポイントだった。

この実験の結果、さまざまなことが明らかになった。鳥類由来のすべてのHA亜型のウイルスが、ブタの呼吸器で感染・増殖すること。複数のウイルスを1頭のブタに同時に感染させると、たしかに遺伝子再集合体が生まれてくること、などである。

ヒトではこれまでHAの亜型としてH1・H2・H3の3つしか流行が確認されていないが、どの亜型のウイルスが、ブタを介して新たにヒトへの感染能を獲得してもおかしくない。その新たなウイルスは、免疫を持たないヒトの間でパンデミックを引き起こしかねない。

鳥類やブタの間で、どのようなウイルスが流行しているかを調査すること。それが、パンデミックへの備えとしてきわめて重要になるのである。

パンデミックウイルスと季節性インフルエンザウイルスの間には不思議な関係がある。

パンデミックが起こるのは、ヒトが新たなRNA分節の組み合わせを持ったウイルスに対してまったく免疫がないからだが、パンデミックが起きるとヒトの間に免疫が広がる。その後は、かつてのパンデミックウイルスが抗原ドリフトにより小さな変異を繰り返し、少しずつ抗原性を変えながら流行を引き起こし続けていく。すなわち、パンデミックウイルスが季節性インフルエンザウイルスとして定着する。

そして、新たなパンデミックが起こると、それまで季節性インフルエンザを引き起こしていたウイルスがなぜか駆逐されることがある。スペインかぜのあと、季節性インフルエンザとして定着したH1N1は、アジアかぜ（H2N2）のパンデミックにより駆逐された。次いで季節性インフルエンザウイルスとして定着したH2N2は、香港かぜ（H3N2）のパンデミックによって姿を消した。いまは香港かぜ系統のH3N2が季節性インフルエンザウイルスとして定着している。

そのパターンに当てはまらないのが、1977年のソ連かぜ（H1N1）の流行だ。

前述の通り（10章252-253ページ）、1950年代まで流行していたH1N1の特徴を残したこのウイルスは、パンデミックと呼ぶほどの流行は見せなかったが、季節性インフルエンザとして定着した（図3-5も参照）。

にもかかわらず、というべきか、パンデミックと呼ぶほどの流行ではなかったから当然というべきか、ソ連かぜ系統のH1N1はH3N2を駆逐することはなかった。H1N1とH3N2が共に季節性インフルエンザウイルスとなった。

そして、2009年に「新型」と騒がれたブタ由来のH1N1の出現により、ソ連かぜ系統のH1N1（Aソ連型）は駆逐された。いまでは2009年のH1N1（AH1pdm09）とH3N2、そしてB型ウイルスが季節性インフルエンザを引き起こしている。

ブタ由来のAH1pdm09も、やはりブタの体内で遺伝子再集合が起きたことによって誕生した。このときのウイルスはふたつどころか4つの系統のウイルスから遺伝子を受け継いでいる。それらの遺伝子が、2度の再集合によってひとつのウイルスの遺伝子として混ざり合った。

AH1pdm09は、亜型の分類としては、季節性インフルエンザとして流行していたソ連かぜの系統やスペインかぜと同じである。だが、これらは異なる遺伝子を持つがゆえに、抗原性の面では違いがあった。そのため、AH1pdm09はヒトの側に免疫がなく、その結果パンデミックを引き起こした。

ヒトとブタと鳥と――抗原変異の速度の違い

ここから話はやや複雑になるが、Aソ連型も2009年のパンデミックウイルス（AH1pdm09）も、H1の出自はスペインかぜのH1N1に辿り着く。どれも異なる遺伝子を持つと言っておきながら、H1に限って言えば、Aソ連型とAH1pdm09は、スペインかぜのウイルスを共通の祖先に持つ子孫であると言えるのだ。

Ａソ連型は、先に触れた通り、１９３３年のウイルスがどこかの研究室から漏れ出たものだと推測されている。

では、１９３３年のウイルスが何かというと、スペインかぜの系統に連なるものだ（同章２５０ページ）。スペインかぜのウイルスがヒトの間で季節性インフルエンザウイルスとして定着し、抗原ドリフト（連続変異）を繰り返したものが、１９３３年にヒトから分離されたウイルスである。この系統のＨ１Ｎ１ウイルスは、１９５７年のアジアかぜ（Ｈ２Ｎ２）の出現まで流行していたが、一旦姿を消し、１９７７年にソ連かぜとして復活した。

一方、AH1pdm09 のＨ１は、１９３０年にブタから分離された「古典的ブタインフルエンザウイルス」に由来する。この「古典的ブタインフルエンザウイルス」も先に見たように（同章２５０ページ）、スペインかぜのウイルスと同じ起源を持つ。

これらのＨ１Ｎ１ウイルスは、そのころヒトとブタの間で流行し、その後はヒトとブタの間で別個に流行を繰り返してきた。すなわち、スペインかぜのウイルスがヒトの間で保持されてきたものが１９３３年のウイルスであり、ブタの間で保持されてきたものが１９３０年の「古典的ブタウイルス」である。

話をまとめると、１９３３年のウイルスに由来するＡソ連型のＨ１も、１９３０年の「古典的ブタ」に由来する AH1pdm09 のＨ１も、もとは同じだったのである。

約100年ほど前　　　　　　　　2009年

スペインかぜ　ソ連かぜ

H1N1
ウイルス

激しく抗原変異

？

緩やかな抗原変異

図3-6　**2009年のパンデミックウイルス**

さらに言うと、Aソ連型のH1と、AH1pdm09のH1は、同じウイルスを共通の祖先に持つ子孫ではあるが、抗原性には大きな違いが見られる。両者はそれぞれヒトとブタの間で抗原ドリフトを繰り返しており、その変異の度合い（速度）や変異部位に違いがあるからだ。端的に言えば、HA（H1）に対する中和抗体の多寡がもたらす選択圧の大きさと質の違いによるものである（図3-6）。

ブタインフルエンザはヒトのインフルエンザや鳥インフルエンザと異なり、ブタに対してさほど深刻なダメージを与える病気ではなく、死に至ることは稀だ。そのため養豚場で、ブタインフルエンザ対策としてわざわざワクチンが使われるケースはそう多くはない。

303

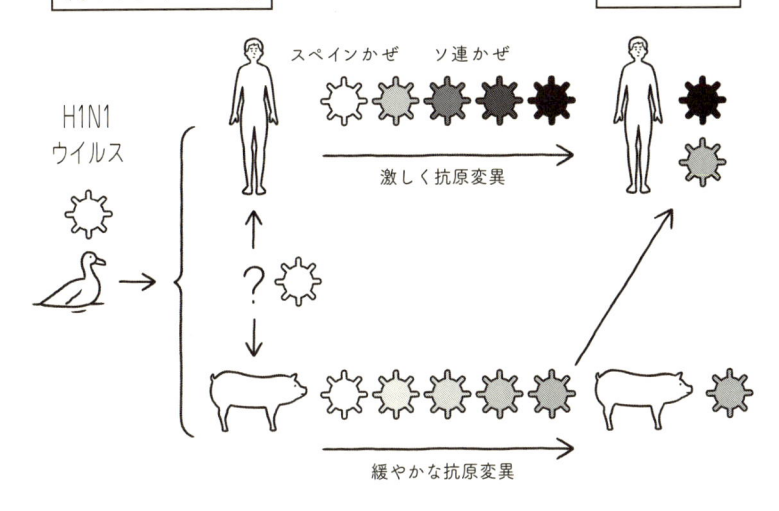

また、養豚場で飼育されているブタは、一定の年齢になると食肉として出荷される。すなわち、ワクチンも接種せず、インフルエンザに感染したこともないブタには、HAに対する中和抗体がまったく存在しないことになる（インフルエンザのワクチンは、HAに対する中和抗体を誘導する目的でつくられている）。

対してヒトでは、かつて日本の小学校ではワクチン接種が法律により義務付けられていた。1987年以降は法改正により義務ではなくなったが、いまでも数千万人単位でワクチンが接種されている。さらに、日本だけ見ても毎年1000万〜2000万人前後のヒトがインフルエンザに感染している。すなわち、多くのヒトが、ワクチン接種や感染により、HAに対する中和抗体を保持しているはずである。

抗体は、ウイルスの生存にとって選択圧として働く。宿主の集団内で抗体を保有している個体の割合が高ければ、ウイルスは抗体の選択圧により抗原を急速に変異させていく。反対に、集団内で抗体保有率が低ければ、ウイルスの抗原変異が起こる機会は限定される。その結果、集団内での抗体保有率が低いブタでは、抗体保有率が高いヒトと比べて抗原ドリフトのスピードは緩やかになる。

抗体の多寡と変異の速度の関係について、私たちのグループで詳細な研究を行った。スペインかぜのウイルスと、2007年に季節性インフルエンザとして流行していたAソ連型系統、AH1pdm09とで、HA（H1）の立体構造をコンピュータ上で再現して比較する研究だ。

スペインかぜウイルス（1918年）　　Aソ連型系統（2007年）　　ブタ由来パンデミックウイルス（AH1pdm09、2009年）

抗原領域

HA分子を
横から見た図

HA分子を上
から見た図

図3-7　3種類のウイルスのHA（H1）の立体構造の比較

図3-7の濃い色の部分が、スペインかぜのウイルスからアミノ酸が置き換わった箇所である。

2007年のAソ連型系統とAH1pdm09は、同じような変異を遂げているように見えるが、HA（H1）に存在する抗原決定領域（エピトープを複数持つ）に注目すると、実像が浮かび上がってくる。

2007年のAソ連型系統は、この領域でかなりの部分が別のアミノ酸に置き換わっているが、AH1pdm09は、スペインかぜのウイルスと一致するアミノ酸が多く残された（つまり、変異箇所が少ない）。

2007年のAソ連型系統とAH1pdm09では、H1の抗原性は別物と言えるほど異なっている。また、AH1pdm09のH1の抗原性は、2007年のAソ連型系統のも

305

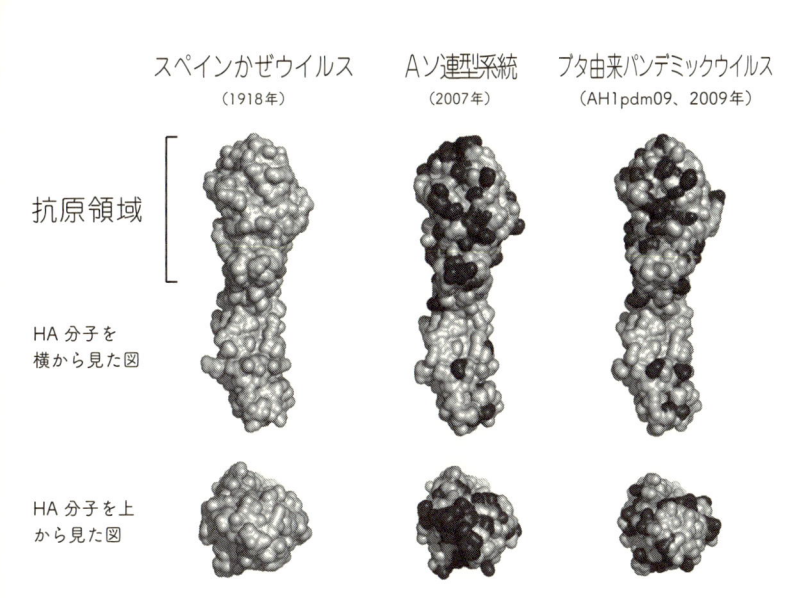

図3-8 ＨＡ抗原のアミノ酸配列の変異速度

ヒトのウイルス △
カモのウイルス ○

変異回数

新しい宿主

自然宿主

1970　1975　1980　1985　1990　1995　2000　2005　年

のよりスペインかぜのウイルスにはるかに近いと推測された。

こうした結果は、ブタのウイルスの方がヒトのウイルスよりも変異が遅く、ブタの間で感染を続けてきたウイルスにおいて、スペインかぜのウイルスのＨＡ（H1）の抗原性がある程度保持されていたことを示している。

このような宿主による抗原変異の速度の違いは、ヒトとカモのウイルスでもはっきりと見られる。1970年から2005年にかけて、ヒトとカモのウイルスのＨＡ抗原で、どれだけ多くのアミノ酸が変異しているかを比べてみたのが**図3-8**だ。明らかに、カモのウイルスの方が変異の速度が緩やかである。

これは、ウイルスがカモの体内にほぼ適応し、カモの体内でウイルスを排除しようとする選択圧がヒトと比べて低いことを示している。だからこそ、ウ

306

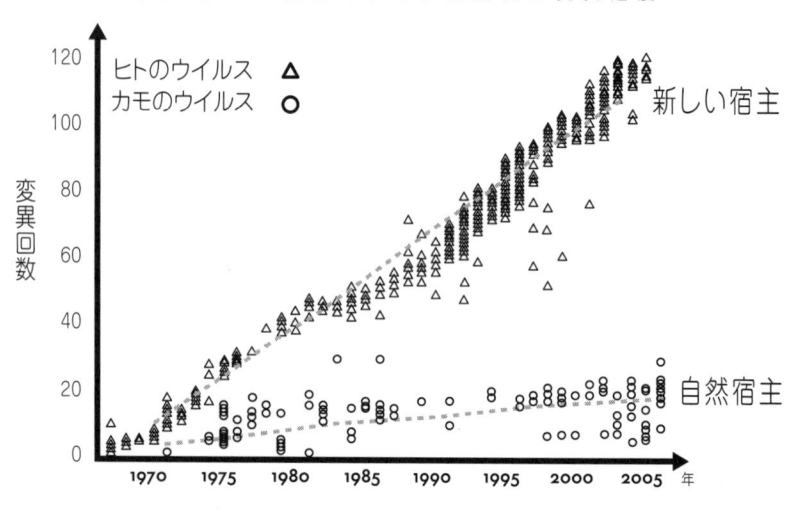

図3-9 　ＨＡアミノ酸配列の進化系統樹の比較

ヒトの
H3N2
ウイルス

1968 ➡ 2013

鳥の
H5N1
ウイルス

1997 ➡ 2013

イルスはカモを自然宿主として生きていくことができるのだろう。

また、ヒトのH3N2ウイルスと、高病原性鳥インフルエンザのH5N1ウイルスとで、HA抗原がどのように変異を遂げているかを進化系統樹に表したのが図3-9だ。ヒトでは系統樹の幹が一直線になり、進化が一方向なのに対し、鳥では数多くの分岐が見られる。

ヒトのウイルスの進化が一直線になるのは、抗体の選択圧を受けて多様な変異ウイルスが生まれてくるなかで、そのうち一種類のウイルスだけが選択されて優位になり、次の流行株になることを示している。流行のスピードが速く、あっという間に地球規模で拡がってしまうことと、同じ抗原性のワクチンを世界中で使っていることが原因と考えられる。

対して鳥のウイルスで見られる多様な分岐は、地域差によるものだ。海に隔てられたガラパゴス諸島

307

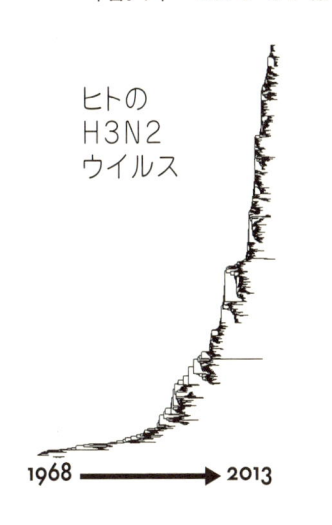

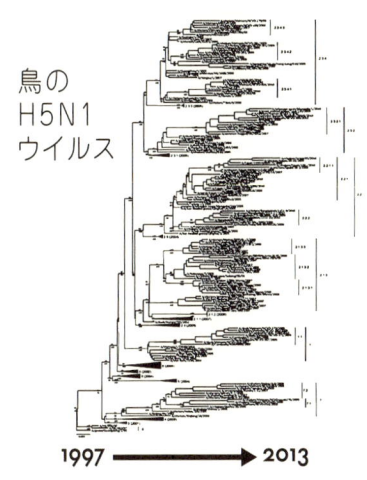

で、近縁種がそれぞれ独自の進化を遂げたように、宿主である鳥が行き交う地域の違いで、ウイルスも独自の進化を遂げていると考えられるのである。

12章 パンデミックだけではない、インフルエンザの脅威

ウイルスの居所を監視するサーベイランス

毎年10月になると、研究室のスタッフや学生たち十数名で稚内へ向かう。札幌の北大キャンパスで集合し、数台の車に分乗して、ほぼ半日かけて稚内に到着する。その日は現地で宿泊し、学生たちと海の幸に舌鼓を打つ。酒を酌み交わしながら、学生たちと話をする大事な時間だ。

これは、私が北大に復帰して人獣センター（人獣共通感染症リサーチセンター）で研究室を持った2005年以降、毎年実施しているラボ旅行の一幕である。

旅行先が稚内なのには訳がある。日本最北端の町には、日本最北の湖沼・大沼があり、ここに

はこの季節、シベリアから南下する渡り鳥が飛来し、しばし羽を休めるポイントになっている。大沼には、海を越えてきた渡り鳥が列島内で最初に降り立つ。シベリアから南下するカモがどのようなウイルスを持っているか、大沼であればこそ知ることができる。ここでカモの糞を拾い、インフルエンザウイルスの有無を調べるのが、ラボ旅行のもうひとつの目的だ。稚内での2日目の朝、大沼へ向かって糞を拾う。

稚内でのカモの糞拾いは、私が北大獣医学部微生物学教室の学生だったころから続いている。いまも、微生物学教室や人獣センターの研究室と手分けして、北大として10月に3、4度実施している。2005年以降は、私たちの研究室でそのうち1回を必ず受け持つようになった。

私が学生だった当時（1990年代後半）は、渡り鳥がどのようなウイルスを運んでいるかを調べる研究としての意味合いが強かったが、それを一変させたのは、11章でも見たように、2004年1月から2月にかけて、山口県や大分県、京都府で起きた高病原性鳥インフルエンザの被害だ。1997年の香港での騒動以来、中国南部で感染を続けていた（と思われる）H5N1ウイルスが、ついに日本に上陸し、国内で1925年以来79年ぶりに高病原性鳥インフルエンザを引き起こしたためだ（このときは、中国南部で越冬していた渡り鳥が、東シナ海を越えてウイルスを運んだと見られている）。

さらに、翌2005年春には、中国内陸部の青海湖（Qinghai Lake）で、中国南部からシベリアへ北上する渡り鳥が、H5N1により大量死しているのが見つかった。H5N1がシベリアで広まれば、南下する渡り鳥がウイルスを運んでくるかもしれない。H5N1ウイルスは鳥インフルエンザを引き起こすだけでなく、鳥からヒトへの感染・死亡例も幾度も報告されていた。

そのため、2005年の秋以降の稚内の糞拾いは、H5N1の監視という意味合いが強くなった（2005年は奇しくも、私が北大に復帰して初めての糞拾いだった）。渡り鳥の列島への出入りをコントロールするなど不可能だが、渡り鳥がウイルスを運んできたことをいち早く知ることができれば、その後の警戒や対策を前もって進めることができる。列島最北の湖沼で調べる意味はここにある。

モンゴルでの糞拾い

感染症対策として重要なのは、病原体がどこにいるかを継続的に調査・監視することだ。こうした調査を「サーベイランス」と呼び、感染症の発生や流行による被害を最小化するために欠かせない活動のひとつである。

渡り鳥の感染状況を調べるサーベイランスは、世界各地で行われている。私たちの研究室も、稚内だけでなくモンゴルやザンビアでも糞拾いを行っている。

モンゴルは渡り鳥のルート上にあり、すぐ南には青海湖がある。ロシアとの国境近くには複数の湖が点在しており、やはり渡り鳥が営巣するポイントになっている。私たちは、渡り鳥がシベリアから南下する秋、これらの湖を巡って糞を拾う。空港から湖までと、湖と湖の間は車で何日間もモンゴルの草原を移動する。

過去にH5N1ウイルスによって死亡した鳥が見つかった湖を中心に巡るのだが、最初のころは湖の場所が分からずさまよった。遊牧民から情報を得ながら、ときには彼らの家に招かれ大量の馬乳酒で歓迎を受けた。住まいはもちろん、モンゴル遊牧民ならではの移動式住居、ゲルである。

ようやく湖に辿り着いたときにはもう暗くなりかけていた（前ページ写真）。目を凝らして糞を集めていると、ヌカカという虫に全身あちこち刺されたのを覚えている。ヌカカとは、「糠粒のように小さな蚊」という意味でつけられた名だ。分類上もカ（蚊）に近い。ヌカカに刺されたかゆみは強烈で、耐えきれずにかきむしってしまい、傷は相当長く跡が残った。

２００５年には、テレビ朝日の「素敵な宇宙船地球号」の撮影クルーが同行した。このときは、人獣センターのセンター長となられていた喜田先生も、忙しい合間を縫って参加してくださった

（写真）。シベリアのヤクーツクを訪ねた1997年以来、師匠と一緒のカモ糞拾いツアーが久しぶりに実現し、思い出深い旅となった。このときお世話になった通訳・ガイドの方とは、その後10年以上のつき合いとなり毎年調査に同行してもらい、彼女も「カモ糞拾いの有段者」となった。

モンゴルでH5N1ウイルスが見つかれば、それはふたつのことを意味する。ひとつは、そのウイルスが中国南部でも流行していること、もうひとつは、そのウイルスがシベリアでも広がり、秋になると南下する渡り鳥によって世界各地にもたらされる可能性があることだ。

同行した取材クルーの機材ではしゃぐ喜田先生（左）と私（右）

実際、2010年の春にモンゴルで高病原性のH5N1ウイルスが見つかったとき、その年の秋には稚内でも同系統のH5N1ウイルスが見つかり、その年の冬には（翌2011年になってからも含む）、日本列島の各地で高病原性鳥インフルエンザの被害やH5N1ウイルスの検出が相次いだ。

ザンビアでは、ヒトでも鳥でも、これまで大きなインフルエンザの被害は報告されていない。だが、H5N1ウイルスは、中国から、おそらく渡り鳥によってアフリカにまでもたらされ、2015年前後はエジプトがH5N1の一大流行地帯となった。ザンビアの周辺国で高病原性鳥インフルエンザの流行も起きており、ザンビアにも新たなウイルスがいつもたらされるかもしれない。継続的なサーベイランスを可能にする体制づくりが重要である。

ヒトと動物の健康はつながっている

インフルエンザの対策を立てるうえでは、A型ウイルスが人獣共通感染症病原体であるという理解がきわめて重要だ。

H5亜型やH7亜型のウイルスは、高病原性鳥インフルエンザの病原体として依然として警戒が必要だが、鳥からヒトへの感染にも警戒が必要である。H5N1やH7N9はヒトへの感染や死亡例が多数報告されている（11章290ページ）。

これらのウイルスのヒトからヒトへの感染は、感染者との濃厚な接触があった場合などに限られているが、わずかな変異によって、より効率的にヒトからヒトへの感染を果たすウイルスが誕生する可能性は否定できない。そうなったときには、いずれもヒトの間で流行したことのないウイルスは、免疫を持たないヒト集団のなかで爆発的に感染し、パンデミックを引き起こすことが懸念される。

さらに厄介なのは、鳥に対しては低病原性のウイルスが、ヒトに感染して重篤な症状を引き起こすこともあることだ。家禽への被害がない、あるいは軽微だからと言って警戒を怠っていると、ヒトに感染して被害をもたらしかねない。そうしたウイルスがヒトからヒトへ感染する能力を獲得し、パンデミックを引き起こしたら、被害は甚大になるだろう。

また、２００９年のウイルスも含め、過去のパンデミックが、すべてブタの体内で誕生した遺伝子再集合ウイルスによってもたらされていることも忘れてはならない。ブタインフルエンザはブタに対して重篤な症状を引き起こすわけではないが、ブタでの感染拡大が、ヒトに対してインパクトをもたらす可能性がある。

このように、人獣共通感染症の対策としては、ヒトと動物の健康を一体で捉える「ワンヘルス（One Health）」の視点が重要だ。

野生動物によって病原体が運ばれる人獣共通感染症は、病原体を撲滅することなどまず不可能だ。動物での感染状況や感染経路を把握し、ヒトと動物の接触によって起こりうる事態を予測して、先回りで予防策を立てる。ヒトの健康のためにも、動物の感染状況の把握が重要であり（その前提として自然宿主の把握も重要になる）、サーベイランスは、こうした「先回り予防戦略」のための土台となるものなのである。

だが、現実の社会では、ヒトと動物の健康が必ずしも一本でつながっていないのも事実だ。研究や教育の世界でも、ヒトの健康は医学、動物の健康は獣医学と分かれているし、それぞれの病気を診るのは医師と獣医師という違いがある。国内の行政機関も、ヒトの感染症対策としては厚生労働省が管轄し、家畜や家禽の感染症対策は農林水産省が担っている。国際組織も、WHO（世界保健機関）とOIE（国際獣疫事務局）とで分かれている。

「ワンヘルス」の実現に向け、連携を模索した動きは起きているが、両者の間にはまだ隔たりがある。人獣共通感染症対策は、その狭間を埋めるための重要な要素となっている。

私が所属している人獣共通感染症リサーチセンターは、その隔たりを埋めるべく喜田先生が立ち上げた組織だが、世界的に見ても、人獣共通感染症の予防と制圧に向けた研究と対策を推進できる組織や人材はきわめて少ない。

このような状況下で人獣共通感染症が発生した場合、責任体制が不明確となり、制圧対策を誤って、取り返しのつかない事態を招く恐れがある。日本を含む先進諸国は、人獣共通感染症の発生頻度が高い開発途上のアジア・アフリカ諸国に対して、積極的に責任を果たしていかなければならない。

インフルエンザウイルスは卵で増える

稚内でのラボ旅行は、糞を拾っただけでは終わらない。

糞拾いに要する時間は2時間ほど。その後は毎年定番のコースで観光し、稚内ならではの土産を買って帰路に就く。札幌に戻ってきた翌日からが、学生たちにとっては本番だ。研究室に集まり、糞にインフルエンザウイルスが含まれているかの調査に取り掛かる。

サンプル（ここでは糞）にインフルエンザウイルスが含まれているかを判定するため、昔から用いられている方法は、まずサンプル中に含まれるウイルスを十分に増やすことである（当然、サンプルにウイルスが含まれていなければ増えることはない）。そのために使うのが、ニワトリの有精卵（発育鶏卵）だ。

食用卵のほとんどは無精卵で、どれだけ温めても雛は孵らないが、有精卵は37〜38度で3週間ほど温めると雛が孵る。有精卵を孵卵器で10日ほど温め、胚（雛の体のもと）が発育してきた頃合いを見計らって（この状態の卵が発育鶏卵だ）卵に穴を開ける。そこから、漿尿膜腔と呼ばれる部位に糞を注入する。

ただし糞そのままではない。糞には胚を殺してしまう細菌が含まれているため、抗生物質でそれらの菌を殺す必要がある。そのため、糞を抗生物質入りの希釈液で懸濁した（混ぜた）液体を注入する。それからさらに2〜3日、孵卵器で卵を温めると、サンプルにウイルスが含まれていれば、漿尿膜の細胞でウイルスが増える。

ここからあとが、サンプル中のウイルスの有無や型・亜型を判定する作業である。漿尿膜中の液体（つまり白味《しろみ》の液体の部分）を採取して、ニワトリから採取しておいた赤血球と混ぜる。サンプルにインフルエンザウイルスが存在していた場合は、見た目にはっきりと分かる反応を示す。赤血球が集まって凝集するのだ（図3-10・上）。この「赤血球凝集反応」は、ウイルス粒子表面のＨＡが、赤血球の細胞表面に存在するシアル酸レセプターに結合し、複数の赤血球がウイルス粒子によって架橋されることで起こる。

だが、この反応はインフルエンザウイルスだけに見られるわけではない。鳥類に病気を引き起こすニューカッスル病ウイルスや、ある種の細菌もこの反応を引き起こす。すなわち、赤血球の凝集が見えた時点では、ニワトリの赤血球を凝集させる能力を持つ何らかのウイルスや細菌が卵の中で増えたということまでしか分からない。

次に行うのが、「赤血球凝集阻止反応」だ。先に赤血球凝集活性を示したサンプルを、インフルエンザウイルスに特異的に反応する抗血清と反応させる。そこに今度は赤血球を混ぜ、再び凝集の有無を確認する。

ここで重要なポイントは、抗血清中にはＨＡに対する抗体が含まれているということだ。そのため、抗原抗体反応によってウイルスが赤血球細胞表面のシアル酸と結合できなくなり、凝集が

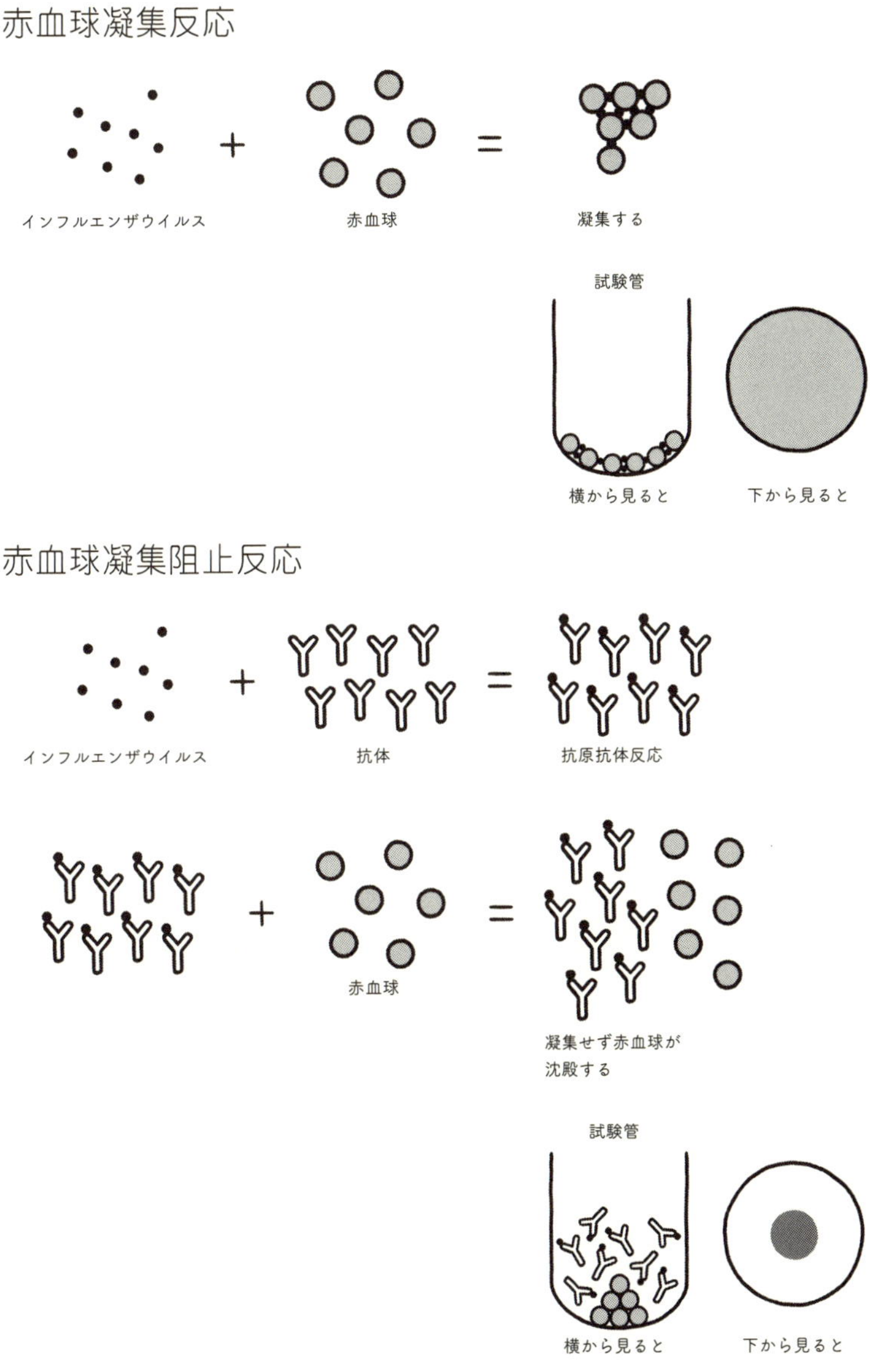

図3-10 赤血球凝集反応と赤血球凝集阻止反応

見られなくなる。この試験で凝集阻止が起こったら、サンプル中にインフルエンザウイルスが含まれていることが分かる（図3-10・下）。

この試験を、H1〜H16亜型に対するそれぞれの抗血清を用いて行うと、HA亜型を判定することができる。場合によってはさらに、遺伝子検出によって判定の裏付けをしたり、詳細なアミノ酸配列の解析を行ったりもする。

鶏卵でウイルスを培養する方法は「発育鶏卵法」と呼ばれ、その歴史は古く、1930年代に始まった。ウイルス学やインフルエンザ研究の発展は、発育鶏卵法と共にあったと言っても過言ではない。細胞だけでウイルスを増やす「培養細胞」や、遺伝子検出・解析技術がなかった時代には、発育鶏卵法（あるいは動物に直接接種）と抗原抗体反応を組み合わせ、感染の有無や型・亜型の判定をするのがほとんど唯一の方法だった。

新たな型や亜型の発見も、発育鶏卵法という確かなウイルス培養法と、抗原抗体反応を利用した分類法があればこそ、成し遂げられてきたことだ。また、いまでもインフルエンザのワクチンの多くは、発育鶏卵法によって製造されている（330ページ）。

なお、既に触れたように、糞便中の細菌を殺すため、発育鶏卵法には抗生物質が必要だ。このとき使う抗生物質は、ペニシリンやストレプトマイシンなど、ごく一般的な細菌を死滅させるものを使うのが通例だ。1997年の香港でも、これらの抗生物質を混ぜて発育鶏卵法によるウイルス培養を試みたが、胚は次から次へと死んでしまった。糞便中に抗生物質耐性菌がいたからである（9章233ページ）。

この耐性菌も、「ワンヘルス」のコンセプトのもと、世界的に取り組む課題となっている。20年以上前の香港が既にそうであったように、動物の健康を守る名目で抗生物質が使用され、それによって多くの耐性菌が生まれ、環境中に蔓延している。健常な人に対しては通常問題ないが、免疫機能が低下すると感染して発症するリスクがある。

実際に顕在化している問題として、手術後に免疫機能が低下した入院患者が、耐性菌に感染して発症するケースがたびたび報告されている。手術後は、細菌による2次感染を防ぐため、患者に抗生物質を投与するのが一般的だが、耐性菌には通常の抗生物質が効かず、院内感染を引き起こしている。人間に被害をもたらす耐性菌の出現を抑えるには、動物の健康にまで視野を広げて対策を講じる必要があるのだ。

効果をとるか安全性をとるか——ワクチンのジレンマ

人獣共通感染症であるインフルエンザは、動物から持ち込まれるウイルスによって、ヒトの間でパンデミックを引き起こすことがある。

だが、インフルエンザの脅威はパンデミックだけではない。季節性インフルエンザは、日本国内だけで毎年数千名規模のヒトの命を奪い、数百名に脳症や多臓器不全を引き起こしている。パンデミックへの備えと同時に、毎年の被害を軽減する対策も進めていかなければならない。

そのための基本となるのが、感染予防としてのワクチン接種だ。

ワクチンとは、病原体（抗原）を人為的に接種して免疫を誘導し、本格的な感染に備える（予防する）ことだ。要するに疑似感染（あるいは弱感染）である。

ワクチンには、本質的に矛盾するふたつの効果が同時に求められる。

ひとつは、感染に備えて免疫を効果的に誘導することだ。十分に免疫が誘導されていれば、感染もしくは病気の発症を抑えることができる。免疫をもっとも効果的に誘導できるのは病原体そのものだが、それでは感染と何ら変わらない。

そのため、ワクチンによって病気を発症することがないようさまざまな工夫がなされている。だが、免疫は体内に侵入してきた異物（抗原）に対して誘導されるものである以上、何らかの副反応が起こることがあるのも事実だ。こうした発症や副反応が起こることがないよう、ワクチンには安全性も求められる。

ただし、ワクチンが免疫を誘導して本格的な感染に備える方策である以上、効果と安全性はトレードオフの関係にある。効果を高めようとすれば副反応のリスクも高まり、安全性を重視すれば効果が少なからず犠牲になる。さまざまな感染症対策のワクチンが、両者のバランスをとって製造されている。

ワクチンには、大きく「生ワクチン」と「不活化ワクチン」の2種類があるのは既に見た通りだ（7章190ページ）。前者は病原性を弱めたウイルスを「生きたまま」使い、後者は病原体を「不活化＝死んだ」状態にして接種する（生物でないウイルスを、「生きた」「死んだ」と表現するのはおかしいのだが……）。

生ワクチンは、ウイルスが体内で増殖するため、少量の投与で免疫を効果的にかつ長期間誘導することができるのが利点だ。

免疫システムには自然免疫と獲得免疫のふたつの段階があり、自然免疫が獲得免疫を活性化する重要な働きをしていることも先に触れた（4章115ページ）。生ワクチンを接種すると、生きたウイルスが侵入してきたことへの反応として、自然免疫がまず活性化し、それが効果的に獲得免疫を誘導する。すなわち、抗体をつくり出すB細胞や、感染細胞を攻撃する細胞傷害性T細胞（キラーT細胞とも）が共に誘導され、免疫システム全体として防御態勢が高まるのだ。

この効果の高さが、安全性の面ではネックになる。

生ワクチンに使用されるウイルスは、ヒトの間で流行しているウイルス株を、ヒト以外の動物の細胞で何代にもわたって増殖させたものだ。ヒトの体内との環境の違いが選択圧になって変異が加わり、ヒトに対する病原性が弱まる。だが、ワクチン接種後にヒトの体内で増殖するうち、変異によって病原性が復活するリスクがある。また、免疫力が弱っているヒトに対しては、生きたウイルスが思わぬ副反応をもたらす可能性もある。

対して後者の不活化ワクチンは、ウイルスが増殖する機能を取り除いたものだ。

インフルエンザワクチンの場合、ウイルス粒子をそのまま投与する「全粒子不活化ワクチン」と、ウイルス粒子を分割した「スプリット不活化ワクチン」の2種類に分けられる。日本では、かつては全粒子不活化ワクチンが使われていたが、現在はスプリット不活化ワクチンである。

全粒子ワクチンは、ウイルスが増えないように、ウイルス粒子をホルマリンで不活化したものだ。ホルマリンは、ウイルス粒子をもとの形のまま固定する作用がある。全粒子ワクチンは、体内で増殖することがない分、免疫誘導効果の点では生ワクチンに劣るが、その分だけ安全性は高い。ただし、全粒子ワクチンに含まれる多様な分子によって副反応が起こることもある。

スプリットワクチンは、全粒子ワクチンよりもさらに安全性を重視したワクチンだ。全粒子ワクチンでは、エンベロープの脂質成分が副反応の主な原因となっていると考えられている。そのため、脂質を分解するエーテル（ジエチルエーテル）を使ってウイルス粒子を分割（スプリット）し、主にHA抗原を精製してホルマリンで固定化する（そのため「HAワクチン」とも呼ばれる）。発症や重症化を防ぐには、HAに対する中和抗体の誘導がもっとも重要だからだ。

だが、ウイルス粒子が構造的に破壊されているスプリットワクチンは、免疫細胞に対する刺激も弱くなってしまう。スプリットワクチンでは自然免疫の誘導効率が悪いとの研究もあり、免疫システム全体としても効果は限定的になる。私がマウスを使って全粒子ワクチンとスプリットワクチンの免疫誘導を比較した実験でも、全粒子ワクチンの方が高い免疫誘導効果を示した。

日本の医療行政は、諸外国と比べて効果より安全性が重視される傾向が強い。それは社会の要請を反映したものなのだろう。インフルエンザワクチンでも安全性が重視されており、季節性インフルエンザに対するワクチンは、国内ではスプリット方式のみが認可されている。

なお、H5N1ウイルスがヒトへの感染能を獲得し、パンデミックを引き起こしたときに備えてH5N1のワクチン（プレパンデミックワクチン）も製造されており、それは全粒子ワクチンである。現在の技術でウイルスを可能な限り精製し、不活化する方法を検討すれば、全粒子ワクチンの復活も可能かもしれない。

粘膜ワクチンの可能性

インフルエンザのワクチンについて押さえておきたいもうひとつのポイントは、接種方法だ。現行のスプリット不活化ワクチンは、注射による皮下接種で投与されるが、この方法では、インフルエンザウイルスの感染を完全には防げないという課題を抱えている。

インフルエンザウイルスは、既に何度か触れたように上気道から感染する。

ヒトの体は、口腔から肛門まで、真ん中に穴の空いたチューブのような構造をしている。胃や腸のことを「おなか」というが、実は体の「中」はチューブの穴であり、構造上は「外」なのである。穴の表面の「外」に接する部分は粘膜で覆われており、外界から酸素や栄養分などを取り込むと同時に、異物の侵入を阻む重要な役割を果たしている。

粘膜周辺には、外から侵入するさまざまなものに対して防御機構の役割を果たす重要な免疫システムが備わっており、「粘膜免疫系」と呼ばれている。口腔から肛門までの粘膜表面では、「免疫グロブリンA（Immunoglobulin A）」、略して「IgA」と呼ばれる抗体が分泌され、異物が体内へ入り込むのを阻む。

対して、これまで本書で触れてきた血液中の抗体は、「免疫グロブリンG（Immunoglobulin G）」、略して「IgG」と呼ばれるものが中心だ（ほかにも数種類の抗体が体内には存在する）。IgG抗体は、血液やリンパ液によって全身を巡り、体内に侵入してきた異物を撃退する。この、体内の（粘膜表面以外の）血液やリンパ液で働く免疫システムのことを、「全身免疫系」と呼ぶ。

不思議なことに、粘膜免疫系と全身免疫系は、同じ生体内にありながらある程度独立して機能する。粘膜免疫系は、粘膜で異物を感知すると発動し、それによって全身免疫系も誘導される。

一方、ワクチンを皮下接種すると、全身免疫系を誘導することはできても、粘膜免疫系は誘導できない。そのため、上気道の粘膜から感染するインフルエンザウイルスの、体内への侵入を食い止めることはできないのだ。

では、粘膜免疫系を誘導する「粘膜ワクチン」が万能かというと、必ずしもそうとは言い切れないところがある。

粘膜は外界との接点であり、粘膜免疫系は、体内に取り込むべきもの（食事など）と排除すべき異物を巧妙に選別している。また、近年になって急速に研究が進む腸内細菌が好例だが、本来なら異物であるはずの細菌が排除されずに共生しているのも、粘膜免疫系の巧妙な働きだと考えられている。

このように複雑かつ高度な働きをしている粘膜免疫系に、ワクチンの刺激を定期的に与え続けるとどうなるのか……。粘膜免疫系の研究は、全身免疫系の研究と比べて歴史が短く、その影響は未知数だ。

ワクチンによる刺激を体内に取り込むべきものと粘膜免疫系が判断しては（免疫寛容という）、感染防御の役割を果たせなくなってしまう。また、ワクチンの刺激に過剰に反応するようになると、アレルギーのような副反応を引き起こしかねない。また、ワクチン開発という観点からは、副反応を引き起こすことなく、粘膜免疫系を効果的に誘導するのが難しいという現実もある。

皮下接種ワクチンも限定的とはいえ、一定の効果が認められている。感染に備えて全身免疫系を誘導しておけば、体内に侵入してきたウイルスに迅速に対処することができる。それにより、発症や重症化を抑えることができるのだ。

粘膜免疫系を誘導する目的のインフルエンザワクチンも、国外では存在する。「フルミスト」と呼ばれる鼻から吸引する生ワクチン（経鼻生ワクチン）がそれで、米国の製薬企業が開発し、米国・英国・カナダで認可されている。

2015年、日本の製薬会社が米国の企業から、国内での開発・販売に関するライセンスを取得したが、国内で認可は降りていない（2018年10月時点）。医療機関によっては、患者の自己責任で提供しているところもあるようだが、未認可であるため、副反応が出た場合でも被害者救済制度の対象とならない（認可されていれば救済対象となる）。国内でも、経鼻ワクチンの研究開発が国立感染症研究所を中心に進んでいるが、医薬品として認可を受けるまでにはもうしばらく時間がかかりそうである。

当の私も、経鼻ワクチンの基礎研究に長年取り組んでいる。博士課程在籍中は、ほぼ経鼻ワクチンの研究に明け暮れ（研究対象はインフルエンザウイルスではなかったが）、成果を学位論文にまとめた。

1997年にH5N1の調査で香港に赴く際は、このときの研究を踏まえて自分なりに備えをした。病原性のないH5亜型のウイルスを自分で精製してホルマリンで不活化し、スプレーで鼻に吹き付け、十分に吸い込んでおいたのだ。これが「秘策」の正体である。

その後もインフルエンザウイルスの経鼻ワクチンの研究を続け、全粒子不活化ワクチンの経鼻接種が、複数の亜型ウイルスに対して感染防御効果があることを動物モデルで突き止めた。鼻の粘膜表面でIgA抗体が分泌され、それが亜型を越えた感染防御の成立に重要な役割を果たしていると推測される。IgG抗体との立体構造の違いに着目し、そのメカニズムを解明する実験など、いまも継続的に研究に取り組んでいる。

ワクチンができるまで

インフルエンザワクチンの製造プロセスについても触れておこう。

生ワクチンにせよ不活化ワクチンにせよ、もとになるものはウイルスである。ワクチンが効率よく免疫を誘導できるかどうかは、どのウイルス株をもとにしてワクチンを製造するかにかかっているところが大きい。

インフルエンザウイルスは、同じ亜型（型）のものでも、抗原性には違いがある。そのため、流行しているウイルス株に対する抗体を効果的に誘導できるように、どのウイルス株にもとづいてワクチンを製造すべきかを選定するプロセスがある。

ウイルス株の選定は、WHOが世界中から集めたウイルスの流行情報をもとに行う。毎年、その前年までの流行状況を踏まえ、次の年に流行すると思われるウイルス株を予測し、ワクチンの推奨株として発表する。各国はそれを踏まえ、その国独自の流行データを加味して夏までにワクチンメーカーに通達する。

近年流行している季節性インフルエンザは、A型H1N1亜型・A型H3N2亜型・B型のウイルスのウイルスによって引き起こされている。

2018年時点では、H1N1とH3N2から1種ずつ、B型から2種、合計4種のウイルス株が選定されている（2015年まではB型も1種のみだった）。H1N1はAソ連型系統のものではなく、AH1pdm09だ。B型で2種選ばれるのは、同じB型でも流行株の抗原性に違いがあるからだ（ただし、亜型を分けるほどの違いはない）。

ウイルス株が選定されると、通達を受けたワクチンメーカーは、半年ほどかけてワクチンを製造する。国内では、季節性インフルエンザに備えるスプリットワクチンが年間2～3千万ロットほど、さらにはH5N1対策のプレパンデミックワクチン（全粒子ワクチン）が毎年1千万人分、製造・備蓄されている。

いずれも、体内でウイルスが増えないようにした不活化ワクチンだ。ワクチンに使われるウイルス粒子は、主に発育鶏卵によって増殖されている。発育鶏卵を使ったウイルス培養には歴史があり、安定した品質で供給できる製造体制が確立されているが、課題もある。

発育鶏卵は有精卵だ。雌鳥は雄鶏と交尾しなければ有精卵は産めない。人間が食べる卵のほとんどは無精卵である。養鶏業界では、交尾をせずに卵を産める雌鳥が育種・選定されてきた歴史があり、有精卵を産むニワトリは、ワクチン製造用に特別に確保しなければならない。これはすなわち、ワクチン製造量の上限が、有精卵の数によって（つまり産卵鶏の数によって）決まってしまうことを意味する。

今後、ヒトの間に免疫がない新たな亜型のウイルスが、パンデミックウイルスとして出現したとしたら、流行拡大を防ぐため、大量のワクチンが必要になる可能性がある。だが、産卵鶏の数を急に増やすことはできない。この状況で、さらにパンデミック対策のワクチンへの需要が高まっても、製造環境が追いつかないことが容易に予見される。また、日本は先進国の一員として、途上国に対してワクチン供給が求められる立場にもある。

このような事態を見越して、新たなワクチン製造法の開発が進められている。ウイルス増殖に、発育鶏卵の代わりに人工的に培養可能な細胞を使う「培養細胞法」である。2018年6月には、1億3千万人分のワクチンを、培養細胞によって製造できる体制が整ったと発表された。厚生労働省がワクチンメーカーに資金支援をして、生産体制が確立された。

この方法は、発育鶏卵法と比べてほかにもいくつか利点がある。

発育鶏卵では、ワクチンの製造に半年ほどの時間がかかるが、それを4ヶ月ほどに短縮することができる。また、鶏卵でウイルスを増殖させると、鶏卵の環境が選択圧になってウイルスの抗原性が変異してしまうことがある。鶏卵で増えやすい変異をもったウイルスが選択されてしまうからだ。培養細胞に使用されるサルやイヌの細胞では、ヒト由来ウイルスの抗原性がよく保たれることが確認されている。そのため、ワクチン製造中の抗原変異を回避もしくは軽減することができるのだ。

ウイルスの抗原変異を予測する

現行のインフルエンザワクチンが万能でないことはたしかだ。スプリットワクチンでは免疫誘導効果が限定されているし、皮下接種では感染そのものを防御することはできない。だが、現行のワクチンには、発症や重症化を抑える効果がたしかに認められている。

インフルエンザは、体力や免疫反応が低下した60代以降で、入院や死亡など重症化することが多い。これらのハイリスク者に対しては、ワクチンを接種することで、重症化を抑える効果が確認されている。

もうひとつ、インフルエンザワクチンの課題として指摘されるのが、ウイルスの抗原変異にいかに対応するかだ。現行のスプリットワクチンは、主にHAに対する中和抗体を誘導するが、HAは抗体の選択圧を受けて抗原性が徐々に変化していく。それにより、ワクチン製造前に選定したウイルス株と流行ウイルスのHAの抗原性に隔たりが生じ、ワクチンの効果が弱まってしまうという問題だ。

その隔たりを埋めるため、WHOは、ウイルス流行情報にもとづいてワクチン株を選定しているが、発育鶏卵を使ったワクチン製造にかかる半年ほどの間に、流行株のHA抗原が変化しかねない。つまり、選定予測は必ず的中するとは限らない。予測が外れると、効果が限定されるのは否めない。

そこで、将来に起こる抗原変異を、コンピュータシミュレーションによって先回りして予測する技術の研究が行われている。北海道大学の研究チームも、HA抗原のどの部位にどのような変異が生じやすいか、過去の遺伝子配列の変化をもとに研究に取り組んだ（2011年の研究である）。

私たちはまず、H3N2ウイルスのHA分子上のアミノ酸変異が、どの位置でどのタイミングで起きたのかを調べ、パターンを解析した。そのパターンをもとに、1986年から1997年にかけて流行したA型H3N2亜型ウイルスの変化を調べた。

続いて、この結果にもとづき、H3N2のHA抗原が、どのように変異しやすいかを予測するシミュレーションを行った。1998年から2010年にかけてコンピュータ上で変異を予測し、実際のウイルスで起きていたアミノ酸置換と比べてみたところ、70％ほどの精度で予測することができた。

まだ精度に課題はあるが、精度を高めていけば、現行の仕組みを補完あるいは代替し、より効果的なワクチン接種を実現することが期待できる。

抗インフルエンザ薬の課題

ワクチンは感染に先回りして備える予防策だが、それでもインフルエンザにかかってしまうことがある。感染後の治療薬として使われるのが抗インフルエンザ薬であり、さまざまな種類のものが使われている。これらの抗インフルエンザ薬は、免疫応答を誘導するのとはまったく別の仕組みで、ウイルスの増殖を阻害する。

1960年代後半から欧米で使われるようになった、もっとも歴史ある抗インフルエンザ薬は「アマンタジン（商品名シンメトレル）」だ。エンベロープ表面のM2タンパク質（10章262ページ）の働きを阻害する。M2タンパク質は、膜融合や脱殻の際に重要な働きをする。その働きを阻害し、ウイルスが増殖できないようにするのだ。

だが、近年この薬は使用されていない。M2タンパク質は、たったひとつのアミノ酸が変異するだけでアマンタジンが効かなくなってしまう。現に、アマンタジンに耐性のウイルスが多く見つかり、医療現場では使われなくなったのだ。

続いて開発されたのが、「オセルタミビル（商品名タミフル）」や「ザナミビル（商品名リレンザ）」などのノイラミニダーゼ（NA）阻害薬だ。ノイラミニダーゼは、ウイルス表面のHAと、細胞表面にあるシアル酸との結合を切る酵素である。シアル酸は、HAが感染時に結合するレセプター

（受容体）だが、出芽のときはそれが邪魔になる。それをノイラミニダーゼが切断し、細胞から遊離させ次の細胞に感染できるようにしている。これらの薬はそのノイラミニダーゼの働きを阻害し、ウイルスが拡散できないようにしている。

２０１０年代に入り、新たにふたつの抗インフルエンザ薬が認可を受けた。ひとつが２０１４年３月に認可された「ファビピラビル（商品名アビガン）」、もうひとつが２０１８年２月に認可された「バロキサビルマルボキシル（商品名ゾフルーザ）」である。

前者のアビガンは、ヌクレオチド（1章31ページ）に似た構造を持つ化合物で、ＲＮＡポリメラーゼに作用する。ＲＮＡポリメラーゼ（ＲＮＡ複製酵素）とは、ウイルスＲＮＡを複製するために必要な酵素で、その働きを阻害するとウイルスＲＮＡが複製されなくなり、ウイルスが細胞内で増殖できなくなる。

新たな抗インフルエンザの新薬として期待されていたが、２０１４年３月の認可は条件付きで一般には流通していない。動物での実験段階で催奇形性が疑われ、安全性に疑問符がついたためだ。それでも認可が降りたのは、ノイラミニダーゼ阻害剤に代わる新薬として効果の高さへの期待ゆえである。既存薬の効果が認められない場合など、使用には限定的な条件をつけ、政府内で備蓄されている。

ＲＮＡポリメラーゼはすべてのＲＮＡウイルスが持っており、タンパク質の構造にも共通点がある。したがって、ＲＮＡポリメラーゼ阻害剤は複数の異なるＲＮＡウイルスに効果を示す可能性がある。

たとえば、アビガンは動物実験の結果から、エボラ出血熱の治療薬にもなりうると期待されている。2014年末に行われた臨床試験では、軽症の患者には有効であるものの、血中ウイルス濃度が高い重症の患者には効果が見られないとの結果が出た。ただし、投与量を増やすことによって治療効果は改善されると思われる。

後者のゾフルーザは、キャップ依存性エンドヌクレアーゼ阻害剤であり、これまでの抗ウイルス薬とはまったく異なる作用でウイルス感染を阻害する。エンドヌクレアーゼとは、核酸(ここではRNA)を切断する酵素である。

インフルエンザウイルスのRNAポリメラーゼは、細胞のmRNAの端の部分を切り離し(エンドヌクレアーゼ活性)、それを発端に自分のmRNAを合成する。ゾフルーザがエンドヌクレアーゼ活性を阻害することによって、やはりウイルスは細胞内で増殖できなくなる。

タミフルが1日2回の服用が必要なのに対し、ゾフルーザは1日1回で済む。また、タミフルよりも早く体内からウイルスがいなくなるとされる(ただし、症状を短縮する効果はタミフルと同程度だ)。薬としての使い勝手も高く、感染者が新たな感染源になる可能性を抑えることもでき、効果が期待されている。

パンデミックに対抗する切り札となるか

ほかにも多くのインフルエンザの治療薬が開発中である。そのひとつ、「抗体療法」についても最後に紹介しておきたい。

インフルエンザウイルスには16種類のHA亜型が存在し、それぞれ抗原性が異なることは幾度も触れてきた。ところが最近になって、多くのモノクローナル抗体の詳細な研究が進み、複数の亜型のHAに結合し、それらの働きを中和する抗体の存在が明らかになってきた。私たちはそれを「HA亜型間交差反応性抗体」と呼んでいる。先に、エボラウイルスの5つのウイルス種すべてに対して効果のある中和抗体を発見したことを紹介したが（7章185ページ）、この交差反応性抗体の働きもそれとよく似ている。

異なるHAのエピトープ（抗原決定基）には物理的形状が共通するものがある。この抗体は、その共通エピトープを認識し、複数のHA亜型に結合する。世界でこうした抗体の発見が相次いでいるなかで、私たちの研究グループも交差反応性抗体の発見に成功した（ただし、16種類すべての亜型に結合する抗体はまだ見つかっていない）。

この研究に取り組んだきっかけは、先に紹介した経鼻ワクチンの研究（328ページ）で、亜型を越えた感染防御効果が認められたことにある。このときの研究結果は、粘膜免疫系の抗体（IgA抗体）

が、亜型を越える交差反応性を持つことを示唆するものだった。この結果を踏まえ、全身免疫系の抗体（IgG抗体）でも同じような抗体が存在している可能性があると推測したのだ。

現在では、こうした交差反応性抗体を優位に誘導するワクチンや、抗体自身を使った治療法の研究開発も進んでいる。後者が「抗体療法」だ。ワクチンは、ウイルス抗原を接種して免疫応答を誘導する（能動免疫）のに対し、抗体療法では、ウイルスに結合できる抗体を治療目的で投与する。エボラウイルスのパートで紹介した「受動免疫法」の一種だ（7章179ページ）。

複数の交差反応性抗体を組み合わせれば、H1からH16まですべての亜型の働きを中和することも理論上は可能だ。それを可能にする抗体療法が実用化されれば、どんな亜型のウイルスが鳥やブタなどから新たにヒトに感染するようになったとしても、感染の広まりを抑えられるようになるはずだ。

すべての亜型のインフルエンザウイルスに有効なワクチンと治療薬が開発できれば、インフルエンザのパンデミックは過去のものになるかもしれない。人獣共通感染症病原体であるインフルエンザウイルスを根絶することはおよそ不可能だが、感染爆発による被害を最小限にすることは可能であり、そのための研究が現在も進められている。

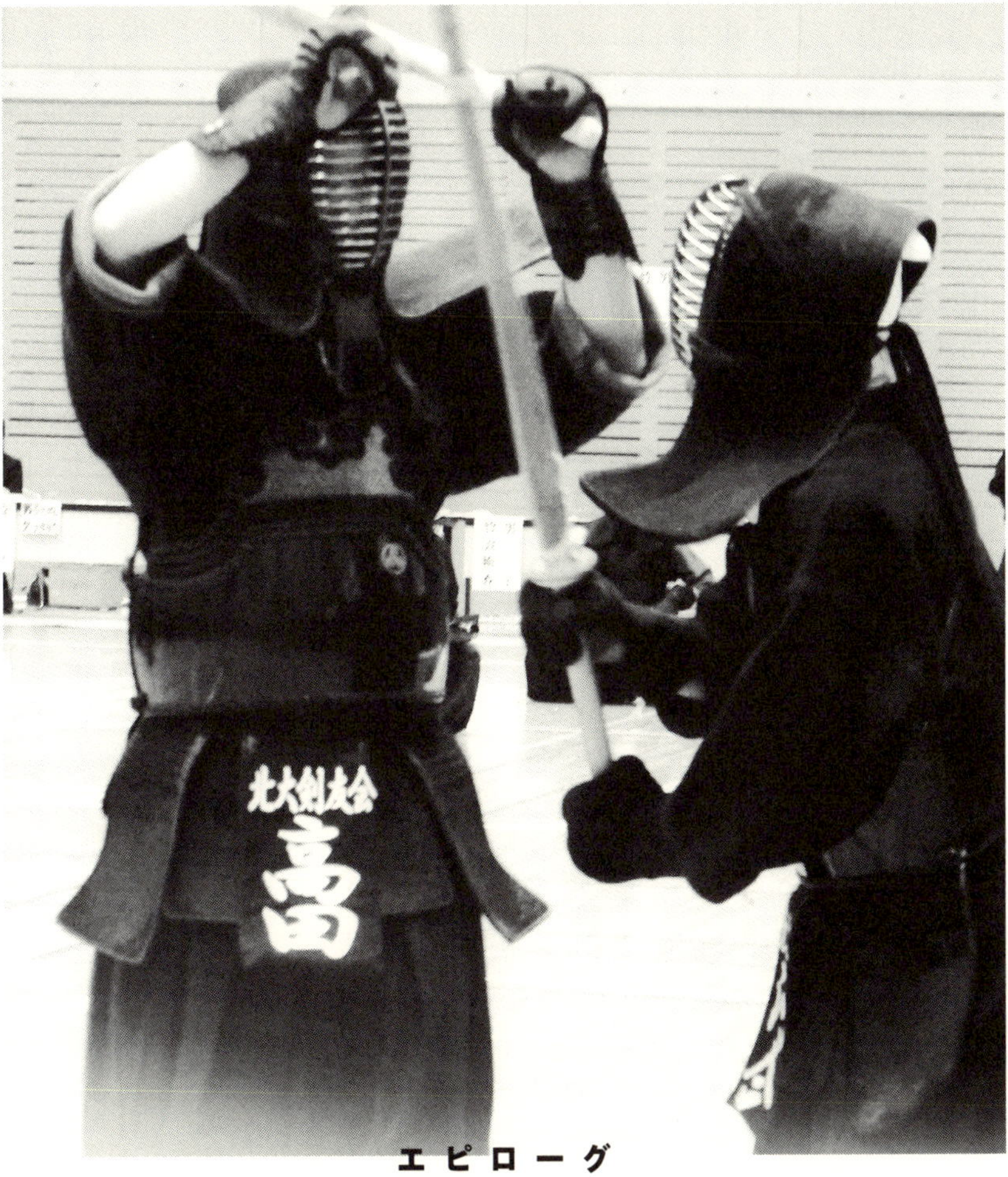

エピローグ

ウイルスに馳せる思い

ウイルスはなぜ存在するのか

ついにやってきた「始まりの地」

飛行機の窓の下には、鬱蒼と茂る木々の緑が一面に広がっている。まさに熱帯雨林のジャングルだ。

ところどころに、人が住む集落がぽつりぽつりと見える。その様子は、エボラ出血熱の報道や論文で目にする現地写真そのままだった。

2015年6月、私はついに、エボラ出血熱の「始まりの地」に足を踏み入れることになった。1976年、318人がエボラウイルスに感染、そのうち280人が命を落としたコンゴ民主共和国、かつてのザイールを訪ねることになったのだ。コンゴ民主共和国は、いまもエボラ出血熱の多発地帯である。

本文でも触れたように、隣国ザンビアで取り組んでいたSATREPSのプロジェクトを継続・発展させ、コンゴ民主共和国を活動のフィールドに加える構想が浮上していた（8章202ページ）。その事前視察のために、私は初めてコンゴ民主共和国に向かった。エボラウイルスの研究を始めて20年、いつかは訪ねることになるであろうと思っていたこの地の土を、ついに踏むことになったのだ。

首都キンシャサの国際空港に降り立つと、小銃をぶら下げた警官らしき人たちが大勢いて（軍人かもしれない)、警戒の目を光らせている。治安は悪いと聞いてはいたが、隣国ザンビアとは桁外れの緊張感があった。コンゴ民主共和国では、1960年の建国以来、たびたびクーデターや内戦が起きている。いまも、特に東部地域は部族対立や政府と対立する武装勢力の活動が続いており、2014年以降に限っても、数百名単位で民間人が殺害されている。対するザンビアは、1964年の建国以来、一度も政変や内乱が起きていない、アフリカ有数の安定した国である。

エボラウイルスという名前は、コンゴ民主共和国北部を流れるエボラ川に由来する。エボラ川は国内を蛇行して流れるコンゴ川の支流のひとつであり、キンシャサはコンゴ川の下流に栄えた都市だ。すなわち、エボラ出血熱の発生地と、川の水によってつながっている。

キンシャサでコンゴ川沿いを散歩したときには、エボラ出血熱の発生地に本当にやってきたのだと痛感した。私の横には、SATREPSのプロジェクトでザンビアに滞在し、プロジェクトを現場で切り盛りしてくれている教え子の研究員がいた。彼もまた、この地にやってきたことの意味を噛み締めているようだった。

キンシャサはアフリカ有数の大都市である。町には高層ビルが立ち並ぶ地域もあり、かつてこの国を支配していたヨーロッパ系の人たちの姿もよく見かける(独立前はベルギーが宗主国だった)。

だが、ここはアフリカ、町にはほとんど現地の人たちしか行かない市場がある。安全のため、現地の人以外が立ち入ることはまずないが、現地を案内してくれたJICAの人の特別なはからいで、車の中から町の様子を見ることを許された。ザンビアの首都ルサカにも似たような市場はあるが、現地の人以外が気楽に入れるような雰囲気ではない。ましてや、ザンビアよりも情勢が不安定な国のことである。車に守られているとはいえ、緊迫感はひとしおだった。

未舗装の土埃舞う道路はところどころ陥没し、泥水をたたえている。道路脇では、粗末なトタン屋根や布地の屋根の下で、露天商が食料品や日用品を販売している。得体の知れない黒いさまざまな物体も多く並んでいる。おそらく、何らかの動物の肉や魚の燻製だろう。メインストリート（と言っても小さな通りだが）につながる小道の先には、粗末な家が並んでいる。そこから、現地の人たちの生活の風景が垣間見えた。

市場の外れで車から降りることを許され歩いていると、ある光景に目が釘付けになった。ある露天商が、1頭のサルを丸焼きにして売っていたのだ。

現地の人はサルの肉も食べる（けっこう美味いらしい……）。それが、エボラウイルスの感染経路になっている可能性は十分にある。事実、過去にはサルから直接感染したことが疑われる事例が報告されている。

さすがに、加熱処理をすればウイルスも死滅するだろうが、生きたサルを扱う露天商が、サルの血や体液に触れることもあるはずだ。そのサルが、ウイルスに感染していたとしたら……。ましてや、熱帯雨林に点在する村々では、より濃厚に、人間がサルやその他の野生動物と接触していると聞く。こうした当地の風習が、コンゴ民主共和国をエボラ出血熱多発地帯にしているのではないか……。その可能性を、肌で感じた瞬間だった。

ウイルスは悪者なのか――

SATREPSのプロジェクトでの取り組みは、フィールドが広がっても大きくは変わらない。フィロウイルスの自然宿主を探索し、自然界での生態を調査する。開発したエボラウイルス診断キットを活用し、ザンビアとコンゴで診断体制の構築を支援しつつ、現地に適した新たな診断法を開発する。

また、ザンビアでもコンゴでも、病原体不明の出血熱の患者がときおり報告される。医療機関と提携してそれらの患者の血液を提供してもらい、病原体を調査する。それにより、未知の出血熱ウイルスが見つかる可能性も十分にある。

私が喜田先生のもとでウイルス学や人獣共通感染症について学び始めてから、かれこれ30年近く経つ。河岡先生のもとでエボラウイルスの研究を始めたときから数えても、20年以上が過ぎた。

当初は、宿主に病気を引き起こす病原体として、ウイルスに強い関心を抱いていた。病気の発症メカニズムや、どのようにすればそれを予防・治療することができるかなど、当然と言えば当然だが、人間の側からウイルスを捉えて研究に取り組んでいた。つまりそれは「病原ウイルス学」

といえる。

私の研究対象が人獣共通感染症病原体だったからか、頻繁にフィールドでの調査に赴く機会に恵まれた。次第に、自然界におけるウイルスのあり方について、思いをよく巡らせるようになった。そしていまでは、ウイルスへの見方がずいぶんと変わってきた。それは、自然界におけるウイルスの存続様式は、ヒトをはじめとする生物と基本的には変わらないということだ。つまりウイルスは地球上に存在する生命体の一部であり、病原体かどうかはもはや問題ではない。

ウイルスは地球上のあらゆるところに存在する。その領域は陸上にとどまらない。それどころか、海洋には陸地を上回る膨大な量のウイルスが存在していると報告されている。1ミリリットルの海水中には、100万〜1000万個のウイルスが観察される。その数は、海水中に存在する細菌の数をもはるかに凌ぐ。

ウイルスは、宿主を生かして自分も生きる、ある種の共生関係をそれぞれの自然宿主と築いている。ヒトも含めそれぞれの宿主には、おそらく長い時間をかけて共生するようになった固有のウイルスが存在する。

にもかかわらず、ウイルスが宿主に致命的な病気を引き起こすのはなぜか。宿主を殺してしまえば、ウイルスが生き延びるのは困難になる。つまり、エボラ出血熱や高病原性鳥インフルエンザのように、宿主を高い確率で死に至らしめるようなウイルスと宿主との関係は、ウイルスの生存の観点からは望ましくないエラーなのである。

では、そのようなエラーはなぜ起こるのか――。

それは言ってしまえば、自然界で長い時間をかけて築き上げられたウイルスと自然宿主との蜜月関係に、人間（別の宿主）が踏み込んでしまっているからだ。

人獣共通感染症の病原体ウイルスも、もともとは自然のなかで静かに生きていたはずだ。文明や科学技術が発展し、人間の活動領域が広がって、かつては接触が限られていた野生生物と人間が頻繁に接触するようになった。そこに、ヒトとの接触がなかったウイルスが存在していた。ウイルスが静かに生きていた環境に入り込んで行っているのは人間の都合でしかない。

そのウイルスが、たまたま人間への感染に成功し、人間の体内環境で爆発的に増殖できる条件を備えていると、高い病原性を示すことがある。本文でも触れたように、ウイルスが新たな宿主に感染を果たすには、いくつもの壁を越えなければならない。ウイルス粒子表面の形状が、生物の細胞のレセプターの形状と物理的に一致しなければならないし、ウイルスが細胞内に侵入したあとも、増殖を阻む宿主側の因子がいくつもある。それらの壁を乗り越えたウイルスだけが、新たに遭遇した未知の宿主で生存していくことができる。

このとき、ウイルスの感染によって致命的な病気を発症するのは偶然の産物でしかない。さまざまな条件がたまたま合致しただけのことだ。ウイルスからしてみれば、自身の遺伝子を増やして残しているにすぎない。

ウイルスに意志がない以上、ヒトを傷つけようとする「悪意」が存在するはずもない。ウイルスの致死的感染は、ウイルスが子孫を残そうとするなかで偶発的に起こる悲劇だと言える。この悲劇は、何も人間にだけ当てはまる話ではない。宿主を殺してしまえば、ウイルスは自らの生存の土台をも失う。

ウイルス感染症は人間社会にとって脅威だが、ウイルスの存在そのものを「悪」とみなすのは行き過ぎている。ウイルス感染症への向き合い方は、ウイルスの生存環境に踏み込んでいった私たち人間が、考えていかねばならないことなのである。

ウイルスの本体は、遺伝子そのものである

ウイルスが「曖昧な存在」であるということについてもあらためて触れておこう。

ウイルスは、粒子単体では生きることができない。ウイルスが生き延びるには、生物の細胞が不可欠だ。細胞に入り込み、細胞のメカニズムを借りて、自身の遺伝子を増やし、ウイルス粒子を構成するタンパク質を細胞につくらせる。

生物とも無生物とも言い切れない曖昧なウイルスが、もっとも「生物らしい」振る舞いをするのは、細胞内で増殖しているときだ。そのとき、自己と他を分かつ「境界」は消失しているものの、ウイルスはあたかも「生きている」ように、動的な振る舞いを見せる。

このとき細胞につくらせているタンパク質は、細胞に感染してウイルス自身の遺伝子を増やすためのものや、粒子として存在しているときに遺伝子を守るためのものだ。そのタンパク質の設計図は、ウイルス遺伝子そのものに刻まれている。

そう考えると、ウイルスの本体は遺伝子そのものであると言える。ウイルスは、遺伝子に刻まれた情報をもとに、遺伝情報を増やして残そうとしているにすぎない。

これは、ヒトをはじめとする生物と何ら変わるところがない。とすると、ウイルスと生物をことさら別のものとして捉える必要はないのではないか。いまでは、ウイルスの起源や進化、自然界における存在意義に大きな関心がある。

ウイルスはなぜ、どのようにして生まれたのか。それは、生物よりも先だったのか後だったのか。誕生後にどのように進化していまの姿になったのか。いま生き延びているウイルスは、自然界や生態系において何らかの役割を果たしているのか。それらのウイルスは、人間の活動によって地球環境や生態系が大きく変動している影響を、どのように受けているのか。ウイルスの生存や生態は、今後どうなっていくのか……。

内在性ウイルスも、ウイルスと宿主の進化（共進化と言えるかもしれない）の観点で非常に興味深い存在だ。内在性レトロウイルスについては本文でも触れたが（1章55ページ）、ボルナウイルスやフィロウイルスによく似た遺伝子配列も、さまざまな動物のゲノム内に見つかっている。

ウイルスのRNAが、どうやって動物の細胞のDNAに入り込んだのか？　あるいは、そういう遺伝子配列を細胞が最初から持っていて、それがたまたま細胞から飛び出してウイルスとなったのか？　こうした疑問は、ウイルスと宿主の共進化だけでなく、ウイルスが先か生物が先か、両者の起源にも関わってくる。

これらの問いは、生命の起源を解明するのがおよそ不可能なように、永遠に答えられないものなのかもしれない。ヒトにとっては「病原体」であるエボラウイルスやインフルエンザウイルスと日々向き合いながら、頭の片隅ではいつもそんなことを考えている。

ラボとフィールドの間で

私は、東京のなかでは自然豊かな東村山市で生まれ育った。家から自転車で行ける距離に多摩湖や狭山湖があり、湖の周辺には森が生い茂っていた。物心ついたときから、毎日のようにそうしたところに出かけて行っては小動物や虫を捕り魚を釣り、野山を駆け回って遊んでいた。夏休みに、自分で捕まえたカブトムシやクワガタをペットショップに持っていくと、何十円かで買い取ってくれた。それで駄菓子を買って食べるのも、親には内緒の密かな楽しみだった。

夏休みのもうひとつの楽しみは、両親のふるさとである北海道に遊びに行くことだった。母の実家は道東の北見市の内陸部にあり、父の実家は函館からほど近い上磯郡（現・北斗市）、海と川が身近な環境にあった。北海道に来ると、東京の自宅近くで毎日していた遊びを、よりスケール大きく楽しむことができた。しかも実に都合よく、母の実家では陸の遊びができ、父の実家では、海と川の遊びに興じることができた。

母の実家での遊びと言えば、昆虫採集がお決まりだった。北海道の雄大な大地で、自然のスケールが東京と桁違いなのも嬉しかったが、北海道にしかいない珍しい虫を捕まえられるから、時間を忘れて夢中に野山を駆け回っていた。エゾゼミ、オオルリボシヤンマ、ハネナガキリギリス……。同じセミやトンボやキリギリスが、場所が変わるとどうして違う色や形になるのか不思議でならなかった。小学校高学年のころには、チョウの標本のつくり方を教わる機会があった。捕まえたチョウを片っ端から標本にして、ズラッと並べて見ていた。いつまでも飽きなかった。

父の実家では、水の生き物に夢中になった。手づくりの竿と仕掛けで魚を釣り、磯辺を歩いて貝を獲り、もずくやメカブを採った。採ってきたものはもちろん後で食べる。小学生にして、その味に舌鼓を打った。私が酒飲みになったのは、これらの海の幸を食べ続けてきたせいかもしれない。海の幸は酒の肴にもってこいである。

川に行くと、ヤマメやらイワナやら、本州なら山奥まで分け入らないとお目にかかれないような川魚が、河口から数キロメートルぐらいのところで釣れ始める。アユも獲れた。釣った魚は、持って帰って自分でさばいた。イワナをさばくと、内臓から大きなセミが何匹も出てきたこともあった。生き物は生き物を食べて生きている。言葉にすれば実にシンプルなこの事実を、生き物どうしのつながりを、このとき子供心に強く感じていた。

とにかく生き物が好きで、中学生のころから漠然と、研究者への憧れを抱くようになった。そのころ抱いていた研究者のイメージは、フィールドに出て生き物を観察する姿だ。『シートン動物記』のシートン博士や『ファーブル昆虫記』のファーブル博士、動物行動学者でチョウの飛ぶ道を観察された日高敏隆博士、『原生林のコウモリ』の遠藤公男先生のような……。

私はずっと、ラボとフィールドを行き来して研究に取り組んできた。ラボでの実験も好きだが、フィールドワークに出られるときはまた違った喜びがある。それは、野原を駆け回った幼少期の原体験と、自然を観る目を備えた研究者に憧れを抱いていたゆえなのかもしれない。

大学で北海道に行こうと思ったのは、幼少期の鮮烈な記憶があったから、自然の成り行きだったのかもしれない。北海道出身の両親の影響で、小学生のころからスキーに親しんでいたことも、心を北海道へ向かわせる原動力になっていた。ちなみに、高校生のときにはスキー技能検定の1級に合格する腕前(脚前?)になっていた。

北海道大学に入学し、3年次に獣医学部を選択することになったのは、巡り合わせの賜物だ(当時の北大は、3年生に進学するときに学部を選択するシステムだった)。広い意味での生物学に取り組める学部は、理学部、農学部や薬学部などさまざまあったが、自分の成績や履修科目の兼ね合いと、植物よりもヒトを含めた動物に関わりたい思いから、獣医学部に落ち着いた。

ちなみに、北大の獣医学部は、獣医師を養成するだけの学部ではない。獣医科学や動物科学の研究にも力を入れている。学部選択の際には、比較的大きな生物（つまり動物）と関わる研究をしたいと思っていたのだが、ひょんなことから、肉眼では見ることのできない極小のウイルスについて研究することになった。その経緯は、1章冒頭で記した通りである。

正しく速く、独創性を追い求める

研究者になって早20年以上、常に心がけているのは、小学生のときに剣道で教わったことだ。所作は「正しく速く」行うこと――。

正しい動作で打ち込んでも、時間がかかれば攻撃のチャンスを逃してしまうし、相手に攻撃させる隙を与えかねない。反対に、打ち込みが速くとも動作が正しくなければ有効な攻撃になりえない。いい剣士になるには、剣道の技のみならず、常平生《つねへいぜい》の立ち振る舞いを含めたすべての動作で、「正しさ」と「速さ」の両方を満たさなければならない。そう教わったことが、そのまま研究者としての私のベースになっている。

実験をするときも「正しく速く」。論文を書くのも「正しく速く」。

研究者も競争と無縁ではいられない。インフルエンザウイルスやエボラウイルスのように、競争の激しい分野はなおさらである。先を争って研究するのは本意ではないが、研究にも競争の側面があるのが現実だ。

どんなに実験や論文の質が高くとも、ひとつの実験や論文に時間をかけすぎ、ライバルに先を越されてしまっては後追い研究と見られてしまう。ましてや、研究者であり続けるには、アウトプットを出し続けなければならない。ひとつの研究に膨大な時間を投じることは、ほとんどの場合、現実が許してはくれない。また、時間をかければいい成果が出るというわけでもない。

とはいえ、やはり拙速は避けなければならない。どれだけ先んじて成果を出したとしても、正しさを欠く質の悪いアウトプットは、いい評価にはつながらない。

研究を続けていくには、「正しさ」と「速さ」の両方を兼ね備え、限られた時間のなかで一定水準以上の成果を出し続けなければならない。それには、状況を見極める判断力や、物事を「正しく速く」進める技術など、さまざまな能力を身に着けておく必要がある。

この「正しく速く」という教えは、遺伝子を複製・重合するポリメラーゼの能力に求められることにも共通する。遺伝子は、生物さらにはウイルスの根幹である。間違いを起こしてしまえば自身の根幹が失われてしまう。かといって、正確さを追求するあまり、時間をかければいいわけではない。細胞やウイルス粒子が、必要なときに必要な機能を発揮できなくなってしまい、生存には不利に働く。「正しく速く」は、ウイルスも含めた広い意味での「生物」の、根幹に通ずるものとも言える。

だが、「正しく速く」が生物にとって常に最良なわけではないというのがまた面白い。本書でも触れたように、「進化」の原動力は遺伝子の複製エラーである。「生物」は、一定程度の間違いを許容している。それどころか、間違いによって生物は進化し、多様な生命体が生まれてきた。研究の世界でも、時代を画する新たな発見が、実験の失敗や想定外の出来事からなされることがある。剣道でも然り。正確すぎる技は、相手に防がれやすくもなる。

「正しさ」を追求しすぎることは、変化を阻むことにもなりかねない。自分を取り巻く環境は、常に変化している。「生物」は環境に適応しなければ生きていけない。環境や時代の変化に伴い、何が「正しい」かも変わっているということなのかもしれない。そうした変化を感じ取り、適応していくことも、研究者に求められる重要な資質のひとつだろう。

「先を争って研究するのは本意ではない」と先に触れた。私自身、他の研究者が考えつかないような発想で、研究に取り組んできたつもりだ。

オリジナリティは、持とうとして持てるものではなく、もともと一人ひとり異なる個々人が、自分だけの経験を積み重ね、自然と育まれるものだと考えている。持って生まれた人間性や能力と、後天的な経験を組み合わせれば、その多様性たるや無限と言っていいはずだ。誰しもが、他の人にはない発想や着眼点、思考回路を必ず何か持っている。それを探り、生かしていくことで、オリジナリティが発揮されるのだと思う。

独創性が求められるという点で、研究は芸術と似ている。アウトプットが経済的な利益に必ずしも直結するわけではない点も、研究は芸術に近い。特に基礎研究ではそれが顕著だ。そのため研究も芸術も、活動を続けていく資金を援助してくれるパトロンの存在が不可欠になる。

研究の世界でのパトロンは、ほとんどが政府（ないしは政府系の独立法人）か民間企業である。政府や企業に対して、新たに取り組む研究の意義を提案し、資金を提供してもらう。研究の進捗や成果を報告し、その次の研究につなげていく。そのためには、専門家でない人たちに対しても、研究について分かりやすく伝えることが必要になる。

もちろん、研究者コミュニティに対して、研究成果を論文にまとめて発表することも重大な責務だ。このときは、専門家が分かりやすいように適切な専門用語を使い、論理的に明快に書くことが求められる。当たり前のことだが、論文は誰かに読んでもらうために書くものだ。別の言い方をすれば、世界のどこかに論文を読んでくれる誰かがいる限り、あらゆる研究成果は誰かの役に立っている。

研究資金を政府から得た場合は（私の場合はほとんどがそうである）、その資金のもともとの出処は国民一人ひとりの税金ということになる。研究成果を社会に還元すべく、創薬などの具体的なアウトプットにつなげていく努力はもちろんのこと、研究を通じて明らかになった知見や、研究者が研究対象を捉える視点、研究が進んでいくきっかけや経緯などを、広く社会に伝えていくのも研究者の役割だと思っている。

本書では、私が研究対象としているエボラウイルスとインフルエンザウイルスについて主に取り上げましたが、これはウイルスの世界のなかのごく一部にすぎません。他にも膨大な量のウイルスが地球上には存在し、それらの感染・存続様式、すなわち「生き様」にはそれぞれ独自のストーリーがあります。本書をきっかけに、読者の皆様がウイルスに関心を持ってもらえれば幸いです。巻末に関連書籍を挙げましたので、そちらも参照してください。

本書には、私がウイルスの研究を始めてから現在までに得られた、私自身の研究成果をいくつか紹介させていただきました。ご指導いただきました先生方、一緒に研究を行った同僚、研究員、技術職員、学生、国内外の共同研究者の皆様方、研究活動をサポートしていただいた事務職員および友人の皆様方に心より感謝いたします。最後に、共同執筆していただいた萱原正嗣さんならびに、執筆の機会を与えていただきました田中祥子さんに深く御礼申し上げます。

高田礼人

関連書籍

〈ウイルス・感染症全般〉

『ウイルスと感染症』（ニュートン別冊ムック、ニュートンプレス）
『感染症から知るウイルス・細菌〈1〉感染症の原因を知ろう！　なぜかかる？ なぜうつる？』（高橋幸裕・西條政幸・髙田礼人監修、学研プラス）
『感染症から知るウイルス・細菌〈2〉細菌とウイルスの正体を知ろう！　ウイルスは生物？』（高橋幸裕・西條政幸・髙田礼人監修、学研プラス）
『感染症から知るウイルス・細菌〈3〉感染症の予防と研究最前線！　病原体とのたたかいから利用へ』（高橋幸裕・西條政幸・髙田礼人監修、学研プラス）
『ウイルスと人間』（山内一也著、岩波科学ライブラリー）
『ウイルスと地球生命』（山内一也著、岩波科学ライブラリー）
『ウイルスは生きている』（中屋敷均著、講談社現代新書）
『ウイルス　ミクロの賢い寄生体』（ドロシー・H・クロフォード著、永田恭介監訳、丸善出版）
『ウイルス・プラネット』（カール・ジンマー著、今西康子訳、飛鳥新社）
『破壊する創造者　ウイルスがヒトを進化させた』（フランク・ライアン著、夏目大訳、ハヤカワ・ノンフィクション文庫）
『巨大ウイルスと第4のドメイン　生命進化論のパラダイムシフト』（武村政春著、講談社ブルーバックス）

〈エボラウイルス〉

『ホット・ゾーン「エボラ出血熱」制圧に命を懸けた人々』（リチャード・プレストン著、高見浩訳、飛鳥新社）

『エボラ出血熱とエマージングウイルス』（山内一也著、岩波科学ライブラリー）

『エボラvs人類 終わりなき戦い なぜ二十一世紀には感染症が大流行するのか』（岡田晴恵著、PHP新書）

『エボラの正体 死のウイルスの謎を追う』（デビッド・クアメン著、山本光伸訳、西原裕昭解説、日経BP社）

〈インフルエンザ〉

『インフルエンザパンデミック 新型ウイルスの謎に迫る』（河岡義裕・堀本研子著、講談社ブルーバックス）

『インフルエンザ危機《クライシス》』（河岡義裕著、集英社新書）

『闘う！ウイルスバスターズ 最先端医学からの挑戦』（河岡義裕・渡辺登喜子著、朝日新書）

『インフルエンザ21世紀』（瀬名秀明著、鈴木康夫監修、文春新書）

『四千万人を殺した戦慄のインフルエンザの正体を追う』（ピート・デイヴィス著、高橋健次訳、文春文庫）

『史上最悪のインフルエンザ 忘れられたパンデミック』（A・W・クロスビー著、西村秀一訳、みすず書房）

『グレート・インフルエンザ』（ジョン・バリー著、平澤正夫訳、共同通信社）

『Flu Hunter: Unlocking the secrets of a virus』（Robert G Webster著、Otago University Press）

VIRUS IS ROGUE?
Samurai professor's virology lecture

ウイルスは悪者《わるもの》か
お侍《さむらい》先生《せんせい》のウイルス学《がく》講《こう》義《ぎ》

2018年11月9日　第1版第1刷発行

著者
高田礼人《たかだあやと》

構成
萱原正嗣《かやはらまさつぐ》

装丁
吉岡秀典
（セプテンバーカウボーイ）

イラスト
岡村優太

発行所
株式会社亜紀書房
〒101-0051　東京都千代田区神田神保町1-32
TEL 03-5280-0261（代表）　03-5280-0269（編集）
http://www.akishobo.com/
振替　00100-9-144037

印刷
株式会社トライ
Printed in Japan
ISBN978-4-7505-1559-5 C0045